21 世纪高等院校电气工程及其自动化专业系列教材

电气安全工程

陈金刚　主编

邓　佳　李新建　参编

机械工业出版社

本书从安全的角度出发，分析了电气事故的起因、危害及防治技术，包括电气安全基础、触电防护、剩余电流动作保护装置、电气防火防爆、静电防护及雷电防护等内容。本书目的是使学生深入理解电气安全的基本理论，从而具备理论联系实际的能力，能够运用相关理论分析电气事故，查明原因，提出相应防护措施，培养学生分析问题与解决问题的能力，为进一步学习专业课及从事专业工作奠定坚实基础。

本书图文并茂，深入浅出，既可作为高等院校安全工程、电气工程及相关专业的教材，也可作为从事电气安全工程技术人员的参考书或工具书。

本书配套授课电子课件，需要的教师可登录 www.cmpedu.com 免费注册，审核通过后下载，或联系编辑索取（QQ：308596956，电话：010-88379753）。

图书在版编目（CIP）数据

电气安全工程/陈金刚主编 . —北京：机械工业出版社，2016.8

（2025.1 重印）

21 世纪高等院校电气工程及其自动化专业系列教材

ISBN 978-7-111-54977-2

Ⅰ.①电…　Ⅱ.①陈…　Ⅲ.①电气安全-安全工程-高等学校-教材　Ⅳ.①TM08

中国版本图书馆 CIP 数据核字（2016）第 235897 号

机械工业出版社（北京市百万庄大街 22 号　邮政编码 100037）

策划编辑：汤　枫　　责任编辑：汤　枫

责任校对：张艳霞　　责任印制：刘　媛

涿州市般润文化传播有限公司印刷

2025 年 1 月第 1 版·第 14 次印刷

184mm×260mm · 12.25 印张 · 293 千字

标准书号：ISBN 978-7-111-54977-2

定价：35.00 元

电话服务

客服电话：010-88361066

010-88379833

010-68326294

封底无防伪标均为盗版

网络服务

机 工 官 网：www.cmpbook.com

机 工 官 博：weibo.com/cmp1952

金 书 网：www.golden-book.com

机工教育服务网：www.cmpedu.com

前　言

电能作为重要能源，与其他能源相比，具有便于输送、容易控制、用途广泛、利用效率高等特点，被广泛应用于人类生产生活的各个领域。然而，在造福人类的同时，电气危险因素和事故也占据相当比例，给安全生产和事故预防与控制带来诸多挑战。党的二十大报告明确指出："坚持安全第一、预防为主，建立大安全大应急框架，完善公共安全体系，推动公共安全治理模式向事前预防转型。推进安全生产风险专项整治，加强重点行业、重点领域安全监管。"如何防范各种电气危险因素，消除电气事故隐患就成为重要而现实的问题，因此，研究电气事故的机理及其防范对策就显得尤为重要和紧迫。

电气安全工程包括电气安全理论技术和电气安全管理，本书以电气危险因素和电气安全防护为主线，介绍了防止电气事故发生的理论和工程技术方法。主要包括电气安全基础、触电防护、剩余电流动作保护装置、电气防火防爆、静电防护及雷电防护等内容。本书从企业安全生产的具体工程技术入手，有针对性地提出了解决安全问题的方法和措施，理论联系实际，既注重科学性、规范性，又突出实用性和可操作性。

本书所介绍的电气安全相关知识，是工程设计人员、企业安全技术或安全管理人员、职业安全健康管理体系认证人员及安全咨询师等必备的知识。因此，对于有志从事安全工程相关工作的本科生和研究生而言，掌握好本课程相关电气安全核心内容，具有重要意义。

由于时间仓促、水平有限，若有不妥之处，请读者原谅，并提出宝贵意见。

编　者

目　录

前言
第1章　电气安全基础 ··· 1
1.1　电路及其常用物理量 ··· 1
1.1.1　电路 ··· 1
1.1.2　电路中常用的物理量 ··· 2
1.2　电气安全知识 ·· 3
1.3　电气事故 ·· 6
案例分析 ··· 9
思考题 ··· 15
第2章　电流对人体的伤害 ··· 16
2.1　电流对人体的伤害概述 ·· 16
2.1.1　电击 ··· 16
2.1.2　电伤 ··· 17
2.1.3　电流伤害机理分析 ··· 18
2.1.4　电流对人体伤害程度的影响因素 ···································· 19
2.2　触电急救 ·· 21
2.2.1　迅速脱离电源 ··· 22
2.2.2　现场救护 ·· 23
2.2.3　医务救护 ·· 26
案例分析 ··· 26
思考题 ··· 29
第3章　直接接触电击防护 ··· 31
3.1　绝缘 ·· 31
3.1.1　绝缘破坏 ·· 31
3.1.2　绝缘性能指标 ··· 34
3.2　屏护和间距 ··· 38
3.2.1　屏护 ··· 38
3.2.2　间距（电气安全距离）·· 39
3.3　电工安全用具 ·· 47
3.3.1　绝缘安全用具 ··· 47
3.3.2　携带式电压和电流指示器 ·· 50

　　3.3.3　临时接地线、遮栏和标示牌 ················· 51
　　3.3.4　安全用具的使用和试验 ·················· 53
　3.4　加强绝缘 ································ 54
　　3.4.1　电气设备的分类 ······················ 54
　　3.4.2　加强绝缘的结构和基本条件 ·············· 56
　案例分析 ·································· 58
　思考题 ··································· 60
第4章　间接接触电击防护 ······················ 61
　4.1　接地的基本概念 ·························· 61
　4.2　系统接地的形式 ·························· 65
　　4.2.1　系统接地的型号 ······················ 65
　　4.2.2　系统接地的几种形式 ··················· 66
　4.3　IT系统 ································ 68
　　4.3.1　IT系统的原理 ······················· 68
　　4.3.2　IT系统的应用范围 ···················· 69
　4.4　TT系统 ································ 70
　　4.4.1　TT系统的原理 ······················ 70
　　4.4.2　TT系统的应用范围 ···················· 71
　4.5　TN系统 ································ 71
　　4.5.1　TN系统的原理 ······················ 71
　　4.5.2　TN系统的应用范围 ···················· 71
　　4.5.3　重复接地 ·························· 72
　　4.5.4　TN系统的要求 ······················ 76
　4.6　TT系统和TN系统的比较 ··················· 77
　4.7　两种电网的安全分析 ······················ 78
　　4.7.1　不接地电网的安全性分析 ················· 78
　　4.7.2　接地电网的安全性分析 ················· 82
　　4.7.3　接地电网和不接地电网的比较 ·············· 84
　4.8　间接接触电击防护技术 ····················· 85
　案例分析 ·································· 87
　思考题 ··································· 89
第5章　剩余电流动作保护装置 ···················· 91
　5.1　剩余电流动作保护装置的原理 ················· 91
　5.2　剩余电流动作保护装置的分类 ················· 93
　5.3　剩余电流动作保护装置的主要技术参数 ············ 97
　5.4　剩余电流动作保护装置的选用 ················· 98
　5.5　剩余电流动作保护装置的安装和运行 ············· 99
　案例分析 ································· 107
　思考题 ·································· 111

第 6 章 电气防火防爆 ·· *113*

6.1 电气引燃源 ··· *113*

    6.1.1 危险温度 ·· *113*

    6.1.2 电火花和电弧 ·· *115*

6.2 危险物质和危险环境 ·· *116*

    6.2.1 危险物质 ·· *117*

    6.2.2 危险环境 ·· *124*

6.3 爆炸性环境的电力装置设计 ·· *131*

    6.3.1 防爆电气设备 ·· *131*

    6.3.2 爆炸性环境电气线路的设计 ·································· *136*

    6.3.3 爆炸性环境电气设备的安装 ·································· *137*

    6.3.4 爆炸性环境接地设计 ·· *138*

6.4 电气防火措施 ··· *138*

    6.4.1 消防供电 ·· *138*

    6.4.2 火灾监控系统 ·· *139*

    6.4.3 电气灭火 ·· *140*

案例分析 ··· *141*

思考题 ·· *144*

第 7 章 静电防护 ·· *145*

7.1 静电的产生 ··· *145*

    7.1.1 静电产生的原理 ··· *145*

    7.1.2 静电放电引燃的条件 ·· *149*

    7.1.3 静电的存在状态 ··· *149*

7.2 静电的特点和危害 ··· *151*

    7.2.1 静电的特点 ·· *151*

    7.2.2 静电的危害 ·· *153*

7.3 静电防护措施 ··· *156*

案例分析 ··· *162*

思考题 ·· *164*

第 8 章 雷电防护 ·· *165*

8.1 雷电基础 ··· *165*

    8.1.1 雷电的产生 ·· *165*

    8.1.2 雷电的活动规律 ··· *165*

    8.1.3 雷电的危害 ·· *166*

    8.1.4 雷电的发生频次 ··· *167*

    8.1.5 雷电的种类 ·· *168*

    8.1.6 雷电的参数 ·· *170*

    8.1.7 易受雷击的建筑物和构筑物 ·································· *171*

    8.1.8 建筑物防雷分类 ··· *172*

8.2 防雷措施 ··· 173

8.2.1 防雷装置 ··· 173

8.2.2 预防雷电危害的防护措施 ······································· 178

8.2.3 人体防雷措施 ··· 181

8.2.4 设备设施的防雷措施 ··· 182

案例分析 ··· 184

思考题 ··· 187

参考文献 ··· 188

第1章 电气安全基础

电能是国民经济的重要能源。随着现代化的发展，电能已被广泛应用于工农业生产、人民生活、国防军事及航空航天等各个领域，电能在国民经济和国家安全中发挥着越来越重要的作用。近年来，我国的用电量大幅度增加，但电气安全技术的研究和应用并不同步。据有关安全生产管理部门统计，在全国工矿企业因工事故死亡人数中，触电死亡人数约占10%。当前，在技术先进的国家中，每使用约30亿度电就死亡1人，而我国每使用约1亿度电就死亡1人。与发达国家相比，全民电气安全意识和电气安全水平亟待提高。

本章以电气事故为主要研究和管理的对象，从预防电气事故的理念出发，揭示电气事故的特点、原因和规律，探讨电气安全技术和管理措施，对做好电气安全工作具有重要的意义。

1.1 电路及其常用物理量

1.1.1 电路

1. 电路的组成及作用

电流所流经的路径称为电路（回路）。电路的作用是实现电能的传输和转换。一般电路由电源、负载、开关和连接导线四个部分组成。

电源是将其他形式的能转换为电能的装置，是向负载提供电能的设备。如干电池、蓄电池将化学能转变为电能；发电机将机械能转变为电能。电源电路中电能的来源，是维持电流流动的原动力。

负载通常叫作用电器或用电设备。负载是将电能转变为其他形式的能的装置。如电灯将电能转变为光能；电炉将电能转变为热能；电动机将电能转变为机械能。负载是消耗电能的装置。

开关是控制电路通或断的装置。

连接导线可将电源和负载连成一个闭合回路，以实现电能的传输和分配。

2. 电路的三种状态

电路通常有三种状态：通路、断路和短路。

通路：电源与负载接成的闭合回路，电路接成通路时即为有负载的工作状态。电气设备与电源接通时，就要承受电压和流过电流，因而要消耗一定的功率，产生热量，温度升高，从而会加速设备上绝缘材料的老化、变质，甚至导致漏电、被烧坏。为使电气设备安全而又经济地运行，必须对工作电压、电流和功率给予限制，通常把这个限定的数值称为额定值。

断路：电源与负载未接成闭合回路的状态，又称为开路。

短路：电源未经过负载而直接经过导线接成回路。短路是电气设备运行中最常出现的事故，通常是由接线错误或电气设备绝缘损坏造成的。短路时电路中的电流很大，此电流称为短路电流。短路电流会使电气设备和连接导线的温度剧增而发热，致使电气设备和导线烧毁，甚至引起火灾。因此，短路是一种严重事故，应尽量避免。为了保护电气设备不致在发生短路时被烧坏，必须在电路中加入保护装置。

额定电压：电气设备正常工作时所承受的最大电压称为额定电压。其值与电气设备所采用的绝缘材料的耐压强度有关。

额定电流：电气设备长期工作所允许通过的最大电流称为额定电流。其值与电气设备绝缘材料的最高允许温度有关。

额定功率：电气设备在额定电压和额定电流下工作时的最大输出功率称为额定功率。

一般工厂所生产的电气设备在铭牌或说明书上都标明了额定值。电气设备在工作中，如果其工作电流、电压超过了额定值，就会大大缩短使用寿命，甚至被烧毁，这是不允许的；相反，如果设备的工作电流、电压比额定值低很多，则将达不到正常合理的工作状态，不能充分发挥自身的能力，也是不行的。因此，电气设备在额定值下工作是最经济、合理和安全可靠的，并能保证使用寿命。

电气设备在额定电压下工作时，通过的电流如果等于额定电流，则称为满载；如果大于额定值，则称为过载或超载；如果小于额定值，则称为轻载。

电气设备运行是否正常，通常可根据其温度的高低来衡量。如果温度超过规定值，说明电气设备过载，应停电检查。

1.1.2 电路中常用的物理量

1. 电流

（1）电流的形成

任何物质都是由分子组成的，分子由原子组成，而原子又是由带正电的原子核和带负电的电子组成，电子围绕原子核旋转。平时因原子核和电子所带电荷量相等，因而原子不显电性。当电子脱离了原子核的束缚后，就成为自由电子。在外电场作用下，自由电子定向运动（移向电场的正极）就形成了电流。

（2）电流的方向

在电路中，早期的科学家规定，电流的正方向是正电荷流动的方向。后来科学家发现，电流本质上是电子的定向移动，而电子是带负电荷的，因此，电流的流动方向是与电子的运动方向相反的，即电流从电源的正极流向负极。

（3）电流的类型

电流有两种类型：直流和交流。如果电流的大小和方向都不随时间而变化，这种电流就称为直流；如果电流的大小和方向都随时间而变化，则此电流称为交流。

（4）电流的大小和单位

电流有大小或强弱之分。一盏灯通过的电流大，灯就亮；通过的电流小，灯就暗。通常，用电流强度表示电流的强弱。电流强度在数值上等于 $1\,\mathrm{s}$ 内流过导体横截面积的电荷量。电流强度简称为电流，用符号 I 表示。

度量电流大小的单位为安培（简称"安"），用符号 A 表示。在计算时比安培大的单位为千安，比安培小的单位为毫安和微安，换算关系为

$$1 \text{千安}(\mathrm{kA}) = 1000 \text{安}(\mathrm{A}) = 10^3(\mathrm{A})$$

$$1\ 安（A）=1000\ 毫安（mA）=10^3\ 毫安（mA）=10^6\ 微安（\mu A）$$

2. 电位

水有水位的高低。电荷如同水一样，在电场中也有电位的高低，电荷在电场中某点所具有的位能，称为该点的电位。

为确定电路中各点电位的高低，需要选择一个点作为比较的标准，此点称为参考点。设参考点的电位为零，以此标准来比较电路中其他各点电位的高低，比参考点电位高的电位为正，比参考点电位低的电位为负。因为地球可以近似地视为一个巨大的导体，所以在工程上通常取大地为参考点，其电位为零。对于电气设备和电子仪器，通常规定金属外壳或公共接点为零电位。因此，在电气设备安装中，为了保证安全，要求将电气设备的金属外壳接地，如电动机的外壳必须接地。

3. 电压

电压又称为电位差。在电路中，任意两点都具有不同的位能，从而出现电位差。如同水一样，水从水位高的地方向水位低的地方运动形成水流。所以，可以把电压理解为推动电子运动的"压力"，推动电子运动的力称为电场力。电压是衡量电场力做功本领大小的物理量。在电路中，电场力将单位电荷从一点移动到另一点所做的功，称为该两点间的电压，用符号 U 表示。计量电压的单位是伏特（简称"伏"），用符号 V 表示。计量高电压时用千伏，计量很低电压时用毫伏或微伏，换算关系为

$$1\ 千伏（kV）=1000\ 伏（V）=10^3\ 伏（V）=10^6\ 毫伏（mV）=10^9\ 微伏（\mu V）$$

1.2 电气安全知识

1. 电器与电气

电器是所有电工设备的简称。凡是根据外界特定的信号和要求，自动或手动接通和断开电路，断续或连续地改变电路参数，实现对电路或非电现象的切换、控制、保护、检测和调节的电气设备均称为电器。

电气是以电能、电气设备和电气技术为手段来创造、维持与改善限定空间和环境的一门学科。

电器侧重于个体、元件和设备；电气侧重于系统。

2. 直流电与交流电

直流电是指电流方向不随时间做周期性变化的电流。

交流电的电流方向、大小都随时间做周期性的变化，并且在一周期内的平均值为零。

交流电可分为三相电、两相电和单相电。

三相电是指三相线供电，三根相线的任何两根相线间的电压都是 380V（线电压为 380V），任一相线和任一零线或对地之间的电压都是 220V，三相交流电主要用于工业或商业，负载常用三相交流电动机、三相交流电焊机等。

两相电是两根相线，线与线之间电压是 380V，两相交流电常用于交流电焊机。

单相电是一零一相，由一根相线和一根零线组成，电压为 220V，单相交流电常用于民用电器如照明灯、电视机、电饭锅等。

3. 高压电、低压电与特低电压

在我国电力系统中，把电压等级在 1 kV 及以上的电气设备称为高压电气设备，把电压等级在 1kV 以下的电气设备称为低压电气设备。

电力系统中通常采用高压供电，来减少输电过程中的能量散失。因为根据 $P = IU$ 公式可知，为减小电能在传输过程中的损耗，必须减小电流，同时又要确保总功率不变，则要适当提高电压大小，再经过降压变电所，最后到达用户终端。相对于普通电源来说，高压电有其特殊危害性。高压触电有两种特殊情形：高压电弧触电和跨步电压触电。由于电压较高，高压触电很容易导致触电死亡。

一般又将高压分为中压（1 ~ 10 kV 或 35 kV）、高压（35 ~ 110 kV 或 220 kV）、超高压（220 kV 或 330 ~ 800 kV）和特高压（800 kV 或 1000 kV 及以上）。

科学、经济的输电方法，应该根据输电功率的大小和输电距离远近，通过技术和经济分析，选择不同的输电电压。我国主要能源基地远离用电负荷中心，非常适合采用超高压或特高压输电。

由于输电线路的输电能力与输电电压的平方成正比，输送相同功率时，电压越高、电流越小，线路的损耗就小。同时，输电电压越高，从电源侧发电机端看去电路的阻抗就越小，在输电系统中，输电线路和发电机之间同步运行的稳定性就越高。因此特高压输电有输送能力强、损耗小和稳定性好三大优点。

我国工频低压最常用的是 380 V 和 220 V 电压；在井下及其他场合，则常采用 127 V 和 660 V 电压；在安全要求高的场合，采用 50 V 以下的特低电压。

特低电压又称安全特低电压，旧称安全电压，是为防止触电事故而采用的由特定电源供电的电压系列。它是以人体允许电流与人体电阻的乘积为依据而确定的，即当触电时通过人体的是安全电流。根据欧姆定律，电压越高，电流也就越大。因此，可以把可能加在人身上的电压限制在某一范围之内，使得在这种电压下，通过人体的电流不超过允许的范围，这一电压就叫作特低电压，也叫作安全特低电压或安全超低电压。具有特低电压的设备属于Ⅲ类设备。

（1）特低电压的确定及应用

特低电压值取决于人体允许电流和人体电阻的大小。人体允许电流是指在人体遭受电击后可能延续的时间内不致危及生命的电流。一般情况下，人体允许电流可按摆脱电流考虑；在装有防止触电的速断保护装置的场合，人体允许电流可按 30 mA 考虑；在容易发生严重二次事故的场合，应按不致引起强烈反应的 5 mA 考虑。

人体电阻主要由体内电阻和皮肤电阻组成，受接触电压、皮肤潮湿程度等多种因素的影响。体内电阻不受外界因素的影响，约为 500 Ω。皮肤电阻随着条件的不同可在很大范围内变化，使得人体电阻也在很大范围内变化。一般情况下，人体电阻可按 1000 ~ 2000 Ω 考虑。

我国标准规定了特低电压的系列，将特低电压额定值（工频有效值）的等级规定为 42 V、36 V、24 V、12 V 和 6 V 五个等级。特低电压的具体选用需要根据使用环境、人员和使用方式等因素来确定。凡手提照明灯、危险环境和特别危险环境下使用的携带式电动工具，如无特殊安全结构或安全措施，应采用 42 V 或 36 V 特低电压；金属容器内、隧道内和矿井内等工作地点狭窄、行动不便，以及周围有大面积接地导体的环境，应采用 24 V 或

12 V特低电压。特低电压额定值的选用见表1-1。

表1-1 特低电压额定值的选用

特低电压（工频有效值）/V		选 用 举 例	
额定值	空载上限值		
42	50	在一般和较干燥环境中使用；在有触电危险的场所使用的手持电动工具；有电击危险环境中使用的手持照明灯和局部照明灯	
36	43	在一般和较干燥环境中使用。凡有电击危险环境中使用的手持照明灯和特别危险环境（矿井、多导电粉尘场所）使用的局部照明灯、高度不足2.5 m的一般照明灯、危险环境和特别危险环境中使用的携带式电动工具，如果没有特殊安全结构或安全措施，应采取36V特低电压	
24	29	当电气设备采用24 V以上特低电压时，必须采取防直接接触电击的措施。医用电气设备应采用24 V及以下的电压，插入人体的医用电气设备应更低	可供某些具有人体可能偶然触及的带电设备选用。在较恶劣环境中允许使用，如金属容器内、管道内、铁平台上、隧道内、矿井内和潮湿环境中
12	15	凡工作地点狭窄、行动不便，以及周围有大面积接地导体的环境（如金属容器内、隧道内），使用手提照明灯，应采用12 V电压	
6	8	水下作业等特殊场所应采用6V特低电压	

注：特低电压标准不适用于带电部分能伸入人体的医疗设备。

（2）电源及回路配置

1）安全电源。采用安全电压的用电设备必须由特定的电源供电。特定电源包括安全隔离变压器和独立电源。安全隔离变压器通常是装在同一铁心上的两个相对独立的线圈，其接线如图1-1所示。安全隔离变压器一、二次侧之间有良好的绝缘。其间还可以用接地的屏蔽将其隔离开来，因此即使发生高压击穿事故，也是一次线圈与铁心形成短路，在一次线圈与二次线圈之间没有任何电的联系。

分析图1-2中a、b两人的触电危险性可以看出：正常情况下，由于N线（或PEN线）直接接地，使流经a的电流沿系统的工作接地和重复接地构成回路，a的接触电压接近相电压，危险性很大；而流经b的电流只能沿绝缘电阻和分布电容构成回路，假设相电压为220 V，人体电阻为2000 Ω，线路的绝缘电阻为0.5 MΩ，则b的接触电压仅为0.88 V，由此可见，电击的危险性可以得到抑制。

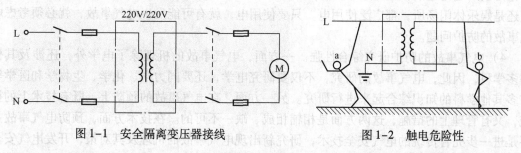

图1-1 安全隔离变压器接线 　　　　 图1-2 触电危险性

独立电源是指与安全隔离变压器具有同等隔离能力的发电机、蓄电池和电子装置等。

2）回路配置。安全电压回路的带电部分必须与较高电压的回路保持电气隔离，不得与大地、中性线或保护零线、水管、暖气管道等相连接，但安全隔离变压器的外壳及其一、二次侧之间的屏蔽隔离层应按规定接地或接零。安全电压的配线最好与其他电压等级的配线分开敷设，否则，其绝缘水平应与共同敷设的其他较高电压等级配线的绝缘水平一致。

3）插销座。安全电压的设备的插销座不应带有接零、接地插头或插孔。为了保证不与其他电压的插销座有插错的可能，安全电压应采用不同结构的插销座，或者在其插座上有明显的标志。

4）短路保护。为了进行短路保护，安全电压电源的一、二次侧均应装设熔断器。

1.3 电气事故

众所周知，电能的开发和应用给人类的生产和生活带来了巨大的变革，大大促进了社会的进步和发展。在现代社会中，电能已被广泛应用于工农业生产和人民生活等各个领域。然而，在用电的同时，如果对电能可能产生的危害认识不足，控制和管理不当，防护措施不利，在电能的传递和转换的过程中，将会发生异常情况，造成电气事故。

电气事故是电能非正常地作用于人体或系统而造成的安全事故。电气事故是电气安全工程主要研究和管理的对象。

（1）电气事故的特点

1）电气事故危害大。电气事故的发生伴随着危害和损失，严重的电气事故不仅带来重大的经济损失，甚至还可能造成人员的伤亡。发生事故时，电能直接作用于人体，会造成电击；电能转换为热能作用于人体，会造成烧伤或烫伤；电能脱离正常的通道，会形成漏电、接地或短路，构成火灾、爆炸的起因。

2）电气事故危险直观识别难。由于电既看不见、听不见，又嗅不着，其本身不具备为人们直观识别的特征。由电所引发的危险不易为人们所察觉、识别和理解。因此，电气事故往往来得猝不及防。也正因为此，给电气事故的防护以及人员的教育和培训带来难度。

3）电气事故涉及领域广。主要表现在两个方面：首先，电气事故并不仅仅局限在用电领域的触电、设备和线路故障等，在一些非用电场所，因电能的释放也会造成灾害或伤害。例如，雷电、静电和电磁场危害等，都属于电气事故的范畴。其次，电能的使用极为广泛，不论是生产还是生活，不论是工业还是农业，不论是科研还是教育文化部门，不论是政府机关还是娱乐休闲场所，都广泛使用电。只要使用电，就有可能发生电气事故，就必须考虑电气事故的防护问题。

4）电气事故的防护研究综合性强。一方面，电气事故的机理除了电学外，还涉及其他许多学科，因此，电气事故的研究，不仅要研究电学，还要同力学、化学、生物学和医学等许多其他学科的知识综合起来进行研究。另一方面，在电气事故的预防上，既有技术上的措施，又有管理上的措施，这两方面是相辅相成、缺一不可的。在技术方面，预防电气事故主要是进一步完善传统的电气安全技术，研究新出现电气事故的机理及其对策，开发电气安全领域的新技术等。在管理方面，主要是健全和完善各种电气安全组织管理措施。一般来说，电气事故的共同原因是安全组织措施不健全和安全技术措施不完善。实践表明，即使有完善的技术措施，如果没有相适应的组织措施，仍然会发生电气事故。因此，必须重视防止电气事故发生的综合措施。

（2）电气事故的类型

电气事故就是与电能相关联的事故，是由于不同形式的电能失去控制而造成的事故。可分为以下 6 种类型：

1）触电事故。触电是指电流流过人体时对人体产生的生理和病理伤害的事故。当电流流过人体，人体直接接受外界电能时所受的伤害叫电击。当电流转换成其他形式的能量（热能量）作用于人体时，人体将受到不同形式的伤害，这类伤害统称电伤。触电事故的预防技术是电工安全培训和考核的重点内容。

2）电路故障事故。电路故障事故是由于电能在传递、分配和转换过程中失去控制或电气元件损坏造成的事故。电路发生的断线、短路、接地、漏电、误合闸、误跳闸和电气设备损坏等都属于电路故障。电路短路造成的电气火灾和爆炸在火灾和爆炸事故中占有很大的比例。由于电路故障造成大规模的异常停电，除造成重大经济损失外，还可能导致重大人身伤亡。

3）火灾爆炸事故。电气火灾爆炸事故是电气引燃源引发的火灾和爆炸事故。各种电气设备在使用过程中出现短路、散热不良或灭弧失效等问题时，可能产生高温、电火花或电弧放电等引燃源，引燃易燃、易爆物品，造成火灾爆炸事故。电力变压器、多油断路器等电气设备本身就有较大的火灾和爆炸危险。开关、熔断器、插座、照明器具、电热器具和电动机等也可能引起火灾和爆炸。在火灾和爆炸事故中，电气火灾和爆炸事故占有很大的比例。

4）雷电事故。雷击是由自然界雷电的正、负电荷形式的能量造成的事故，是一种自然灾害。雷击除了能毁坏建筑设施和设备外，还可能伤及人、畜并引起火灾和爆炸。因此，电力设施和很多建筑物，特别是有火灾和爆炸危险的建筑物，均应有完善的防雷措施。

5）静电事故。静电事故是由在客观范围内相对静止的正、负电荷形式的能量造成的事故。静电放电会产生静电火花，能引起现场爆炸物和混合物发生爆炸。静电还能对人产生一定程度的电击。因此，防静电事故是许多生产行业中必须采取的安全措施。

6）电磁辐射事故。电磁辐射事故是以电磁波形式的能量造成的事故。射频电磁波泛指频率 100kHz 以上的电磁波。人体在高强度的电磁波长期照射下，将受到不同形式的伤害，如神经衰弱症状和心血系统血压不正常、心悸等。电磁波在爆炸危险环境中，还会因感应放电火花而引发重大事故。高频电磁波还可能干扰无线电通信，影响电子装置的正常工作。

（3）电气事故的原因

电气事故往往发生得很突然，且常常是在瞬间就可能造成严重后果，因此找出触电事故的原因和规律，恰当地实施相关的安全措施、防止触电事故的发生、安排正常的生产生活，具有重要的意义。电气事故的原因主要有：

1）缺乏电气安全知识。高压线附近放风筝；爬上杆塔掏鸟窝；架空线断落后误碰；用手触摸破损的胶盖刀闸、导线；儿童触摸灯头、插座或拉线等。

2）违反操作规程。高压方面，带电拉隔离开关；工作时不验电、不挂接地线、不戴绝缘手套；巡视设备时不穿绝缘鞋；修剪树木时碰触带电导线等。低压方面，带电接临时线；带电修理电动工具、搬运用电设备；相线与中性线接反；湿手去接触带电设备等。

3）设备不合格。高压导线与建筑物之间的距离不符合规程要求；高压线和附近树木距离太近；电力线与广播线、通信线等同杆架设且距离不够；低压用电设备进出线未包扎或未包好而裸露在外；台灯、洗衣机、电饭煲等家用电器外壳没有接地，漏电后碰壳；低压接户线、进户线高度不够等。

4）维修管理不及时。大风刮断导线或洪水冲倒电杆后未及时处理；刀闸胶盖破损长期未更换；瓷瓶破裂后漏电接地；相线与拉线相碰；电动机绝缘或接线破损使外壳带电；低压接户线、进户线破损漏电等。

5）偶然因素。大风刮断电力线路触到人体等。

为了避免触电事故，应当加强电气安全知识的教育和学习，贯彻执行安全操作规程和其他电气规程，采用合格的电气设备，保持电气设备安全运行。

（4）电气事故的规律

触电事故往往发生得很突然，且经常在极短的时间内造成严重的后果，死亡率较高。触电事故有一些规律，掌握这些规律对于安全检查和实施安全技术措施以及安排其他的电气安全工作有很大意义。触电事故的发生，情况是复杂的，不是一成不变的，应当在实践中不断分析和总结触电事故的规律，为做好电气安全工作提供可靠的依据。

电气事故是具有规律性的，且可以被人们认识和掌握。在电气事故中，大量的事故都具有重复性和频发性。无法预料、不可抗拒的事故毕竟是极少数。人们在长期的生产和生活实践中，已经积累了同电气事故做斗争的丰富经验，各种技术措施、各种安全工作规程及有关电气安全规章制度，都是这些经验和成果的体现，只要依照客观规律办事，不断完善电气安全技术措施和管理措施，电气事故是可以避免的。

1）触电事故有明显季节性。据统计资料，一年之中第二、三季度事故较多，六至九月最集中。主要原因是，夏秋季天气潮湿、多雨，降低了电气设备的绝缘性能；人体多汗，人体电阻降低，易导电；天气炎热，工作人员多不穿工作服和戴绝缘护具，触电危险性增大；正值农忙季节，农村用电量增加，触电事故增多。

2）低压多于高压。国内外统计资料表明，低压触电事故所占触电事故比例要大于高压触电事故。主要原因是低压设备多，低压电网广，与人接触机会多；设备简陋，管理不严，思想麻痹；群众缺乏电气安全知识。但是，这与专业电工的触电事故比例相反，即专业电工的高压触电事故比低压触电事故多。

3）农村多于城市。据统计，触电事故农村多于城市，主要原因是农村用电设备简陋，技术水平低，管理不严，电气安全知识缺乏。

4）青、中年人多。中青年工人、非专业电工和临时工等触电事故多。主要原因是，一方面这些人多是主要操作者，接触电气设备的机会多；另一方面多数操作者不谨慎，责任心还不强，经验不足，电气安全知识比较欠缺等。

5）单相触电事故多。单相触电事故占全部触电事故的70%以上。因此，防止触电事故的技术措施应将单相触电作为重点。

6）多发生在电气连接部位。统计资料表明，电气事故点多数发生在接线端、压接头、焊接头、电线接头、电缆头、灯头、插头、插座、控制器、接触器和熔断器等分支线、接户线处。主要原因是，这些连接部位机械牢固性较差、接触电阻较大、绝缘强度较低以及可能发生化学反应。

7）因行业不同而不同。冶金、矿山、建筑和机械等行业由于存在潮湿、高温、现场混乱、移动式设备和携带式设备多或现场金属设备多等不利因素，因此，触电事故较多。

8）携带式、移动式设备多于固定式设备。携带式、移动式设备需要经常移动，工作条

8

件差，在设备和电源处容易发生故障或损坏，而且经常在人的紧握之下工作，一旦触电就难以摆脱电源。

案例分析

案例1-1　移动电气设备绝缘处磨损，导致触电死亡事故

【事故经过】

小区十号楼地下室有一电气设备，该设备一次电源线使用二芯绕线，绕线长度为10.5 m；接头处没有用橡皮包布包扎，绝缘处磨损，电源线裸露；安装在该设备上的漏电开关内的拉杆脱落，漏电开关失灵。工程公司在该地下室施工中，3名抹灰工将该电气设备移至新操作点，移动过程中，其中1人触电死亡。

【事故原因】

（1）直接原因

电气设备漏电，一次电源线使用了二芯绕线，接头处没有用橡皮包布包扎，绝缘处磨损，电源线裸露，安装在该设备上的漏电开关失灵，均能导致工人触电。

（2）间接原因

1）违章操作，移动电气设备未切断电源。

2）操作人员不是专业电工，私自移动电气设备。

3）施工队安全监管不严，工人安全意识不强。

4）小区的管理人员未能定期检查电气设备，以至于不能及时发现安全隐患。

【预防措施】

（1）个人方面

1）提高安全意识，接触用电设备，要事先准备一些必要的防护。

2）严格要求自己，杜绝违章操作。

（2）小区管理方面

1）定期检查小区内的电气设备，保证其各方面都正常工作。

2）在电气设备上贴出安全标语，警示有电危险。

3）对施工队的人员提出要求，不能随便搬移用电设备。

（3）施工队方面

1）对施工人员严格要求操作规程，不能违章操作，提高人员综合素质。

2）定期开展安全施工宣传，选取惨痛的事故案例，敲响警钟，不能抱侥幸心理。

3）施工负责人对死者有一定责任，属监管不严。

案例1-2　误登带电设备触电死亡

【事故经过】

3月14日交接班后，9时30分，站长安排一名值班员在值班室值班，安排另两人与自己一道进行室内外卫生清扫维护工作。12时55分，在1#主变底部做清扫工作的值班员听到111开关方向有很大的放电声，便向111开关方向跑去。在跑出十几米后发现111开关下方起火，随即折回叫值班室的主值出来灭火。主值手提一干式灭火器，跑到111开关间隔后，发现站长趴在地上，身上衣服着火，迅速用灭火器灭火。灭火后，值班员们迅速将站长就近送至繁峙县第二人民医院，经抢救无效死亡。

【事故原因】

经现场调查，111 开关 B 相三岔口下法兰和开关支架处有明显放电痕迹，这是站长发生触电事故时的放电通道。站长在事故前发现 111 开关 B 相三岔口处有油污，可能是注意力不集中，超范围工作，擅自一人从 111 开关机构箱平台跨到 111 开关架构上，穿越 C 相开关到 B 相开关处后，抬起身体准备擦拭三岔口下部椭圆堵板处油污时发生触电。

【预防措施】

1）开展安全生产专题活动，查管理、查思想、查隐患、查措施，做好职工队伍思想稳定工作，思想到位，措施到位，管理到位，杜绝人身事故的再次发生，确保安全生产。

2）按照统一部署，严格执行各项规章制度，认真落实各项安全措施，加强安全管理，强化安全监督。

3）加强安全教育培训，提高全体职工的安全素质。加强培训工作，尤其是对设备带电部位的认识培训；有针对性地并举一反三地开展有关安全教育培训，提高全体职工的安全素质，消除安全生产工作中的漏洞和死角，杜绝类似事故的再次发生。

4）加强安全生产激励机制，大力弘扬安全生产工作行为。同时，加大违章工作处罚力度，严格执行违章者下岗的规定。生产现场工作人员要严格按照岗位职责履行自己的工作职责，不得超范围工作。有权制止违章行为，有权拒绝违章指挥。

5）加大安全宣传教育力度，大力营造安全文化氛围，努力提高全体职工的安全意识。变要我安全成为我要安全，安全生产工作成为自觉的工作行为。

案例 1-3　因不熟悉设备带电部位，造成触电死亡事故

【事故经过】

8 月 30 日，继电班班长 A 布置继电工作票负责人 B，填写一张"630 甲断路器保护定检"的一种检修工作票。填好后，由工作负责人 B 交电气主任签发。主任审查完工作票后，在备注栏内填写了"630 甲油断路器带电"并签字。8 月 31 日 2 时 30 分，电气运行班长审查完工作票后，安排值班员在工作票上注明："630 甲油断路器带电，勿入断路器间隔"字样。8 时 3 分，继电工作票负责人 B 去主盘办理开工手续。运行班长交代值班员 C 办理，C 没会同工作人员去现场就在主盘签字，同意开工。B 拿了工作票来到工作地点，这时继电班长 A 在接试验用的设备接线，看到断路器的继电器太高，就去找凳子。发现 B 已上到 630 甲断路器板内的平台上，这时 A 并没有认识到这是十分危险的，所以也没加制止，再抬头发现 B 已触电，马上断开试验电源，打电话通知主盘，这时 B 身上已起火。运行人员赶到后，拉开 630 断路器的电源侧隔离开关，发现 B 已死亡。

【事故原因】

（1）直接原因

继电保护定检的工作负责人对这次工作应注意的安全事项不清楚，尽管主任在签工作票时也注明了断路器带电，运行人员又在工作票上写明不得进入断路器间隔，但并没引起注意，没意识到 630 甲断路器带电，以致于发生误登 630 断路器触电死亡事故。

（2）重要原因

运行工作许可人与检修工作负责人办理检修工作开工手续，严重违反《电业安全工作规程》第 52 条的规定，不在工作现场核对安全措施是否完善，运行人员不交代工作地点的带电部位，而在主盘双方签字就立即开始工作。检修、运行人员违章办理开工手续，现场安全措施不完善是导致这次事故的重要原因。

【预防措施】

1）应特别重视对从事电气作业的工作人员防止人身触电的有关规定的教育，使其自觉遵章守纪。凡从事电气作业的人员应切实掌握触电救护及人工心肺复苏法。

2）加强执行检修工作票的严肃性，并按《电业安全工作规程》要求正确执行检修工作的开工手续。工作票所列安全措施要保证完善并全部执行。检修工作开工前要认真开展危险点分析和安全交底工作。

案例1-4 临时用电触电事故

【事故经过】

广告公司负责布展汽车展销会，期间，连日下雨，会展场地大量积水导致无法铺设地毯。为此，该公司负责人决定在场地打孔安装潜水泵排水。民工 A 等人便使用外借的电镐进行打孔作业，当打完孔将潜水泵放置孔中准备排水时，发现没电了。负责人 B 安排电工 C 去配电箱检查原因，发现 L_1 相电源连接的断路器输出端带电，便将电镐、潜水泵电源插座的相线由与 L_2 相电源相连的断路器输出端更换到与 L_1 相电源相连的断路器输出端上，并合上与 L_1 相电源相连的断路器送电。手扶电镐的电工 D 当即触电倒地，后经抢救无效死亡。

【事故原因】

根据事故致因理论，导致事故发生的原因通常包括三个方面：人的不安全行为、物的不安全状态以及管理的缺失。其中，人的不安全行为和物的不安全状态是导致事故发生的直接原因，管理上的缺失是导致事故的深层次原因。通过调查分析，造成这次触电事故的原因主要有以下几个方面：

（1）直接原因

1）作业人员违规在潮湿环境中使用电镐。该电镐属于 I 类手持电动工具，根据规定 I 类手持电动工具不能在潮湿环境中使用。然而事发当天，该电镐用于排除连日降雨导致的地面积水，电镐暴露在雨中使用，且未设置遮雨设施。

2）当事人 D 安全意识淡薄，在自身未穿绝缘靴、未戴绝缘手套的情况下，手持电镐赤脚站在水里。

3）电镐存在安全隐患。在现场勘察时专家对事故使用的电镐进行了技术鉴定，检测发现电镐内相线与零线错位连接，接地线路短路，无漏电保护功能。通电后接错的零线与金属外壳导通，造成电镐金属外壳带电。

4）配电设备存在缺陷。开关箱无剩余电流动作保护装置，且线路未按规定连接。

（2）间接原因

1）安全管理制度不健全。该广告公司的安全生产责任制未建立，安全生产规章制度和安全操作规程未制定。

2）安全管理制度未落实。具体表现为：作业人员的安全教育未落实，作业人员的个人劳动防护用品未配备，所提供配电设备的安全防护功能不具备，特种作业人员未持证上岗。

3）现场安全管理不到位。施工现场未配备与本单位所从事的生产经营活动相适应的安全生产管理人员，施工安全技术交底未落实，指派未取得电工作业操作证的人员从事电工作业。

【预防措施】

1）在安全技术上，各类电气设备在投入使用前应进行安全检测，保障设备的可靠性；配电设施采用剩余电流动作保护装置，临时用电线路采取多线制并要进行接零接地保护；潮湿环境下采用36 V以下安全电压，不允许使用Ⅰ类手持电动工具；强化绝缘措施，采用双重绝缘或加强绝缘的电气设备；作业人员应配备绝缘靴、绝缘手套等个人劳动防护用品；事故发生后要有相应的应急救援措施，最大限度降低事故伤害。

2）在完善管理制度上，依据现行的安全生产法律法规建立健全企业的安全生产管理制度，包括建立并完善安全生产责任制，组织制定相关规章制度和操作规程，编制生产安全事故应急预案并组织演练。针对临时用电作业，要建立用电设备定期检查制度，查找并排除存在的事故隐患，严把设备关，从物的状态上提高本质安全性。

3）在优化现场管理上，应加强施工作业现场安全管理。对此应配备相应的安全生产管理人员，施工前进行安全技术交底，落实临时用电安全措施，监督作业人员应正确佩戴个人劳动防护用品。针对临时雇佣人员较多的实际情况，要严把从业人员的资格审查关，严禁特种作业人员无证上岗。此外，还应加强对承包单位和个人的安全生产条件或相应资质的审查。对不具备安全生产条件或者相应资质的单位和个人，不得进行发包、出租；对具备安全生产条件或者相应资质的单位和个人，在发包、出租的同时，要加强对承包、承租单位和个人的安全生产工作协调和管理。

4）在教育培训对策上，加强对全员的安全教育和培训。依据安全生产法及相关规定要求公司主要负责人和安全管理人员参加有关安全生产管理培训，并取得相应证书。加强对公司员工的三级教育培训，提高作业人员的安全意识，从人的行为意识上提高安全性。

案例1-5 不用三芯插头，造成触电身亡

【事故经过】

安装钳工在抛光车间通风过滤室安装过滤网，用手持电钻在角铁架上钻孔。使用时，电钻没有装三芯插头，而是把电钻三芯导线中的工作零线和保护零线扭在一起，与另一根相线分别插入三孔插座的两个孔内。当他钻几个孔后，由于位置改变，导线拖动，工作零线打结后比相线短，工作零线和保护零线相连接处首先脱离插座，致电钻外壳带220 V电压，通过身体、铁架和大地形成回路触电死亡。

【事故原因】

1）严格手持电动工具管理，接线必须使用三芯插头插座，切不可图省事不用三芯插头。

2）电钻PE线与N线不得共用，必须分别接至零线干线。

3）手持电动工具按规定必须安装剩余电流动作保护装置，使用手持电动工具时，必须戴绝缘手套和穿绝缘鞋。

【预防措施】

1）严格执行电气工器具使用规定。

2）电气检修人员作业时必须穿绝缘鞋。

案例1-6 非电工装灯泡，触电丧生

【事故经过】

管道组长到地下减压室工作。室内一片漆黑，地面积水70 mm。有一根6 m长的照明线，

其中1 m长在地上；灯头吊在距地面1.4 m处。管道组长拿来一个200 W螺口灯泡，往灯口上装时，手碰螺口触电，左手紧握灯口倒地死亡。

【事故原因】

严重违章，在没有安全措施的情况下，装灯泡。

【预防措施】

1）加强安全教育，提高安全意识。

2）换灯泡要把电源切断，生产现场穿绝缘鞋。

案例1-7 无证从事特种作业，触电身亡

【事故经过】

9月13日，禅城区服饰厂内发生一起触电死亡事故。装饰工程施工队承包了厂房照明安装工程。该施工队在安排车间内18盏灯移位安装作业时，认为这项工作简单、量小，便派一个施工员完成。在施工过程中，施工员一直违规带电工作，在进行相线接驳时，其左手食指不小心触碰到相线的接头。由于施工员当时是穿着短裤，直接坐在铁质冷气管道上，对身体没有进行绝缘保护，导致电流从食指流入，经肢体、冷气管道铁皮进入大地形成回流电路，致使施工员遭电击死亡。

【事故原因】

1）施工员安全生产意识淡薄，无电工特种作业资质，严重违规带电作业是造成事故的直接原因。

2）该工程队负责人疏于对工程的安全管理，未能及时发现和制止施工队擅自安排不具备作业资质的人员进行电力施工，且该工程队之前设计安装的该车间照明电路均未设置安装剩余电流动作保护装置，以致发生触电意外时不能及时跳闸断电保护，施工设计存在严重缺陷，是导致事故发生的间接原因。

【预防措施】

1）电工、焊工和登高架设等属于特种作业，作业人员必须经专业培训和考核，取得特种作业人员资格证书后，方可从事相应工作。

2）加强用电管理，建立健全安全工作规程和制度，对各种电气设备按规定进行定期检查，如发现绝缘损坏、漏电和其他故障，应及时处理。

3）对不能修复的设备，不可使用其带"病"运行。

4）作业人员使用、维护、检修电气设备，应严格遵守有关安全规程和操作规程，作业过程中尽量不进行带电作业，特别是在危险场所（如高温、潮湿地点），严禁带电工作，必须带电工作时，应使用各种安全防护工具，如使用绝缘棒、绝缘钳和必要的仪表，戴绝缘手套、穿绝缘靴等，并设专人监护。

案例1-8 常见的触电事故，隐藏的事故原因

【事故经过】

录像证实：8月8日约7时20分，公司门卫在开启公司电动推拉门时，发生意外倒地。7时20分，公司员工张某来厂，当时工厂员工进出的侧门未开，张某透过电动门格栅，看见门卫倚在门旁地面上。张某推门不动，马上翻过大门（电动伸缩门，不锈钢格栅结构，高度1.60 m）去拉动门卫，感觉死者身上有电，但电流不强。张某把门卫手脚放平躺在地上，立刻拨打120急救电话。报警后，张某立即和卫校毕业的公司员工周某开始现场急救，进行了胸外心脏按压救护，直到120救护人员到现场。警方也随即到了现场调查，同时对目击证人做了调查笔录材料。

【事故原因】

经警方实地调查、医护人员的急救措施、现场目击者的触摸、参与救护人员的感觉及门卫身上的伤痕，确定为触电事故。

（1）直接原因

触电的门卫倒地部位有一金属栓扣（锁闭电动伸缩门），门卫早晨开启电动伸缩门，迎接员工上班（该锁扣固定在地面，锁扣地下部位有一条由门卫房通向门柱照明灯的地埋电源线，用PVC套管保护），在接触地面锁扣时触电。

（2）间接原因

1）公司大门柱照明电源线由门卫房经地下掩埋时，埋置不合规范要求，埋深不够，同时未穿钢管保护，地下的电缆线上方也未设置覆盖等保护措施。

2）该厂房大门用膨胀螺栓安装电动门定位栓扣时，因电缆埋深太浅，且未穿钢管，膨胀螺栓的锚爪将地下的PVC塑料绝缘套管及电源线路破坏，成为电源泄漏点，导致漏电，电动门的地脚栓扣为门卫触电的接触点。

3）深圳地区长年空气湿度大，八月又是雨水充沛阶段，那几天有雨水随地面微缝隙渗漏到地下电源的线路节点。

4）公司门卫房电源系统没有安装剩余电流动作保护装置。

（3）管理原因

1）公司向村委租用了该厂房后，两年时间的使用感觉情况正常（在以前，其他公司租用阶段也是正常使用），未发生过任何电气问题，认为租用的厂房及附属电气系统应该是合格的，公司未曾认识到地下可能存在的电气隐患，没有作为重点检查和防范对象。

2）公司平时多注意生产系统的安全，但是未能注意到非生产系统的电气事故隐患，也未能对非生产系统加强电源安全管理，加装剩余电流动作保护装置控制。

【预防措施】

（1）电气安全技术措施

1）对电气系统要全面检查，包括供电配电、生产车间、易燃易爆场所、辅助作业和办公后勤等系统，对电气安全做到有效的管理，并要落实安全措施。

2）增加专职电工，对公司内电气设施全面检测，即便不是自己的物业，也要当作自己的财产一样仔细照料，不能留下管理空白点和安全真空带。

3）对公司的配电房的供用电控制系统完善防护措施，做到供电与用电的负荷匹配，完善电房的安全配备，增加防止小动物进入电房的措施，增加电气操作柜前的绝缘板，整理配电房的线路等。

4）生产车间增加一级漏电开关，在重点场所增加漏电开关，增加保护措施。

5）加强电气管理，增加接地接零，必要的部位配置防爆电器，加强现场巡查，规范临时用电，及时修复损坏的电气开关等。

（2）安全管理措施

1）建立并完善安全生产责任制度，增加一名安全生产管理人员，做好安全管理工作。

2）建立并完善安全生产管理制度，重点抓好员工安全教育、事故隐患检查及整改落实，重点做好特种作业人员、危险作业人员的教育和重点岗位的管理。

    3）制订并完善岗位安全技术操作规程。

    4）制订应急预案，并定期安排事故应急演练活动。

思考题

1. 概述电力系统的组成和各部分的功能。
2. 工业企业常见的供电方式有几种？说明各种供电方式的组成及其适用的工业企业。
3. 电力系统中，电压等级是怎样划分的？
4. 简述电气事故的规律、原因和特点。
5. 根据触电事故的统计，电气事故具有哪些类型？
6. 特低电压是怎样定义的？
7. 特低电压标准等级是怎样规定的？
8. 特低电压有哪些应用？

第2章 电流对人体的伤害

电流可能对人体构成多种伤害。例如，电流通过人体时，人体直接接受电流能量将遭到电击；电能转换为热能作用于人体，致使人体受到烧伤或灼伤；人在电磁场照射下，吸收电磁场的能量也会受到伤害等。在诸多伤害中，电击的伤害是最基本的形式。

2.1 电流对人体的伤害概述

2.1.1 电击

电击是指电流通过人体内部直接造成对内部组织的伤害。对人体的效应是由通过的电流决定的。电流对人体的伤害程度是与通过人体电流的强度、种类、持续时间、通过途径及人体状况等多种因素有关。按照电气设备的状态，电击可分为两类：

1）直接接触电击。人体触及正常运行的设备或线路的带电体造成的触电事故。

2）间接接触电击。人体触及正常情况下不带电而故障时意外带电的导体造成的触电事故。

按照人体触及带电体的方式和电流流过人体的途径，电击可分为单相触电、两相触电和跨步电压触电。

1）单相触电。当人体直接碰触带电设备其中的一相时，电流通过人体流入大地，这种触电现象称为单相触电，如图2-1所示。对于高压带电体，人体虽未直接接触，但由于超过了安全距离，高电压对人体放电，造成单相接地而引起的触电，也属于单相触电。

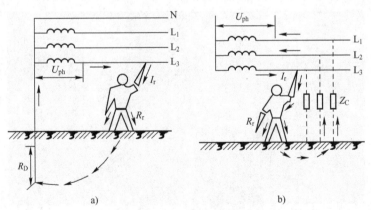

图2-1 单相触电
a）中性点接地 b）中性点不接地

2）两相触电。人体同时接触带电设备或线路中的两相导体，或在高压系统中，人体同时接近不同相的两相带电导体，而发生电弧放电，电流从一相导体通过人体流入另一相导体，构成一个闭合回路，这种触电方式称为两相触电，如图2-2所示。发生两相触电时，作用于人体上的电压等于线电压，这种触电是最危险的。

3）跨步电压触电。当电气设备发生接地故障，接地电流通过接地体向大地流散，在地面上形成电位分布时，若人在接地短路点周围行走，其两脚之间的电位差，就是跨步电压。由跨步电压引起的人体触电，称为跨步电压触电，如图2-3所示。

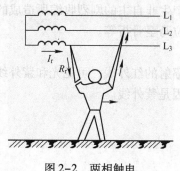
图2-2　两相触电

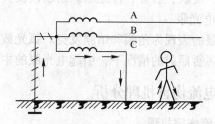
图2-3　跨步电压触电

2.1.2　电伤

电伤是电流的热效应、化学效应和机械效应等对人体表面的局部造成的伤害。电伤包括电烧伤、电烙印、皮肤金属化、机械损伤和电光眼等多种伤害，其中，最为常见的电伤是电烧伤，大部分触电事故都含有电烧伤成分。

（1）电烧伤

电烧伤可分为电流灼伤和电弧烧伤。

1）电流灼伤：人体同带电体接触，电流通过人体时，因电能转换成的热能引起的伤害。由于人体与带电体的接触面积一般都不大，且皮肤电阻又比较高，因而产生在皮肤与带电体接触部位的热量就较多，因此，使皮肤受到比体内严重得多的灼伤。电流越大、通电时间越长、电流途径上的电阻越大，则电流灼伤越严重。由于接近高压带电体时会发生击穿放电，因此，电流灼伤一般发生在低压电气设备上。因电压较低，形成电流灼伤的电流不太大。但数百毫安的电流即可造成灼伤，数安的电流则会形成严重的灼伤。在高频电流下，因皮肤电容的旁路作用，有可能发生皮肤仅有轻度灼伤而内部组织却被严重灼伤的情况。

2）电弧烧伤：由弧光放电造成的烧伤。电弧发生在带电体与人体之间，有电流通过人体的烧伤称为直接电弧烧伤；电弧发生在人体附近，对人体形成的烧伤以及被熔化金属溅落的烫伤称为间接电弧烧伤。弧光放电时电流很大，能量也很大，电弧温度高达数千摄氏度，可造成大面积的深度烧伤，严重时能将机体组织烘干、烧焦。电弧烧伤既可以发生在高压系统，也可以发生在低压系统。在低压系统，带负荷拉开裸露的刀开关时，产生的电弧会烧伤操作者的手部和面部；当线路发生短路，开启式熔断器熔断时，炽热的金属微粒飞溅出来会造成灼伤；因误操作引起短路也会导致电弧烧伤等。在高压系统，由于误操作，会产生强烈的电弧，造成严重的烧伤；人体过分接近带电体，其间距小于放电距离时，直接产生强烈的电弧，造成电弧烧伤，严重时会因电弧烧伤而死亡。

3）电烙印：电烙印是电流通过人体后，在皮肤表面接触部位留下与接触带电体形状相似的斑痕，如同烙印。斑痕处皮肤呈现硬变，表层坏死，失去知觉。

（2）皮肤金属化

皮肤金属化是由高温电弧使周围金属熔化、蒸发并飞溅渗透到皮肤表层内部所造成的伤害。

（3）机械损伤

机械损伤多数是由于电流作用于人体，使肌肉产生非自主的剧烈收缩所造成的。其损伤包括肌腱、皮肤、血管、神经组织断裂以及关节脱位乃至骨折等。

（4）电光眼

电光眼的表现为角膜和结膜发炎。弧光放电时辐射的红外线、可见光和紫外线都会损伤眼睛。在短暂照射的情况下，引起电光眼的主要原因是紫外线。

2.1.3　电流伤害机理分析

1. 电流伤害机理

（1）细胞激动作用

电流破坏人体内细胞的正常工作，电流作用于人体组织，使人体活的组织发生变异。可直接引起细胞激动，产生神经兴奋波，传递到中枢神经系统后，还可间接引起人体的其他部分发生异常反应，造成伤害。

（2）破坏生物电作用

在活的机体上，有微弱的生物电存在。如果存在局外电流，生物电的正常规律将受到破坏。由于人体的整个神经系统是以电信号和电化学反应为基础的，且生物电信号和电化学反应所涉及的能量十分微弱。当电流通过人体时，在必要能量以外电能的作用下，系统功能很容易被破坏。

（3）电流的热效应

电流通过人体时，部分电能转化为热能，破坏体内热平衡，导致功能障碍，发热引起体内液体汽化，产生的机械力将导致剥离、断裂等破坏。电流所经过的血管、神经、心脏和大脑等器官将因为热量增加而导致功能障碍。

（4）离解作用

机体液体成分在电流的作用下发生离解，引起机体内液体物质发生离解、分解，导致破坏，会使机体各种组织产生蒸气，乃至发生剥离、断裂等严重破坏，会出现麻感、针刺感、压迫感、打击感、痉挛、疼痛、呼吸困难、血压异常、昏迷、心律不齐、窒息和心室颤动等症状。

2. 电击致命机理

电击致命机理主要有心室颤动、窒息和电休克三种。

（1）心室颤动

心室颤动（简称室颤）是引发心脏骤停猝死的常见因素之一。心室连续、迅速、均匀地发放兴奋每分钟在 240 次以上，称为心室扑动。心室发放的兴奋很迅速而没有规律，称为心室颤动。室颤的频率可在每分钟 250～600 次之间。

电流通过人体，既可引起心室颤动或心脏停止跳动，也可导致呼吸中止，前者的出现比后者早得多，所以心室颤动是电击致命的主要原因。电流既可直接作用于心肌、引起心室颤动，也可作用于中枢神经系统通过其反射作用引起心室颤动。心室颤动是心脏无规则的、小幅值、高频率的震颤，从血流动力学的角度来看，无异于心脏停搏，通常数秒钟至数分钟就会导致死亡。

（2）窒息

当通过人体的电流较小（20～25 mA）时，主要会导致呼吸中止、机体缺氧，使心室颤动或心脏停止跳动，并非电流直接引起心室颤动或心脏停止跳动。窒息致命的特点是致命时间较长（10～20 min）。但当通过人体的电流超过数安时，也可能因强烈刺激，先使呼吸中止。当人体内严重缺氧时，器官和组织会因为缺氧而广泛损伤、坏死，尤其是大脑。

（3）电休克

当电流通过人体时，会引起组织损伤或者功能障碍，轻者表现为恶心、头晕或短暂的意识丧失，严重者可引起电休克，导致神经系统抑制，临床上表现为意识不清、抽搐躁动、瞳孔缩小、呼吸急促而不规律、血压升高、脉搏缓慢有力或稍快、尿少、血红蛋白或肌红蛋白尿，甚至重要生命机能丧失而死亡。电休克状态可以延续数十分钟至数天。

2.1.4 电流对人体伤害程度的影响因素

电流对人体伤害的程度与通过人体电流的大小、电流通过人体的持续时间、电流通过人体的途径和电流的种类等多种因素有关。而且，上述各个影响因素之间，尤其是电流大小与通电时间之间也有着密切的联系。

（1）伤害程度与电流大小的关系

通过人体的电流越大，人体的生理反应越明显，伤害越严重。对于工频交流电，按通过人体的电流强度的不同以及人体呈现的反应不同，将作用于人体的电流划分为三级：

1）感知电流和感知阈值。感知电流是指电流流过人体时可引起感觉的最小电流。感知电流的最小值称为感知阈值。不同的人，感知电流及感知阈值是不同的。成年男性平均感知电流约为 1.1 mA；成年女性约为 0.7 mA。感知电流一般不会对人体造成伤害，但可能因不自主反应而导致由高处跌落等二次事故。

2）摆脱电流和摆脱阈值。摆脱电流是指人在触电后能够自行摆脱带电体的最大电流。成年男性平均摆脱电流约为 16 mA，成年女性平均摆脱电流约为 10.5 mA，成年男性最小摆脱电流约为 9 mA，成年女性最小摆脱电流约为 6 mA，儿童的摆脱电流较成人要小。

3）室颤电流和室颤阈值。室颤电流是指引起心室颤动的最小电流，其最小电流即室颤阈值。心室颤动是心室每分钟 250～600 次以上的纤维性颤动，可造成血液循环的终止，危及生命。因此，可以认为，室颤电流即致命电流。室颤电流与电流持续时间关系密切。当电流持续时间超过心脏周期时，室颤电流仅为 50 mA 左右；当电流持续时间短于心脏周期时，室颤电流为数百毫安。当电流持续时间小于 0.1 s 时，只有电击发生在心脏易损期，500 mA 以上乃至数安的电流才能够引起心室颤动。室颤电流与电流持续时间的关系大致如图 2-4 所示。

（2）伤害程度与电流持续时间的关系

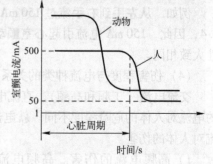

图 2-4 室颤电流与电流持续时间曲线

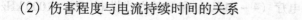

19

通过人体电流的持续时间越长，越容易引起心室颤动，危险性就越大。这主要是因为：

1）能量积累。电流持续时间越长，能量积累越多，心室颤动电流越小，使危险性增加。当持续时间在 0.01～5s 范围内时，心室颤动电流和电流持续时间的关系可用下式表达：

$$I = \frac{116}{\sqrt{t}} \tag{2-1}$$

式中　I ——心室颤动电流，单位为 mA；

　　　t ——电流持续时间，单位为 s。

2）与易损期重合的可能性增大。在心脏周期中，相应于心电图上约 0.2s 的 T 波这一特定时间对电流最为敏感，称为易损期，电流持续时间越长，与易损期重合的可能性就越大，电击的危险性就越大。

3）人体电阻下降。电流持续时间越长，人体电阻因出汗等原因而降低，使通过人体的电流进一步增加，危险性也随之增加。

（3）伤害程度与电流途径的关系

电流通过心脏会引起心室颤动，电流较大时会使心脏停止跳动，导致血液循环中断而死亡。

电流通过中枢神经或有关部位，会引起中枢神经严重失调而导致死亡。

电流通过头部会使人昏迷，或对脑组织产生严重损坏而导致死亡。

电流通过脊髓，会使人瘫痪等。

上述伤害中，以心脏伤害的危险性为最大。流经心脏的电流多、电流路线短的途径是危险性最大的途径。利用心脏电流因数可以粗略估计不同电流途径下心室颤动的危险性。心脏电流因数是某一路径的心脏内电场强度与从左手到脚流过相同大小电流时，心脏内电场强度的比值。各种电流途径的心脏电流因数见表 2-1。

表 2-1　各种电流途径的心脏电流因数

电流途径	心脏电流因数	电流途径	心脏电流因数
左手—左脚、右脚或双脚	1.0	左手—背	0.7
双手—双脚	1.0	胸—右手	1.3
左手—右手	0.4	胸—左手	1.5
右手—左脚、右脚或双脚	0.8	臀部—左手、右手或双手	0.7
右手—背	0.3		

例如，从左手到右手流过 150mA 电流，由表 2-1 可知，左手到右手的心脏电流因数为 0.4，因此，150mA 电流引起心室颤动的危险性与左手到双脚电流途径下 60mA 电流的危险性大致相同。

（4）伤害程度与电流种类的关系

交流电流（工频和高频）、直流电流和特殊波形电流都对人体具有伤害作用，不同种类的电流对人体的危险程度不同。就电击而言，工频电流对人体的伤害大于直流电流和高频电流对人体的伤害。

1）高频电流的伤害。高频电流是指 100Hz 以上电流。高频电流主要使用于飞机（400Hz）、电动工具及电焊（450Hz）、电疗（4～5kHz）和开关方式供电（20～1000kHz）

等方面。高频电流的危险性可以用频率因数来评价。频率因数是指某频率与工频有相应生理效应时的电流阈值之比。不同频率下的感知、摆脱和室颤频率因数是各不相同的。100 Hz ~ 1 kHz交流电流的感知阈值和摆脱阈值曲线如图2-5所示。图中频率因数均大于1，说明感知阈值和摆脱阈值都比工频的要高。

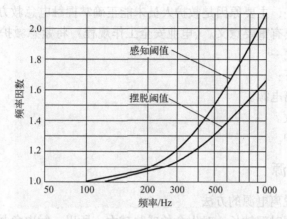

图2-5　交流电流（100 Hz ~ 1 kHz）的感知阈值和摆脱阈值曲线

2）直流电流的伤害。与交流电流相比，直流电流更容易摆脱，其室颤电流也比较高。因而，直流电击事故很少。就感知电流和感知阈值而言，只有在接通和断开直流电电流时才会产生感觉，其阈值取决于接触面积、接触状态（潮湿、温度、压力等）、电流持续时间以及个体的生理特征。正常人在正常条件下的感知阈值约为2 mA。

就摆脱电流而言，不大于300 mA的直流电流没有确定的摆脱阈值，仅在电流接通和断开时会引起疼痛和肌肉收缩；大于300 mA时，将不能摆脱。

就室颤阈值而言，根据动物实验资料和电气事故资料的分析结果，脚部为负极的向下电流的室颤阈值是脚部为正极的向上电流的2倍。而对于从左手到右手的电流途径，不大可能发生心室颤动。当电流持续时间超过心脏周期时，直流室颤阈值为交流的数倍。电流持续时间小于200 ms时，直流室颤阈值大致与交流相同。

（5）伤害程度与健康状况的关系。

电击的后果与触电者的健康状况有关。根据实践资料统计，认为肌肉发达者和成年人比儿童摆脱电流的能力强，男性比女性摆脱电流的能力强。电击对患有心脏病、肺病、内分泌失调及精神病等的患者最危险，他们的触电死亡率最高。另外，对触电有心理准备的，触电伤害轻。

2.2　触电急救

进入潮湿气候期，特别容易发生触电。人触电以后，会出现神经麻痹、呼吸困难、血压升高、昏迷、痉挛，甚至呼吸中断、心脏停搏等现象，呈现昏迷不醒的状态。但是，如果未见明显的致命外伤，就不能轻率地认定触电者已经死亡，而应该看作是"假死"，尽快施行急救。

发生触电后，现场急救是十分关键的。最重要的抢救措施是迅速切断电源，不失时机地进行触电急救，尽可能地减少损失。如果处理得及时、正确，迅速而持久地进行抢救，很多触电者虽心脏停止跳动、呼吸中断，但仍可以获救。

对触电者的急救应分秒必争，用最快的速度、施以正确的方法进行现场救护，多数触电者是可以复活的。多数事例都具备触电急救的条件和救活的机会，但都因抢救无效而死亡。除了发现过晚的因素外，主要原因是救护人员未能正确掌握触电急救方法。因此，正确掌握触电急救知识和技能具有重要意义。《电业安全工作规程》将紧急救护法列为电气工作人员必须具备的从业条件之一。

触电急救步骤如下：

第一步，迅速脱离电源。

第二步，现场急救。

第三步，医务救护。

2.2.1　迅速脱离电源

（1）低压触电时脱离电源的方法

电流对人体的作用时间越长，对生命的威胁越大。所以，触电急救的要旨是首先使触电者迅速脱离电源，越快越好。脱离电源就是要使触电者接触的那部分带电设备的开关断开，或设法使触电者与带电设备脱离。在脱离电源时，救护人员既要救人，也要注意保护自己。触电者未脱离电源前，救护人员不得直接用手触及伤员，以免触电。

脱离低压电源的方法可用"拉""切""挑""拽"和"垫"五字来概括：

1）拉。如果电源开关或电源插头在触电地点附近，可立即拉开开关或拔出插头，切断电源。但应注意拉线开关和平开关只能控制一根线，有时由于安装不符合规程要求，误把开关安装在零线上了，这时虽然断开了开关，但仅仅切断零线，相线并未切断，伤员触及的导线可能仍然带电，没有达到真正切断电源的目的。

2）切。当电源开关、插座或瓷插保险距离触电现场较远时，可用带有绝缘手柄的电工钳或有干燥木柄的斧头、铁锹等利器将电源线切断。切断时应防止带电导线断落触及周围的人体。特别注意：多芯线应分相切断，以防短路伤人。

3）挑。当电线搭落在触电者身上或压在身下时，可用干燥的衣服、手套、绳索、木板或木棒等绝缘物作为工具，拉开触电者或挑开电线，使触电者脱离电源。

4）拽。如果触电者的衣服很干燥，且未曾紧缠在身上，可用手抓住触电者不贴身的衣服，拉离电源。但因触电者的身体是带电的，其鞋子的绝缘也可能遭到破坏，救护人员不得接触触电者的皮肤，也不能触摸触电者的鞋。救护人员亦可站在干燥的木板、木桌椅或短胶垫等绝缘物品上，用一只手把触电者拉脱电源。

5）垫。如果触电者由于痉挛而手指紧握导线或导线缠绕在身上，救护人员可先用干燥的木板塞进触电者身下，使其与地绝缘来隔断电源，然后再采取其他办法把电源切断。

（2）高压触电时脱离电源的方法

1）立即通知有关部门停电。

2）戴上绝缘手套，穿上绝缘靴，用相应电压等级的绝缘工具拉开开关。

3）抛掷裸金属线使线路短路接地，迫使保护装置动作，断开电源。抛掷金属线前，应注意先将金属线一端可靠接地，然后抛掷另一端；被抛掷的一端切不可触及触电者和其他人。

上述使触电者脱离电源的办法，应根据具体情况，以快速为原则，选择采用。

2.2.2 现场救护

当触电者脱离电源后，应根据触电者的具体情况，迅速对症救护。

（1）对症救护

对于触电者，需要根据受伤害的程度，对症救护。判断触电受伤害程度方法如图 2-6 所示。

正常　　瞳孔放大

检查瞳孔　　　　　　检查呼吸　　　　　　检查心跳

图 2-6　判断触电受伤害程度

1）如果触电者伤势不重、神志清醒，但有些心慌、四肢发麻、全身无力，或者触电者在触电过程中曾一度昏迷，但已经清醒过来，应使触电者安静休息，不要走动。严密观察并请医生前来诊治或送往医院。

2）如果触电者伤势较重，已失去知觉，但心脏跳动和呼吸还存在，应使触电者舒适、安静地平卧；周围不围人，使空气流通。解开其衣服以利呼吸；如天气寒冷，要注意保温；并速请医生诊治或送往医院。如果发现触电者呼吸困难、稀少或发生痉挛，应准备心脏跳动停止或呼吸停止后立即做进一步的抢救。

3）如果触电者伤势严重，呼吸停止或心脏跳动停止，或两者都已停止，应立即施行人工呼吸和胸外心脏按压，并速请医生诊治或送往医院。

应当注意，急救要尽快地进行，不能只等候医生的到来而不救助，在送往医院的途中，也不能中止急救。

（2）人工呼吸法

现场应用的主要救护方法是人工呼吸法和胸外心脏按压法。

人工呼吸是在触电者呼吸停止后应用的急救方法，示意如图 2-7 所示。

图 2-7　人工呼吸

各种人工呼吸法中，以口对口（鼻）人工呼吸法效果最好，而且简单易学，容易掌握。

口对口（鼻）人工呼吸法操作步骤如下：

1）施行人工呼吸前，应迅速将触电者身上妨碍呼吸的衣领、上衣和裤带等解开，并迅速取出触电者口腔内妨碍呼吸的食物、脱落的假牙、血块和黏液等，以免堵塞呼吸道。施行口对口（鼻）人工呼吸时，应使触电者仰卧，并使其头部充分后仰至算孔朝上（可用一只手托在触电者颈后），以利于呼吸道畅通。

2）用拇指和食指捏住触电者鼻孔，使其鼻（或口）紧闭，救护人深吸气后，紧贴触电者的口（或鼻），向内吹气，约为2 s。每次吹气量为800～1200毫升。向其口腔吹气两次吹气速度均匀，保持肺膨胀压低于20厘米水柱。

3）吹气完毕，立即离开触电者的口（或鼻），并松开触电者的鼻孔（或嘴），让触电者自行呼气，约为3 s。

4）以每分钟12次的频率继续人工通气，直至获得其他辅助通气装置或触电者恢复自主呼吸。

（3）胸外心脏按压法

胸外心脏按压法是触电者心脏跳动停止后的急救方法。做胸外心脏按压法时应使触电者仰卧在比较坚实的地方，姿势与口对口（鼻）人工呼吸法相同，示意如图2-8所示。

图2-8 胸外心脏按压

操作方法如下：

1）救护人跪在触电者一侧或骑跪在其腰部两侧，两手相叠，手掌根部放在心窝上方、胸骨下1/3～1/2处。

2）掌根用力垂直向下挤压，对成人按压深度为5～6 cm，按压频率为100～120次/min，按压与放松时间大致相等。对儿童进行闭胸心脏按压时，按压部位与按压频率和成人相同，但按压深度为4～5 cm，动作要平稳，不可用力过猛。婴儿的按压部位在胸骨上两乳头连线与胸骨正中线交界点下一横指，抢救者用中指和无名指按压，按压深度大约为4 cm，按压频率100次/min以上，不可用力过猛。

3）按压后掌根迅速全部放松，让触电者胸部自动复原，血液充满心脏，放松时掌根不必完全离开胸部。

应当指出，心脏跳动和呼吸是互相联系的。心脏停止跳动了，呼吸很快就会停止，呼吸停止了，心脏跳动也维持不了多久。一旦呼吸和心脏跳动都停止了，应当同时进行口对口（鼻）人工呼吸和胸外心脏按压，抢救时，应先开始胸外心脏按压，再进行人工呼吸，以减少首次按压的时间延迟。开始心肺复苏时，应进行30次胸外心脏按压，后做2次人工呼吸（30∶2），反复进行，按压中断不超过10 s，按压时，手掌不能离开胸部或在胸部移动，每一次按压结束，应保证胸廓充分回弹，坚持平稳按压，按压与回放的时间约为1:1。抢救时，应采用看、听、试方法在5~7s时间内完成对伤员呼吸和心跳是否恢复的再判定。若判定颈动脉已有搏动但无呼吸，则暂停胸外按压，而再进行2次口对口人工呼吸，接着每5s吹气一次（即每分钟12次）。如脉搏和呼吸均未恢复，则继续坚持心肺复苏法抢救。在抢救过程中，要每隔数分钟再判定一次，每次判定时间均不得超过5~7s。在医务人员未接替抢救前，现场抢救人员不得放弃现场抢救。

施行人工呼吸和胸外心脏按压抢救要坚持不懈，切不可轻率中止，运送途中也不能中止抢救。在抢救过程中，如发现触电者皮肤由紫变红，瞳孔由大变小，则说明抢救收到了效果；如果发现触电者嘴唇稍有开合，或眼皮活动，或喉嗓间有咽东西的动作，则应注意其是否有自动心脏跳动和自动呼吸。触电者能开始呼吸时，即可停止人工呼吸。如果人工呼吸停止后，触电者仍不能自己呼吸，则应立即再做人工呼吸。急救过程中，如果触电者身上出现尸斑或身体僵冷，经医生做出无法救活的诊断后方可停止抢救。

（4）创伤急救

创伤急救原则上是先抢救，后固定，再搬运，并注意采取措施，防止伤情加重或受到污染。需要送医院救治，应立即做好保护伤员措施后再送医院救治。抢救前先使伤员安静躺平，判断全身情况和受伤程度，如有无出血、骨折和休克等。外部出血立即采取止血措施，防止失血过多而休克。外观无伤，但呈休克状态，神志不清或昏迷者，要考虑胸腹部内脏或脑部受伤的可能性。

为防止伤口感染，应用清洁布片覆盖。救护人员不得用手直接接触伤口，更不得在伤口内填塞任何东西或随便用药。搬运时应使伤员平躺在担架上，腰部束在担架上，防止跌下。平地搬运时伤员头部在后，上楼、下楼和下坡时头部在上，搬运中应严密观察伤员，防止伤情突变。

止血，伤口渗血：用较伤口稍大的消毒纱布数层覆盖伤口，然后进行包扎。若包扎后仍有较多渗血，可再加绷带适当加压止血。伤口出血呈喷射状或鲜红血液涌出时，立即用清洁手指压迫出血点上方（近心端），使血流中断，并将出血肢体抬高或举高，以减少出血量。用止血带或弹性较好的布带等止血时，应先用柔软布片或伤员的衣袖等数层垫在止血带下面，再扎紧止血带以刚使肢端动脉搏消失为度。上肢每60 min、下肢每80 min放松一次，每次放松1~2 min。开始扎紧与每次放松的时间均应书面标明在止血带旁。扎紧时间不宜超过4 h。不要在上臂中三分之一处和窝下使用止血带，以免损伤神经。若放松时观察已无大出血可暂停使用。严禁用电线、铁丝或细绳等作止血带使用。

高处坠落、撞击或按压可能使胸腹内脏破裂出血。受伤者外观无出血但表现面色苍白、脉搏细弱、气促、冷汗淋漓、四肢厥冷、烦躁不安，甚至神志不清等休克状态，应迅速躺平，抬高下肢，保持温暖，速送医院救治。若送医院途中时间较长，可给伤员饮用少量糖盐水。

（5）电伤处理

电伤是触电引起的人体外部损伤（包括电击引起的摔伤）、电灼伤、电烙伤和皮肤金属化这类组织损伤，需要到医院治疗。但现场也必须预作处理，以防止细菌感染，损伤扩大。

1）对于一般性的外伤创面，可用无菌生理食盐水或清洁的温开水冲洗后，再用消毒纱布防腐绷带或干净的布包扎，然后将触电者护送去医院。

2）如伤口大出血，要立即设法止住。压迫止血法是最迅速的临时止血法，即用手指、手掌或止血橡皮带在出血处供血端将血管压瘪在骨骼上而止血，同时迅速送医院处置。如果伤口出血不严重，可用消毒纱布或干净的布料叠几层盖在伤口处压紧止血。

3）高压触电造成的电弧灼伤，往往深达骨骼，处理方法十分复杂。现场救护可用无菌生理盐水或清洁的温开水冲洗，再用酒精全面涂擦，然后用消毒被单或干净的布类包裹好送往医院处理。

4）对于因触电摔跌而骨折的触电者，应先止血、包扎，然后用木板、竹竿或木棍等物品将骨折肢体临时固定并速送医院处理。

2.2.3　医务救护

现场目击人员应紧急拨打急救电话"120"，通知急救部门赴现场进行抢救治疗。在医务人员尚未到达现场前，需要根据触电者受伤害的程度，尽快对症救护，不能静静等候而不救助。等医务人员到达现场后，交给医务人员处理。

案例分析

案例 2-1　搬铁架工棚接触到高压线 12 人惨死

【事故经过】

4月8日，中润钢铁有限公司为扩建厂房，在该厂毗邻的围墙外扩大用地面积，且已进入打桩阶段。19时许，打桩承包人将一批打桩物资拉到工地北面的地方。为看管这些物资，中润钢铁有限公司副总经理让本公司的 10 名工人，连同工地的十几名工人，一起将位于工地南面的铁结构的工棚搬到北面。他们大约搬移了 200 m，铁架工棚的上端碰到在工地东北面处的 3 条东西走向的万伏高压线，造成 11 名工人当场触电身亡，4 名受伤，其中 1 人抢救无效死亡。

【事故原因】

1）中润钢铁有限公司未及时处理高压线方面的安全隐患。高压线架设采用的是 12 m 电杆，架设后的高压线与原地面距离有 7 m 以上，因厂方进行"三通一平"填土，致使高压线距现地面的高度减少，再加上厂方未及时与供电部门联系，且该片土地毗邻原有厂房，场地较为隐蔽，未向有关部门申办手续，从而逃避了有关部门监控，使重大安全隐患未能及时排除。

2）该公司副总经理违章指挥，在不了解情况和打桩承包人在场的情况下，擅自要求该厂工人搬动工棚至东北方向（该工棚长 2.5 m、宽 2.3 m、高 5.3 m）。

3）工人缺乏安全用电常识和自我保护的安全意识，在搬动工棚时，只顾下面，不顾上面，致使高达 5.3 m 的工棚触到高压线，导致触电。

案例 2-2　操作工受到电击，发生二次伤害

【事故经过】

一名工人操作 151 mm 盐水管线的阀门，穿着橡胶靴，一只脚站在通电的制氯气的电解槽组上，另一只脚站在绝缘的工作台上。站好位置，一只手扶在盐水管阀门上，另一只手伸出去抓架设在电解槽组上的金属栏杆支架。这时他遭到电击，刹那间不省人事，从 2.6 m 高的地方跌落到地面上，右臂肘部骨折。

【事故原因】

1）操作台上的栏杆高度不合格。

2）操作工一只手扶在接地的盐水管阀门上，另一只手抓带电的电解槽组上的栏杆，两者之间存在电位差。

【预防措施】

1）深入进行电气安全教育，提高对电的危险性认识和警惕。

2）在冷盐水工作台上架设辅助栏杆。

3）操作该类阀门时要戴橡皮手套。

4）使栏杆的支柱绝缘或使电解槽组上的栏杆接地。

案例2-3　违章处理水泵导致电击死亡

【事故经过】

工区施工员A路经水库坝体，发现施工员B仰躺在下游污水泵抽水坑内，头西脚东，双脚叉开，双手紧握交叉在胸前。他立即意识到已发生了事故，急忙呼叫，并与来人一起截断电源救人，但为时已晚，施工员B已经死亡。

当时正是中午停工吃饭时间，工地没有人，无旁证，只能从现场和对水泵送电做抽水试验分析认定。

该水泵放在一个三脚架上，三脚架向东倾斜，呈半倒状，全靠水泵电源电缆拉着维持平衡。水泵外壳带电，漏电原因是因电缆受力紧绷，接线头接触接线盒外壳，而此外壳又与水泵外壳连接在一起，导致水泵外壳带电。施工员B为生产组长，负责全工地生产施工工作，他利用中午时间，沿库区内环路查看情况，当路经污水泵时，看见污水泵抽水不正常，便动手去挪动调整水泵位置，因水泵外壳带电而造成电击死亡事故。

【事故原因】

（1）直接原因

检查、修理机械、电气设备时，必须停电并挂标示牌。挪动转动的机械设备也应停机断电，待机械停止转动后才能移动。很显然，死者没有遵守该规定。

（2）间接原因

操作机械设备必须经过专门的培训，了解并熟悉设备性能、构造和保养规程，经考试合格后，才能进行工作。施工员B不是专职电工，相应的安全操作规程不熟悉；工区对污水泵未按时进行维修保养，致使设备"带病"运行；该台污水泵放置在三脚架上，而三脚架早已歪斜竟没有人处理，仍然继续让它工作，现场安全管理存在着漏洞。

（3）主要原因

挪动转动的机电设备没有停机停电，平时对机电设备的检查维护保养不力，设备"带病"运行。

【预防措施】

1）施工单位要加强对机电设备的管理，建立、健全机电设备的使用、维修和保养制度，即使不能做到机电设备定人专管，兼管人员也必须是经过专门培训的人员，方可操作或移动机电设备。

2）要加强施工现场安全管理，施工负责人、施工员和生产工人都要对安全生产负责，及时发现并消除各种事故隐患和不安全因素。

3）检查、维修电气线路时，必须有两人参加，严禁一人单独从事检修工作。

案例2-4　单独上岗，无照明电击死亡事故

【事故经过】

某钻井队在施工时，机房由助手A单独顶岗（司机及发电工请假外出未归，助手B接

27

发电工岗）。约23：30，助手 A 将一桶柴油提到机房 2 号柴油机前，24：00 接班人员发现助手 A 在机房值班房内电焊机处电击死亡。

【事故原因】

23：30 以后，助手 A 到值班房内找棉纱或其他东西，准备搞设备卫生，因房内无照明设施，在黑暗中摸索时，右手触到电焊机的电源输入端接线柱上（无护罩），当场发生电击（电焊机未断电）。因机房只有一人上班，发现太晚，造成死亡。

【预防措施】

1）生产中要合理劳动组织，不能空岗或一人顶双岗，严禁只有一人在一个工作区工作。

2）要加强对电焊机的检查，电焊机两端的防护罩应随时保持完好。

3）电动设备使用完，必须随即拉下电源闸刀，不准乱合闸刀。

4）工作场所照明条件必须良好，各值班房内必须保证有良好照明。

案例 2-5 未挂标示牌，电击死亡

【事故经过】

电工班副班长带领电工甲和乙，执行×××钻井队某宿舍电路外线整改任务。三人约上午 10 时到现场，因下雨没有进行整改。14 时雨停后，电工甲将发电房供宿舍总开关（600 A 断路器）拉下，并用测电笔验电，经确认断电后开始作业。15 时 10 分左右，电工甲在整改过程中发现一根电线破皮、导线外露，于是将该线从电杆上放下，准备用绝缘胶布包扎该处时，左手食指第三节与外露导体接触造成电击。副班长急速跑到发电房（距现场约 50 m）发现电路闸刀已合上，急忙用脚将开关蹬开。电工甲经现场医务人员抢救无效死亡。

【事故原因】

1）外雇现场打水井作业的施工人员因急于进行施工，在既没有通知钻井队发电工和整改电路的电工，也没有观察有无人员施工的情况下，一次性将给宿舍供电的开关合上，引起外线突然带电。

2）电工拉闸后，没有按规定挂上"禁止合闸，有人工作"的警示牌。

【预防措施】

1）外来施工人员无权操作电气设备，有关电气方面的操作必须由持有电工操作证的当值电工进行。

2）在电气设备上工作时，必须做好保证安全的组织措施和技术措施。

3）施工地点与电源间应有明显的断开点。

案例 2-6 相线零线接反，遭电击死亡

【事故经过】

某原油车间因装置停工大检修，一名操作工负责看守操作室。23 时左右，和操作工一起值班的其他人去修理水闸。到次日凌晨回操作室后，发现该操作工人不在值班室。交接班时，在三号炉剩余瓦斯放空阀人孔操作平台上，发现操作工半躺半坐斜靠在剩余瓦斯放空管线上，嘴唇发黑。到场人员意识到发生电击，立即拉开电源，经现场抢救无效死亡。

【事故原因】

剩余瓦斯放空阀平台上的照明汞灯（220 V，400 W）N 线和 L 线接反。当日，虽灯泡烧

坏不亮，但灯头螺口仍带电。该操作工在未断外电源情况下，直接用右手去拧动灯泡，造成右手小指接触灯头外壳带电，腹部接触平台铁栏杆，形成回路而电击死亡。

案例 2-7　现场紧急救护，遭电击者转危为安

【事故经过】

锦州石化公司锦西炼油厂丙烷脱沥青二套基建工地上，一名起重班长手拉钢丝绳时，因钢丝绳意外带电，不幸电击倒地，口吐白沫，生命垂危。在场的检修车间管工班长和技术员急中生智，果断用塑料安全帽和木杆打掉带电钢丝绳，一名电工迅速切断电源。班长不顾脏污，立即用安全教育中所学的人工呼吸法，从电击者口中吸出污物，并对电击者人工呼吸，终于使其转危为安。

【急救措施】

在伤者较为严重的情况下，在现场采取人工呼吸的方法，可以使伤者缓解。

案例 2-8　电弧烧伤

【事故经过】

某化肥厂工段发生了一起维修人员被电弧灼伤的事故。11 月 4 日上午，碳化工段的氨水泵房 1 号碳化泵电动机烧坏。工段维修工按照工段长安排，通知值班电工到工段切断电源，拆除电线，并把电动机抬下基础运到电机维修班抢修。15 时 30 分左右，电动机修好运回泵房。维修组组长林某找来铁锤、扳手和垫铁，准备磨平基础，安放电动机。当他正要在基础前蹲下作业时，一道弧光将他击倒。同伴见状，急忙将他拖出现场，送往医院治疗。这次事故使林某左手臂、左大腿部皮肤被电弧烧伤。

【事故原因】

1）电工断电拆线不彻底是发生事故的主要原因。电工断电后没有严格执行操作规程，将保险丝拔除，将线头包扎，并挂牌示警。

2）碳化工段当班操作工在开停碳化泵时，误将开关按钮按开，使线端带电，是本次事故的诱发因素。

3）电气车间管理混乱，对电气作业人员落实规程缺乏检查，使电工作业不规范，是事故发生的间接原因。

4）个别电工业务素质不高。

【预防措施】

1）将事故处理意见通报全厂。组织学规程，要求严格执行规程，为防范类似事故创造条件。

2）工厂安全生产部门加强检查，对电气作业中断电不彻底、不挂牌的违章行为，一经发现，予以罚款，并到厂安全部门学习 1 周。

3）建议厂职教部门在职工教育中，注意维修工的"充电"问题，提高其业务素质，以增强他们的自我保护能力。

思考题

1. 电流对人体的伤害程度与哪些因素有关？各因素如何影响伤害程度？什么因数反映伤害程度与电流途径的关系？该因数是如何定义的？

2. 直接接触电击和间接接触电击有何异同？

3. 说明感知电流、摆脱电流和室颤电流的概念，并说明在工频条件下各自大约是多少毫安。

4. 电流对人体的伤害有哪几种类型？

5. 如何进行触电急救？

6. 简述触电急救的步骤。

第3章　直接接触电击防护

造成直接接触电击的主要原因是运行、检修和维护中的失误，如工作人员误入带电间隔，违反操作规程进行带电作业；违章操作电器开关，接通或断开线路；检修工作中没有工作票和未获得允许工作时即开始工作；工作中没有监护或监护失误等情况下，可能发生作业人员误触电气设备的带电部分，导致自身触电伤亡。此外，已停电的设备突然来电，尤其在停电检修作业人员心理准备不足时，就可能造成群伤事故。发生直接接触电击时，通过人体的电流较大，危险性也较大，应采取必要的预防措施。

直接接触电击的基本防护原则是：应当使危险的带电部分不会被有意或无意地触及。本章介绍最为常用的直接接触电击的防护措施，即绝缘、屏护和间距，它们是各种电气设备都必须考虑的通用安全措施，其主要作用是防止人体触及或过分接近带电体造成触电事故以及防止短路、故障接地等电气事故。

3.1　绝缘

绝缘是指用绝缘材料把带电体进行封闭和隔离，使电流按一定的线路流通。良好的绝缘是保证设备和线路正常运行的必要条件，也是防止触电事故的重要措施。绝缘材料还具有散热冷却、机械支撑和固定、储能、灭弧、防潮、防霉以及保护导体等作用。

绝缘材料又称电介质，其电阻率较高，大于 1×10^7 Ω·m，在直流电压的作用下，只有极小的电流通过。一般来说，纯金属的电阻率约为 10^{-8} Ω·m，合金的电阻率约为 10^{-6} Ω·m，半导体的电阻率为 $10^{-5} \sim 10^6$ Ω·m，绝缘体的电阻率为 $10^8 \sim 10^{17}$ Ω·m。绝缘材料可分为气体、液体和固体三大类。

1) 气体绝缘材料：常用的有空气、氮、氢、二氧化碳和六氟化硫等。

2) 液体绝缘材料：常用的有从石油原油中提炼出来的绝缘矿物油（如变压器油、开关油、电容器油和电缆油等）、硅油、蓖麻油、十二烷基苯、聚丁二烯和三氯联苯等合成油。

3) 固体绝缘材料：常用的有绝缘纤维制品（如纸、纸板）、绝缘浸渍纤维制品（如漆布、漆管和扎带等）、绝缘漆、胶和熔敷粉末、绝缘云母制品、玻璃、陶瓷、电工用薄膜、复合制品和黏带、电工用塑料和橡胶等。

电气设备的绝缘应符合其相应的电压等级、环境条件和使用条件，应能长时间耐受电气、机械、化学、热力以及生物等有害因素的作用而不失效。

电工产品的质量和使用寿命，在很大程度上取决于绝缘材料的电、热、机械和理化性质，绝缘材料在外电场的作用下会发生极化、损耗和击穿等过程，在长期使用的条件下绝缘材料还会老化。

3.1.1　绝缘破坏

在电气设备的运行过程中，绝缘材料会由于电场、热、化学、机械和生物等因素的作用，使绝缘性能发生劣化。

1. 绝缘击穿

击穿是电气绝缘遭受破坏的一种基本形式。当施加于绝缘材料上的电场强度高于临界值时，会使通过绝缘材料的电流突然猛增，这时绝缘材料被破坏，完全失去了绝缘性能，这种现象称为绝缘材料的击穿。发生击穿时的电压称为击穿电压，击穿时的电场强度称为击穿场强。

（1）气体电介质的击穿特点

气体电介质的击穿是由碰撞电离导致的电击穿。在强电场中，带电质点（主要是电子）在电场中获得足够的动能，当它与气体分子发生碰撞时，能够使中性分子电离为正离子和电子。新形成的电子又在电场中积累能量而碰撞其他分子，使其电离，这就是碰撞电离。碰撞电离是一个连锁反应过程，每一个电子碰撞产生一系列新电子，因而形成电子崩。电子崩向阳极发展，最后形成一条具有高电导的通道，导致气体击穿。气体电介质击穿是由碰撞电离导致的电击穿，是与气体放电过程相联系的。两极间气体放电特性曲线如图3-1所示。由于大气中产生和存在着微量的自然离子，在两极间施加电击，即有电流出现。

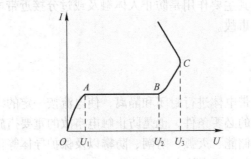

图3-1　气体放电特性曲线

当两极间电压低于 U_1 时，气体中电流随电压增加而增加（OA 段）。这是由于电压越高，电场越强，达到极面的电子和离子越多的缘故。当电压升高到 $U_1 \sim U_2$ 之间时，气体中电流基本上保持不变（AB 段）。这是由于电极间空气中的电子和离子在极短的时间内全部到达电极。当电压升高超过此时（B 点），由于碰撞电离，即由于空气中的电子在定向运动的过程中获得足够的动能，与气体分子碰撞时使中性分子电离，产生新的电子和离子，使得电流随着电压的增加而迅速增加。当电压继续升高超过 U_3 时（C 点），由于出现雪崩式电离，即电子碰撞产生的电子也能积累足够的动能引起碰撞电离，形成所谓电子崩。电子崩出现后，空间电子和离子急剧增加，碰撞电离增强，光电离出现，形成流注。

如果电场比较均匀，一旦出现流注，即迅速发展，形成贯穿整个间隙的火花放电，间隙被击穿，如果间隙很大，流注伸展一定距离后不再向前发展，但其后方发生强烈的热电离，形成先导放电，先导放电贯穿整个间隙即构成更为明亮的火花放电；如果电场不均匀，流注在电场强度高的区域形成，并可能只伸展到一定距离就不再延伸，流注前部呈刷状，但不构成整个间隙的火花放电；如果电场很不均匀，只在很小的范围内发生流注，形成电晕放电。

气体电介质击穿后在间隙中形成电流通路，电流剧增，如日常生活中的电弧、闪电、荧光灯和霓虹灯等，形成气体导电。

气体电介质击穿特点如下：

1）采用高真空和高气压的方法可提高气体的击穿强度。

2）气体中含有杂质（导电性蒸气、导电性杂质），可使击穿电压降低。

3）气体击穿后，当外部施加电压去除，则气体绝缘性能很快恢复。

（2）液体电介质的击穿特点

液体电介质的击穿特性与其纯净程度有关，一般认为纯净液体的击穿和气体电介质的击穿机理相似，是由电子碰撞电离最后导致击穿。但液体的密度大，电子自由行程短，集聚能量小，因此击穿强度比气体高。

工程上液体绝缘材料不可避免地含有气体、液体和固体杂质。如液体中含乳化状水滴和纤维时，由于水和纤维的极性很强，在强电场作用下使纤维极化而定向排列，并运动到电场强度最高处连成小桥，小桥贯穿两极间，引起电导剧增，局部温度骤升，最后导致热击穿。变压器油中含有极少量水分就会大大降低油的击穿强度。含有气体杂质的液体电介质的击穿可用气泡击穿机理来解释。气体杂质的存在使液体呈现出不均匀性，局部过热，并形成气泡。由于气泡的相对介电常数较低，其内电场强度增高为油内的 2.2～2.4 倍，发热进一步增加，气泡扩大，也形成连通两极的导电小桥，导致整个电介质击穿。

为保证绝缘质量，液体电介质使用前需经过纯化、脱水和脱气处理；使用中也应避免这些杂质的侵入。液体电介质击穿后，绝缘性能在一定程度上可以得到恢复。液体电介质的击穿强度除受杂质影响外，也受湿度、电压作用时间、压力和电场均匀程度等因素的影响。未受潮的油，击穿电压受温度影响很小；受潮的油，击穿电压明显降低。油温在 60～80℃ 范围内时，受潮的油的击穿电压出现最大值。当油温超过 80℃ 时，油内水分汽化增加，击穿电压下降；当油温低于 60℃ 时，溶解水减少，悬浮水增多，击穿电压也下降。因此，油的工作温度不宜超过 60℃。

因为油中杂质的聚集、介质的发热都需要一定的时间，所以，电压作用时间越长，击穿电压越低。在油内所含杂质不太多的情况下，其 1 min 的击穿电压与长时间的击穿电压相差不大。因此，带油设备的耐压试验一般为 1 min。

此外，电压越高，气体在油内溶解量越大，击穿电压略有升高；改善油内电场均匀程度也能提高其击穿电压。

液体电介质的击穿特点如下：

1）液体电介质的击穿和它的纯净度有关。为保证绝缘质量，液体电介质使用前需经过纯化、脱水和脱气处理。

2）击穿后当外加电压去除，液体电介质绝缘性能在一定程度上可以得到恢复。

（3）固体电介质的击穿特点

固体电介质的击穿有电击穿、热击穿、电化学击穿和放电击穿等形式。

1）电击穿：特点是电压作用时间短，击穿电压高；击穿场强与电场均匀程度有密切关系，但与周围温度及电压作用时间几乎无关。

2）热击穿：特点是与电击穿相比电压作用时间长，击穿电压较低，绝缘温升高。热击穿电压随着周围温度的上升而下降，但与电场均匀程度关系不大。

3）电化学击穿：由于游离、发热和化学反应等因素的综合作用而导致的击穿。电化学击穿是在电压长期作用下形成的，其击穿电压往往很低。它与绝缘材料本身的耐游离性能、制造工艺和工作条件等有密切关系。

4）放电击穿：这是固体电介质在强电场作用下，内部气泡首先发生碰撞游离而放电，继而加热其他杂质，使之汽化形成气泡，由气泡放电进一步发展，导致击穿。放电击穿的击穿电压与绝缘材料的质量有关。

击穿有积累效应，即一次冲击电压作用只产生局部损伤或不完全击穿，多次冲击电压作用则导致完全击穿。固体电介质一旦击穿，将失去其绝缘性能。

实际上，绝缘结构发生击穿，往往是电、热、放电和电化学等多种形式同时存在，很难截然分开。一般来说，耐热性差的电介质的低压电气设备，在工作温度高、散热条件差时，热击穿较为多见。而在高压电气设备中，放电击穿的概率就大些。脉冲电压下的击穿一般属于电击穿。当电压作用时间达数十小时乃至数年时，大多数属于电化学击穿。

2. 绝缘老化

电气设备在运行过程中，其绝缘材料由于受热、电、光、氧、机械力（包括超声波）、辐射线和微生物等因素的长期作用，产生一系列不可逆的物理变化和化学变化，导致绝缘材料的电气性能和机械性能的逐渐劣化，这一现象称为绝缘老化。

绝缘材料的老化过程十分复杂。老化机理也随材料种类和使用条件的不同而不同。最主要的老化有热老化和电老化。

1）热老化：一般在低压电气设备中，绝缘老化主要是热老化。每一种绝缘材料都有一个极限的耐热温度，当设备运行超过这一极限温度，绝缘材料的老化就加剧，即缩短电气设备的使用寿命。

2）电老化：在高压电气设备中，绝缘老化主要是电老化。它是由绝缘材料的局部放电所引起的。

3. 绝缘损坏

绝缘损坏是指由于不正确选用绝缘材料、不正确地进行电气设备及线路的安装、不合理地使用电气设备等，导致绝缘材料受到外界腐蚀性液体、气体、蒸气、潮气、粉尘的污染和侵蚀，或受到外界热源、机械因素的作用，在较短或很短的时间内失去其电气性能或机械性能的现象。

正确选择绝缘材料、正确选用电气线路的安装方式能减少绝缘损坏。不合理使用电气设备、乱拉临时线可能导致绝缘损坏。另外，动物和植物也可能破坏电气设备和电气线路的绝缘结构。

3.1.2 绝缘性能指标

绝缘材料的绝缘性能包括电气性能、机械性能、热性能（耐热、耐寒等）、吸潮性能和化学稳定性能等性能。其中，主要性能是电气性能和耐热性能。

1. 电气性能

绝缘的电气性能常用绝缘电阻、耐压强度、泄漏电流和介质损耗等指标来衡量，可以通过电气试验来检测。

绝缘检测和绝缘试验主要包括绝缘电阻试验、吸收比试验、耐压试验、泄漏电流试验和介质损耗试验，其目的是检查电气设备或线路的绝缘指标是否符合要求。其中，绝缘电阻试验是最基本的绝缘试验；耐压试验是检验电气设备承受过电压的能力，主要用于新品种电气设备的型式试验及投入运行前的电力变压器等设备、电工安全用具等；泄漏电流试验和介质损耗试验只对一些要求较高的高压电气设备才有必要进行。

（1）绝缘电阻试验

绝缘电阻是指施加于绝缘材料的直流电压与流经电流（泄漏电流）之比。绝缘电阻是衡量绝缘性能优劣的最基本的指标。

绝缘电阻通常用绝缘电阻表（旧称兆欧表，摇表）测定，绝缘电阻表测量实际上是给被测物加上直流电压，测量通过其上的泄漏电流，表盘上的刻度是经过换算得到的绝缘电阻值。

不同线路或设备对绝缘电阻有不同的要求。一般来说，高压较低压要求高，新设备较老设备要求高，室外的较室内的要求高，移动的比固定的要求高。下面列出几种主要线路和设备应达到的绝缘电阻值：

1）新装和大修后的低压线路和设备，要求绝缘电阻不低于 0.5 MΩ。

2）运行中的线路和设备，绝缘电阻可降低为每伏工作电压 1000 Ω。

3）在潮湿环境中绝缘电阻不应低于每伏工作电压 500 Ω。

4）携带式电气设备的绝缘电阻不应低于 2 MΩ。

5）控制线路的绝缘电阻不应低于 1 MΩ，但在潮湿环境中可降低为 0.5 MΩ。

6）高压线路和设备的绝缘电阻一般应不低于 1000 MΩ。

7）架空线路每个悬式绝缘子的绝缘电阻应不低于 300 MΩ。

8）电力变压器投入运行前，绝缘电阻应不低于出厂时的 70%，运行中的绝缘电阻可适当降低。

使用绝缘电阻表测量绝缘电阻时，应注意下列事项（见图 3-2）：

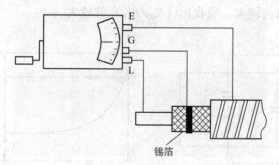

图 3-2　绝缘电阻测量

1）应根据被测物的额定电压，正确选用不同电压等级的绝缘电阻表。所用绝缘电阻表的工作电压应高于绝缘物的额定工作电压。一般情况下，测量额定电压 500 V 以下的线路或设备的绝缘电阻，应采用工作电压为 500 V 或 1000 V 的绝缘电阻表；测量额定电压 500 V 以上的线路或设备的绝缘电阻，应采用工作电压为 1000 V 或 2500 V 的绝缘电阻表。

2）与绝缘电阻表端钮接线的导线，应用单线单独连接，不能用双股绝缘导线，以免测量时因双股线或绞线绝缘不良而引起误差。

3）测量前，必须断开被测物的电源，并进行放电；测量结束也应进行放电。放电时间一般不应短于 2 ~ 3 min。对于高电压、大电容的电缆线路，放电时间应适当延长，以消除静电荷，防止发生触电危险。

4）测量前，应对绝缘电阻表进行检查。首先，使绝缘电阻表端钮处于开路状态，转动摇把，观察指针是否在"∞"位；然后，再将 E 和 L 两端短接起来，慢慢转动摇把，观察指针是否迅速指向"0"位。

5）测量时，摇把的转速应由慢至快，到 120 r/min 左右时，发电机输出额定电压。摇把转速应保持均匀、稳定，一般摇动 1 min 左右，待指针稳定后再进行读数。

6）测量过程中，如指针指向"0"，表明被测物绝缘失效，应停止转动摇把，以防表内线圈发热烧坏。

7）禁止在雷电时或邻近设备带有高电压时用绝缘电阻表进行测量工作。

8）测量应尽可能在设备刚刚停止运转时进行，这样，由于测量时的温度条件接近运转时的实际温度，使测量结果符合运转时的实际情况。

（2）吸收比试验

吸收比是从开始测量起第 60 s 的绝缘电阻 R_{60} 与第 15 s 的绝缘电阻 R_{15} 的比值。

通过吸收比可以判断绝缘的受潮情况和内部有无缺陷，这是因为，绝缘材料加上直流电压时都有一充电过程，在绝缘材料受潮或内部有缺陷时，泄漏电流增加很多，同时充电过程加快，吸收比值小，接近于 1；绝缘材料干燥时，泄漏电流小，充电过程慢，吸收比明显增大。例如，干燥的发电机定子绕组，在 10～30℃ 时的吸收比远大于 1.3。

直流电压作用在电介质上，有三部分电流通过，即介质的泄漏电流（I_1）、吸收电流（I_a）和瞬时充电电流（I_c），如图 3-3 所示。绝缘材料的电流与时间的关系如图 3-4 所示。吸收电流和充电电流在一定的时间后都趋于零，而泄漏电流与时间无关。如介质材料干燥，其泄漏电流很小，在电压开始作用的 15 s 内，充电电流和吸收电流较大，此时电压与电流的比值较低，经较长时间（60 s）后，充电电流和吸收电流衰减趋向于零，总电流稳定在较小的泄漏电流值上，R_{60} 数值较大，吸收比（R_{60}/R_{15}）就较大。

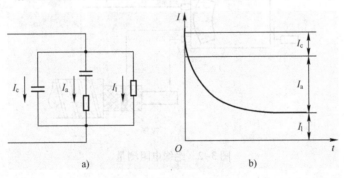

图 3-3　绝缘材料的导电特性
a）等效电路　b）电流曲线

如介质材料受潮，泄漏电流较大，相对来讲介质充电电流和吸收电流较小。15 s 时测出的 R_{15} 与 60 s 时测出的 R_{60} 相差很小，吸收比就小，所以可以用吸收比来反映绝缘的受潮程度。如图 3-5 所示。

（3）耐压试验

耐压试验是检验电气设备对过电压的承受能力，也就是在试验时对电气设备施加高于运行中可能遇到的过电压。例如，在不接地的三相系统中，发生单相接地时，其他两相对地电压升高到原来的 1.73 倍；在特殊情况下，内部过电压可升高到原来的 3～3.5 倍；在设备遭受雷击时可能出现更高的过电压。

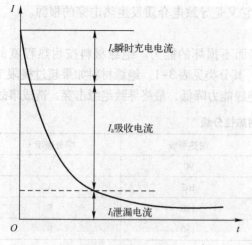

图 3-4　绝缘材料电流与时间关系示意图　　　　图 3-5　吸收比原理图

耐压试验主要有工频耐压试验、直流耐压试验和冲击耐压试验，其中工频耐压试验应用较多。耐压试验的试验电压为设备额定电压的一倍至数倍，但最低不得低于 1000 V。

对电力变压器、电动机和低压配电装置等在投入运行前，应做工频耐压试验；低压电力和照明线路，如绝缘电阻不能满足要求时，也需做工频耐压试验；电工安全用具应按规定做工频耐压试验；对整台机床电气系统，在主线路和机座之间也应做工频耐压试验，对阀型避雷器必要时做冲击电压试验；电气设备的绝缘油需在油杯中用标准电极做工频耐压试验等。

耐压试验的加压时间一般为 1 min，但对于以有机固体作为主要绝缘的设备为 5 min；对电压互感器为 3 min；对油浸电力电缆为 10 min。升压速度和减压速度应符合规定。先以任意速度加压至试验电压的 40% 左右，再以每秒 3% 试验电压的速度升高到试验电压，并持续到规定时间，然后在 5 s 内把电压降低到试验电压的 25% 以下，再切断电源。

在做耐压试验时应注意如下事项：

1）耐压试验应在测量绝缘电阻合格后进行。

2）试验电压按规定选取，不得任意超过规定值；试验电流不应超过试验设备的允许电流。

3）为了人身安全，试验场地应设立防护围栏，以防止工作人员偶然接近带电的高压装置。

4）试验设备应有完善的保护接零（或保护接地），试验前后要注意放电。

5）每次试验之后，应使调压器迅速返回零位，最好能有自动回零装置。

（4）泄漏电流试验

泄漏电流是线路或设备在外加高电压作用下经绝缘部分所泄漏的电流。由于外加电压较高，而且电压稳定，所以比较容易发现绝缘硬伤、脆裂等内部缺陷。

泄漏电流试验一般只对某些安全要求较高的设备，才有必要按规定进行。如某些高压设备（阀型避雷器、油浸电力电缆等）；某些电工安全用具（绝缘手套、绝缘靴和绝缘垫等）；某些日用电器和电动工具等。

（5）介质损耗试验

在交流电压作用下，绝缘材料中的部分电能将转变成热能，这部分能量就叫作损耗。电介质损耗主要由电导和缓慢松弛极化所引起，它又是导致电介质发生热击穿的根源。

2. 耐热性能

耐热性能是指绝缘材料及其制品承受高温而不损坏的能力。绝缘材料按耐热程度的不同，耐热等级可分为 Y、A、E、B 等 9 个级别，其分类见表 3-1。绝缘材料如果超过极限工作温度运行，会加速绝缘材料电气性能老化，使绝缘能力降低，最终导致绝缘击穿，造成事故。

表 3-1　耐热性分级

ATE 或 RTE		耐热等级	字母表示①
≥90	<105	90	Y
≥105	<120	105	A
≥120	<130	120	E
≥130	<155	130	B
≥155	<180	155	F
≥180	<200	180	H
≥200	<220	200	N
≥220	<250	220	R
≥250②	<275	250	—

注：表中 ATE 为预估耐热指数，RTE 为相对耐热指数。
① 为了便于表示，字母可以写在括弧中，例如，180 级（H）。如因空间关系，比如在铭牌上，产品技术委员会可能仅选用字母表示。
② 耐热等级超过 250 的可按 25 间隔递增的方式表示。

3.2　屏护和间距

屏护和间距是最为常用的电气安全措施之一。从防止电击的角度而言，屏护和间距属于防止直接接触的安全措施。此外，屏护和间距还是防止短路、故障接地等电气事故的安全措施之一。

3.2.1　屏护

屏护是指使用屏障、遮栏、护罩、护盖和箱匣等将带电体与外界隔离，以防止人体触及或接近带电体而引起触电事故。屏护还可以起到防止电弧伤人、防止弧光短路或便利检修工作的作用。

（1）屏护装置使用的场合

屏护装置主要用于电气设备不便于绝缘或绝缘不足以保证安全的场合。配电线路和电气设备的带电部分如果不便于包以绝缘或者单靠绝缘不足以保证安全的场合，可采用屏护保护。开关电器的可动部分一般不能包以绝缘，因而需要加以屏护。其中防护式开关电器本身带有屏护装置，如胶盖刀开关的胶盖、铁壳开关的铁壳、磁力启动器的铁盒等。而开启式石板刀开关则要另加屏护装置。对于用电设备的电气部分，按设备的具体情况常各有电气箱、控制柜，或装于设备的壁龛内作为屏护装置。对于高压设备，由于全部绝缘往往有困难，因此，不论高压设备是否有绝缘，均要求加装屏护装置。室内外安装的变压器和变配电装置应装有完善的屏护装置。当作业场所邻近带电体时，在作业人员与带电体之间、过道和入口等处均应装设可移动的临时性屏护装置。

（2）屏护装置的种类

1）屏护装置的种类有永久性屏护装置和临时性屏护装置之分，前者如配电装置的遮栏、开关的罩盖等；后者如检修工作中使用的临时屏护装置和临时设备的屏护装置等。

2）屏护装置还可分为固定屏护装置和移动屏护装置，前者如母线的护网；后者如跟随天车移动的天车滑线屏护装置。

3）屏护可分为屏蔽和障碍（或称阻挡物），两者的区别在于：后者只能防止人体无意识触及或接近带电体，而不能防止有意识移开、绕过或翻越该障碍触及或接近带电体。从这点来说，前者属于一种完全的防护，而后者是一种不完全的防护。

（3）屏护装置的安全条件

由于屏护装置不直接与带电体接触，因此对制作屏护装置所用材料的导电性能没有严格的规定。但为了保证其有效性，各种屏护装置需要满足以下要求：

1）屏护装置所用材料应有足够的机械强度和良好的耐火性能。为防止因意外带电而造成触电事故，对金属材料制成的屏护装置必须实行可靠的接地或接零。

2）变配电设备应有完善的屏护装置。安装在室外地上的变压器，以及安装在车间或公共场所的变配电装置，均需装设遮栏作为屏护。屏护装置应有足够的尺寸，与带电体之间应保持必要的距离。遮栏高度不应低于 1.7 m，下部边缘离地不应超过 0.1 m，网眼遮栏与带电体之间的距离不应小于表 3-2 所列的距离。栅遮栏的高度户内不应低于 1.2 m，户外不应低于 1.5 m，栏条间距离不应大于 0.2 m。对于低压设备，遮栏与裸导体之间的距离不应小于 0.8 m。户外变配电装置围墙的高度一般不应低于 2.5 m。网眼屏护装置的网眼应不大于 40 mm × 40 mm。

表 3-2 网眼遮栏与带电体之间的距离

额定电压/kV	<1	10	20 ~ 35
最小距离/m	0.15	0.35	0.6

3）屏护装置一般不宜随便打开、拆卸或挪移，有时还应装有联锁装置（只有断开电源才能打开），在各种闲杂人员（如非电工人员或当地居民）能够随意进入的场所，屏护装置必须可靠。

4）被屏护的带电部分还应有明显的标志，标明规定的符号或涂上规定的颜色，遮栏、栅栏等屏护装置上应根据被屏护对象挂上"禁止攀登，高压危险!""当心触电!"等警告牌。

5）配合屏护采用信号装置和联锁装置。前者一般用灯光或仪表指示有电，后者采用专门装置，当人体越过装置可能接近带电体时，所屏护的装置自动断电。

3.2.2 间距（电气安全距离）

间距是指带电体与地面之间，带电体与其他设备和设施之间，带电体与带电体之间必要的安全距离，这种距离称为电气安全距离，简称间距。间距的作用是防止人体触及或接近带电体造成触电事故；避免车辆或其他器具碰撞或过分接近带电体造成事故；防止火灾、过电压放电及各种短路事故，以及方便操作。在间距的设计选择时，既要考虑安全的要求，同时也要符合人－机工效学的要求。

间距的大小取决于电压的高低、设备的类型及安装的方式等因素。不同电压等级、不同设备类型、不同安装方式、不同的周围环境所要求的间距不同。

1. 线路间距

（1）架空线路

架空线路所用的导线既可以是裸线，也可以是绝缘线，但即使是绝缘线，露天架设导线的绝缘也极易损坏。因此，架空线路的导线与地面，与各种工程设施、建筑物、树木，以及与其他线路之间，还有同一线路的导线与导线之间，均应保持一定的安全距离。具体要求如下：

1）架空线路的导线与地面的距离，应不小于表3-3所列数值。

表3-3　导线与地面的最小距离　　　　　　　　　　（单位：m）

线路经过地区	线路电压		
	<1kV	1～10kV	35kV
居民区	6	6.5	7
非居民区	5	5.5	6
不能通航或浮运的河、湖（冬季水面）	5	5	—
不能通航或浮运的河、湖（50年一遇的洪水水面）	3	3	—
交通困难地区	4	4.5	5
步行可以达到的山坡	3	4.5	5
步行不能达到的山坡、峭壁或岩石	1	1.5	3

注：居民区指工业企业地区、港口、码头和市镇等人口密集地区。非居民区指居民区以外的地区，均属非居民区。有时虽有人、有车到达，但房屋稀少，亦属非居民区。交通困难地区指车辆不能达到的地区。

在未经相关管理部门许可的情况下，架空线路不得跨越建筑物。架空线路与有爆炸、火灾危险的厂房之间应保持必要的防火间距，且不应跨越具有可燃材料屋顶的建筑物。

2）架空线路的导线与建筑物之间的距离，应不小于表3-4所列数值。

表3-4　导线与建筑物间的最小距离　　　　　　　　（单位：m）

线路电压/kV	<1	10	35
垂直距离/m	2.5	3.0	4.0
水平距离/m	1.0	1.5	3.0

3）架空线路导线与街道或厂区树木的距离，应不小于表3-5所列数值。

表3-5　导线与街道或厂区树木的最小距离　　　　　（单位：m）

线路电压/kV	<1	10	35
垂直距离/m	1.0	1.5	3.0
水平距离/m	1.0	2.0	—

4）架空线路导线间的最小间距，应根据经验确定并可参考表3-6所列数值。

表 3-6　架空线路导线间的最小间距　　　　　　　　　　（单位：m）

线路电压/kV	≤40	50	60	70	80	90	100	110	120
高压	0.6	0.65	0.7	0.75	0.85	0.9	1.0	1.05	1.15
低压	0.3	0.4	0.45	0.5	—	—	—	—	—

5）同杆线路的最小距离。几种线路同杆架设时，必须保证电力线路在通信线路上方，而高压线路在低压线路上方。线路间距应满足表 3-7 的要求。

表 3-7　同杆线路的最小间距　　　　　　　　　　　（单位：m）

导线排列方式	直线杆	分支（转角）杆	导线排列方式	直线杆	分支（转角）杆
高压与高压	0.8	0.45/0.6①	低压与低压	0.6	0.3
高压与低压	1.2	1.0	低压与弱压	1.5	1.2

① 转角或分支杆横担距上面的横担采用 0.45 m，距下面的横担采用 0.6 m。

6）架空线路与工业设施的最小距离应满足表 3-8 的要求。

表 3-8　架空线路与工业设施的最小距离　　　　　　　（单位：m）

项　　目				线路电压		
				< 1 kV	10 kV	35 kV
铁路	标准轨距	垂直距离	至钢轨顶面	7.5	7.5	7.5
			至承力索接触线	3.0	3.0	3.0
		水平距离	电杆外缘至轨道中心　交叉		5.0	
			交叉		杆加高 3.0	
	窄轨	垂直距离	至钢轨顶面	6.0	6.0	7.5
			至承力索接触线	3.0	3.0	3.0
		水平距离	电杆外缘至轨道中心　交叉		5.0	
			交叉		杆加高 3.0	
道路		垂直距离		6.0	7.0	7.0
		水平距离（电杆至道路边缘）		0.5	0.5	0.5
通航河流		垂直距离	至 50 年一遇的洪水位	6.0	6.0	6.0
			至最高航行水位的最高樯顶	1.0	1.5	2.0
		水平距离	边导线至河岸上缘		最高杆（塔）高	
弱电线路		垂直距离		6.0	7.0	7.0
		水平距离（两线路边导线间）		0.5	0.5	0.5
电力线路	< 1 kV	垂直距离		1.0	2.0	3.0
		水平距离（两线路边导线间）		2.5	2.5	5.0
	10 kV	垂直距离		2.0	2.0	3.0
		水平距离（两线路边导线间）		2.5	2.5	5.0
	35 kV	垂直距离		3.0	2.0	3.0
		水平距离（两线路边导线间）		5.0	5.0	5.0

项 目			线 路 电 压		
			<1 kV	10 kV	35 kV
特殊管道	垂直距离	电力线路在上方	1.5	3.0	3.0
		电力线路在下方	1.5	—	—
	水平距离（边导线至管道）		1.5	2.0	4.0

（2）接户线和进户线

接户线是指从配电网到用户进线处第一支撑物的一段导线；进户线是指从接户线引入室内的一段导线。

1）接户线对地距离应不小于下列数值：6～10 kV接户线4.5 m；低压绝缘接户线2.5 m。

2）跨越道路的低压接户线至路面中心的垂直距离应不小于下列数值：通车道线6 m；通车困难道路、人行道3.5 m。

3）接户线的线间距应不小于下列规定数值：自电杆引下者0.2 m；沿墙敷设者0.15 m。

4）接户线安装后与建筑物有关部分的距离应不小于下列规定数值：与上方窗户或阳台的垂直距离为0.8 m；与下方窗户的垂直距离为0.3 m；与下方阳台的垂直距离为2.5 m；与窗户或阳台的水平距离为0.75 m；与墙壁、构架的距离为0.05 m。

5）进户线的进户管口与接户线之间的垂直距离，一般应不超过0.5 m；低压进户线管口对地距离应不小于2.7 m；高压一般应不小于4.5 m。

（3）车间布线

敷设在车间厂房或建筑物内的明暗导线，固定导线用的支撑物和专用配件等总称为车间布线。车间布线分明布线和暗布线两种。导线沿墙壁、天花板、梁及支柱等外表敷设的，称为明布线；导线穿管埋设在墙内、楼板内或装设在顶棚内的，称为暗布线。

布线的方式因车间的规模、性质和结构等不同而又分为瓷（或塑料）夹板布线、瓷珠布线、瓷瓶布线、金属管布线、塑料管布线、木槽板布线和钢索布线等方式。无论采用何种布线方式，都必须保证能够安全可靠地传送电能，而且布线要合理整齐，质量应符合电气安装规程的要求。

1）裸导体布线。室内裸导体布线距地面高度不低于3.5 m，采用网孔遮栏时，不低于2.5 m。当裸导体与管道同侧平行敷设时，应敷设在管道的上面，与需要经常维护的管道净距不小于1.5 m。当裸导体用遮栏防护时，遮栏与裸导体的净距应符合下列要求：用网眼不大于20 mm×20 mm的遮栏遮护时，应不小于100 mm。而用板状遮栏遮护时，应不小于50 mm。无遮护的裸导体下方至起重机大车铺板的净距应不小于2.2 m（如在起重机上装有网孔遮栏时，其距离不限）。敷设在起重机检修段上方的裸导体宜设置网孔遮栏。除滑触线本身的辅助导线外，裸导体不宜与起重机滑触线敷设在同一支架上。裸导体的线间及裸导体至建筑物表面的净距（不包括固定点），应不小于表3-9所列数值。

2）绝缘导线明敷布线。用鼓形绝缘子、针式绝缘子在室内外布线以及用瓷（塑料）夹在室内布线时，绝缘导线至地面的距离应不小于表3-10所列数值；用鼓形绝缘子、针式绝缘子在室内外布线时，绝缘导线间的间距应不小于表3-11所列数值。

表3-9　裸导体的线间及裸导体至建筑物表面的最小净距

固定点间距/m	最小净距/mm	固定点间距/m	最小净距/mm
≤2	50	>4~6	150
>2~4	100	>6	200

表3-10　绝缘导线至地面的最小距离

布线方式		最小距离/m	布线方式		最小距离/m
导线水平敷设	室内	2.5	导线垂直敷设	室内	1.8
	室外	2.7		室外	2.7

表3-11　室内外布线的绝缘导线间的最小间距

固定点距离/m	导线最小间距/mm	
	室内布线	室外布线
≤1.5	35	100
>1.5~3	50	100
>3~6	70	100
>6	100	150

室内用绝缘导线敷设时，导线固定点间的间距应不大于表3-12所列数值。

表3-12　绝缘导线固定点间的最大间距

布线方式	导线截面/mm²	固定点最大间距/mm
瓷（塑料）夹布线	1~4	600
	6~10	800
鼓形绝缘子布线	1~1	1500
	6~10	2000
	16~25	3000
自敷布线	≤6	200

室外布线的绝缘导线至建筑物的间距，应不小于表3-13所列数值。

表3-13　绝缘导线至建筑物的最小间距

布线方式	最小间距/mm	布线方式	最小间距/mm
在阳台、平台上和跨越建筑物顶	2500	垂直敷设时至阳台、窗户的水平间距	400
在窗户上	300	线至墙壁和架构的间距（挑檐下除外）	
在窗户下	800		35

绝缘导线明敷在高温或对绝缘层有腐蚀的场所时，导线间及导线至建筑物表面的最小间距按裸导线考虑。

对室内低压线路与工业管道和电气设备之间的最小距离，见表3-14所列数值。

表 3-14　室内低压线路与工业管道和电气设备之间的最小距离　　　（单位：m）

敷设方式	管线及设备名称	管线	电缆	绝缘导线	裸导线（母线）	滑触线	插接式母线	配电设备
平行	煤气管	0.1	0.5	1.0	1.0	1.5	1.5	1.5
	乙炔管	0.1	1.0	1.0	2.0	3.0	3.0	3.0
	氧气管	0.1	0.5	0.5	1.5	1.5	1.5	1.5
	蒸气管	1.0/0.5	1.0/0.5	1.0/0.5	1.5	1.5	1.0/0.5	0.5
	热水管	0.3/0.2	0.5	0.3/0.2	1.5	1.5	0.3/0.2	0.1
	通风管		0.5	0.1	1.5	1.5	0.1	0.1
	上下水管	0.1	0.5	0.1	1.5	1.5	0.1	0.1
	压缩空气管		0.5	0.1	1.5	1.5	0.1	0.1
	工艺设备				1.5	1.5		
交叉	煤气管	0.1	0.3	0.3	0.5	0.5	0.5	
	乙炔管	0.1	0.5	0.5	0.5	0.5	0.5	
	氧气管	0.1	0.3	0.3	0.5	0.5	0.5	
	蒸气管	0.3			0.5	0.5	0.3	
	热水管	0.1	0.1	0.1	0.5	0.5	0.1	
	通风管		0.1	0.1	0.5	0.5	0.1	
	上下水管		0.1	0.1	0.5	0.6	0.1	
	压缩空气管		0.1	0.1	0.5	0.5	0.1	
	工艺设备				1.5	1.5		

注：1. 表中所列的分数中，分子数为线路在管道上面时的最小净距；分母数为线路在管道下面时的最小净距。
　　2. 电气管线与蒸气管不能保持表中距离时，可在蒸气管与电气管线之间加隔热层，这样平行净距可减至 0.2 m，交叉处只考虑施工维修方便。
　　3. 电气管线与热水管不能保持表中距离时，可在热水管外包隔热层。
　　4. 裸母线与其他管道交叉不能保持表中距离时，应在交叉处的裸母线外面加装保护网或罩。

室内低压裸导线的线间以及至建筑物表面的最小距离，应不小于表 3-15 所列数值。

表 3-15　室内低压裸导线的线间以及至建筑物表面的最小距离

固定点间距/m	最小允许距离/mm	固定点间距/m	最小允许距离/mm
<2	50	4~6	150
2~4	100	>6	200

（4）电缆线路

电缆线路可以暗设，也可以明设。暗设的有沿电缆隧道或电缆沟敷设的，也有直接埋在地下的。电缆在隧道或电缆沟内敷设时的净距，不宜小于表 3-16 所列数值。

表 3-16　电缆在隧道或电缆沟内敷设时的最小净距　　　（单位：mm）

敷设方式	电缆隧道（高度不低于 1800 mm）	电缆沟	
		深度不大于 600 mm	深度大于 600 mm
两边有电缆架时，架间水平净距（通道宽）	1000	300	500
一边有电缆架时，架与壁间水平净距（通道宽）	900	300	450

敷 设 方 式		电缆隧道 （高度不低于1800 mm）	电缆沟	
			深度不大于600 mm	深度大于600 mm
电缆架层间垂直净距	电力电缆	200	150	150
	控制电缆	120	100	100
电力电缆间的水平净距		35，但不小于电缆外径		

当电缆直接埋地敷设时，一般埋设深度应不小于0.7 m。敷设时，应在电缆上面、下面各铺以100 mm厚的软土或砂层。在冻土层厚度超过0.7 m时，电缆应敷设在冻土层以下，或采取防护措施。不允许电缆放在其他管道上面或下面平行敷设。

对于油浸纸绝缘电力电缆垂直或沿陡坡敷设，其水平高度差应不高于表3-17所列数值。

表3-17　油浸纸绝缘电缆的允许敷设的最大水平高度差　　　　（单位：m）

电压等级/kV	电缆结构类型	铝　　包	铅　　包
1～3	有铠装	25	25
	无铠装	20	20
6～10	有铠装或无铠装	15	15
20～35		—	5

在土壤中含有对电缆有腐蚀性的物质（如酸、碱、矿渣和石灰等）或有电流的地方，电缆不宜采用直接埋地敷设。对于无铠装的电缆从地下引出地面时，在距地1.8 m高的部位，应采用金属管或保护罩保护，以防机械损伤。电缆直接埋地敷设时，电缆与各种设施平行或交叉的净距，应不小于表3-18所列数值。

表3-18　直接埋地敷设的电缆与各种设施的最小净距　　　　（单位：m）

敷 设 条 件	平 行 敷 设	交 叉 敷 设
与电杆或建筑物地下基础之间，控制电缆与控制电缆之间	0.6	—
10 kV以下的电力电缆之间或控制电缆之间	1.0	0.5
10～35 kV的电力电缆之间或其他电缆之间	0.25	0.5
不同部门的电缆（包括通信电缆）之间	0.5	0.5
与热力管沟之间	2.0	0.5
与可燃气体、可燃液体管道之间	1.0	0.5
与水管、压缩空气管道之间	0.5	0.5
与道路之间	1.5	1.0
与普通铁路路轨之间	3.0	1.0
与直流电气化铁路路轨之间	10.0	

1）电缆应埋设在建筑物的散水坡外。

2）当电缆与热力管沟之间装有隔热层时，平行距离可减小为0.5 m。

3）电缆与热力管沟交叉时，如电缆穿石棉水泥管保护，其长度应伸出热力管沟两侧各

2 m，隔热层应伸出热力管沟和电缆两侧各 1 m。

4）当电缆与各种设施交叉点前后各 1 m 范围内穿管或用隔板隔开后交叉净距可减小为 0.25 m。

5）电缆与水管、压缩空气管平行，电缆与管道标高差不大于 0.5 m 时，平行净距可减小为 0.5 m。室内明敷电缆与其他线路之间的最小距离，不应小于下列数值：低压电缆之间为 35 mm，低压与高压电缆之间为 150 mm；低压电缆与照明线路之间为 100 mm，高压电缆与照明线路之间为 150 mm。

2. 变配电设备的间距

为保证运行时设备和人身的安全，以及检修维护和搬运的方便，配电装置的各部分规定的最小电气绝缘安全距离如下：

明装的车间低压配电箱底口的高度可取 1.2 m，暗装的可取 1.4 m。明装电能表板底距地面的高度可取 1.8 m。常用开关电器的安装高度为 1.3～1.5 m，开关手柄与建筑物之间保留 150 mm 的距离，以便于操作。墙用平开关，离地面高度可取 1.4 m。明装插座离地面高度可取 1.3～1.8 m，暗装的可取 0.2～0.3 m。

电气设备的套管和绝缘子最低绝缘部位距地面的距离小于 2.5 m 时，应装设固定遮栏。

屋外安装的变压器，其外廓之间的距离一般应不小于 1.5 m，外廓与围栏或建筑物之间的距离应不小于 0.8 m。屋外配电间底部距离地高度一般为 1.3 m。

低压配电通道，应符合以下要求：

1）宽度应小于 1 m，困难时可减为 0.8 m。

2）通道内高度低于 2.3 m 无遮栏的裸露导电部分，与对面墙或设备的距离应不小于 1 m，与对面其他裸露导电部分的距离应不小于 1.5 m。

3）通道上方裸导体的高度低于 2.3 m 时应加遮栏，遮栏后通道高度应不低于 1.9 m。

高压配电装置与低压配电装置应分室装设。如在同一室内单列布置时，高压开关柜与低压配电屏之间的距离应不小于 2 m。配电装置的长度超过 6 m 时，屏后应有两个通向本室或其他房间的出口，其距离不宜大于 15 m。

3. 用电设备的安全距离

用电设备的安装应考虑到防震、防尘、防潮、防火和防触电等安全要求，其中包括对安全距离的要求。

车间低压配电盘底口距地面高度，暗装的可取 1.4 m，明装的可取 1.2 m。明装的电度表板底口距地面高度可取 1.8 m。

常用开关设备安装高度为 1.3～1.5 m。为了便于操作，开关手柄与建筑物之间应保持 150 mm 的距离。开关手柄离地面高度可取 1.4 m。拉线开关离地面高度可取 2～3 m。明装插座离地面高度 1.3～1.5 m；暗装的可取 0.15～3 m。

室外照明灯具安装高度不低于 3 m，在墙上安装时可不低于 2.5 m。对金属卤化物灯具的安装应符合下列要求：灯具安装高度在 5 m 上，电源线应经接线柱连接，并不得使电源靠近灯具的表面，且灯管须与触发器和限流器配套使用。

室内灯具高度应高于 2.5 m，当条件限制时可减小为 2.2 m。如果达不到这一要求，可采取适当安全措施。当吊灯灯具安装在桌面上方或人碰不到的地方时，则高度可减小为 1.5 m。

吊扇的扇叶距地面高度应不低于 2.5 m。照明配电板的安装高度，其底边距地面应不小于 1.8 m；配电箱的安装高度，其底边距地面一般为 1.5 m。

户外灯具高度应高于 3 m；安装在墙上时可减为 2.5 m。

起重机具至线路导线间的最小距离，1 kV 及以下者不应小于 1.5 m，10 kV 者不应小于 2 m。

4. 检修安全距离

为防止人体接近带电体，必须保证足够的检修间距。

低压操作中，人体或其所携带的工具与带电体之间的距离应不小于 0.1 m。

在高压操作中，应满足表 3-19 所列各项最小距离的要求。

表 3-19　高压作业的最小距离　　　　　　（单位：m）

类　　别	电 压 等 级	
	10 kV	35 kV
无遮栏作业，人体及其所携带工具与带电体之间①	0.7	1.0
无遮栏作业，人体及其所携带工具与带电体之间，用绝缘杆操作	0.4	0.6
线路作业，人体及其所携带工具与带电体之间②	1.0	2.5
带电水冲洗，小型喷嘴与带电体之间	0.4	0.6
喷灯或气焊火焰与带电体之间③	1.5	3.0

① 距离不足时，应装设临时遮栏。
② 距离不足时，邻近线路应停电。
③ 火焰不应喷向带电体。

3.3　电工安全用具

电工安全用具是防止触电、坠落和灼伤等工伤事故，保障工作人员安全的各种电工安全用具。它主要包括绝缘安全用具、电压和电流指示器、登高安全用具、检修工作中的临时接地线、遮栏和标示牌等。

各种电工工具在不同程度上、不同条件下都有一定的安全作用。对每一种工具都应当做到正确使用，在从事电工工作时均应采用适当的安全用具，并应妥善保管和定期检查。

3.3.1　绝缘安全用具

安全用具按电压等级可分为 1000 V 及以上和 1000 V 以下两类，按用途则可分为基本安全用具和辅助安全用具。

绝缘安全用具包括绝缘杆、绝缘夹钳、绝缘手套、绝缘靴、绝缘垫、绝缘站台和电压指示器等。凡是绝缘强度能够安全承受设备的运行电压的用具，且用这种工具可以直接接触带电部分的，称为基本安全用具。用来进一步加强基本安全用具的可靠性和防止接触电压及跨步电压的危险的用具称为辅助安全用具。

1. 绝缘杆和绝缘夹钳

绝缘杆（绝缘棒，见图 3-6）和绝缘夹钳（见图 3-7）都是基本安全用具。绝缘夹钳只用于 35 kV 及以下的电气操作。绝缘杆和绝缘夹钳都由工作部分、绝缘部分和握手部分组成。握手部分和绝缘部分用浸过绝缘漆的木材、硬塑料、胶木或玻璃钢制成，其间由护环分开。

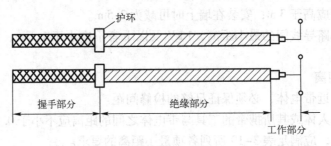

图 3-6　绝缘杆

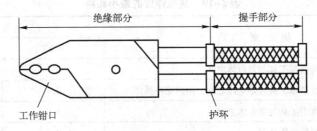

图 3-7　绝缘夹钳

配备不同工作部分的绝缘杆，可用来操作高压隔离开关、操作跌落式熔断器、安装和拆除临时接地线、安装和拆除避雷器，以及进行测量和试验等工作。绝缘夹钳主要用来拆除和安装熔断器及其他类似工作。

考虑到电力系统内部过电压的可能性，绝缘杆和绝缘夹钳的绝缘部分和握手部分的最小长度不应小于表 3-20 所列数值。

表 3-20　绝缘杆和绝缘夹钳的最小长度　　　　　　　　　　　　（单位：m）

电　压		户内设备用		户外设备及架空线用	
		绝缘部分	握手部分	绝缘部分	握手部分
10 kV 及以下	绝缘杆	0.7	0.3	1.1	0.4
	绝缘夹钳	0.45	0.15	0.75	0.2
35 kV 及以下	绝缘杆	1.1	0.4	1.4	0.6
	绝缘夹钳	0.75	0.2	1.2	0.2

绝缘杆工作部分金属钩的长度，在满足工作需要的情况下，不宜超过 5~8 cm，以免操作时造成相间短路或接地短路。

绝缘杆使用注意事项：

1）使用前，必须核对绝缘杆的电压等级与所操作的电气设备的电压等级是否相同。

2）使用绝缘杆时，工作人员应戴绝缘手套、穿绝缘靴，以加强绝缘杆的保护作用。

3）在下雨、下雪或潮湿天气，不宜使用无伞型罩的绝缘杆。

4）使用绝缘杆时，要注意防止碰撞，以免损坏表面的绝缘层。

绝缘杆保管注意事项：

1）绝缘杆应存放在干燥的地方，以防止受潮。

2）绝缘杆应放在特制的架子上或垂直悬挂在专用挂架上。

3）绝缘杆不得与墙或地面接触，以免碰伤其绝缘表面。

4）绝缘杆应定期进行绝缘试验，一般每年试验一次，用作测量的绝缘杆每半年试验一次。

绝缘杆一般每三个月检查一次，检查有无裂纹、机械损伤或绝缘层破坏等。

绝缘夹钳使用注意事项：

1）使用时绝缘夹钳不允许装接地线。

2）在潮湿天气，只能使用专用的防雨绝缘夹钳。

3）绝缘夹钳应保存在特制的箱子内，以防受潮。

4）绝缘夹钳应定期进行试验，试验方法同绝缘杆。

2. 绝缘手套和绝缘靴

绝缘手套和绝缘靴（鞋）由特种橡胶制成，以保证足够的绝缘强度，如图3-8所示。二者都作为辅助安全用具，但绝缘手套可作为低压工作的基本安全用具，绝缘靴可作为防护跨步电压的基本安全用具。绝缘手套的长度至少应超过手腕10 cm。

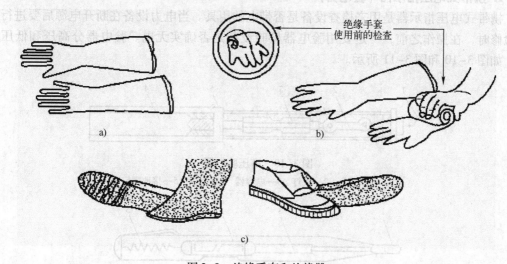

图3-8 绝缘手套和绝缘靴
a）绝缘手套 b）使用前的检查 c）绝缘靴（鞋）

绝缘手套和绝缘靴不得作其他用，使用绝缘手套和绝缘靴时，应注意：

1）使用前应检查外部有无损伤，并检查有无砂眼漏气，有砂眼漏气的不能使用。

2）使用绝缘手套时，最好先戴上一副棉纱手套，夏天可防止出汗动作不方便，冬天以保暖，操作时若出现弧光短路接地，可防止橡胶熔化灼烫手指。

3. 绝缘垫和绝缘站台

绝缘垫和绝缘站台只作为辅助安全用具，如图3-9所示。

绝缘垫是由特殊橡胶制成的安全用具，其厚度应在5 mm以上，表面有防滑槽纹。其最小尺寸不宜小于0.8 m×0.8 m。

绝缘站台用木板或木条制成。相邻板条之间的距离不得大于2.5 cm，以免鞋跟陷入；站

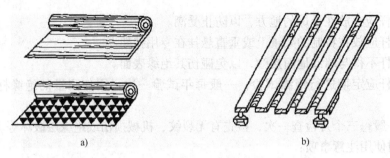

图 3-9 绝缘垫和绝缘站台

a）绝缘垫 b）绝缘站台

台不得有金属零件；台面板用支持绝缘子与地面绝缘，支持绝缘子高度不得低于 10 cm；台面板边缘不得伸出绝缘子之外，以免站台翻倾，人员摔倒。绝缘站台最小尺寸不宜小于 0.8 m×0.8 m，但为了便于移动和检查，最大尺寸也不宜超过 1.5 m×1.0 m。

3.3.2 携带式电压和电流指示器

1. 携带式电压指示器（验电器）

携带式电压指示器是用来检查设备是否带电的用具。当电力设备在断开电源后要进行清扫检修时，在操作之前，一定要用验电器检验设备是否确实无电。验电器分高压和低压两种，如图 3-10 和图 3-11 所示。

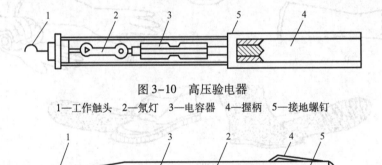

图 3-10 高压验电器

1—工作触头 2—氖灯 3—电容器 4—握柄 5—接地螺钉

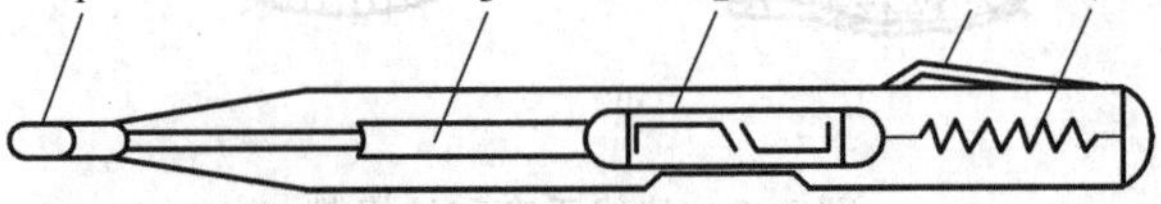

图 3-11 低压验电器

1—工作触头 2—氖灯 3—碳质电阻 4—握柄 5—弹簧

一般验电器都靠氖灯发光指示是否带电。新型高压验电器有的带有声、光双重指示。低压验电器俗称验电笔，用来检查低压设备上是否带电。使用时，用手拿住金属笔卡，再将笔头与被检查的设备相接触，看氖灯是否明亮，如明亮则证明被检查的设备带有一定的电压。

高压验电器不能直接接触带电体，而只能逐渐接近带电体，至灯亮（或发出其他信号）为止。验电器不应受邻近带电体的影响而使灯发亮。单极式验电器一般不应接地，如必须接地时，应注意防止由接地线引起短路事故。

验电器的发光电压不应高于额定电压的 25%。高压验电器的最小尺寸见表 3-21。

表 3-21　高压验电器的最小尺寸　　　　　　　　　　（单位：mm）

电　　压	绝 缘 部 分	握 手 部 分	全长（不包括钩子）
10 kV 及以下	320	110	680
35 kV 及以下	510	120	1060

使用高压验电器（1000 V 以上）时应注意：

1）只能适当地靠近带电部分，到灯亮为止，不要直接接触带电部分。

2）在室内使用验电器时，应戴绝缘手套。在室外，还要穿绝缘鞋。

2. 携带式电流指示器

携带式电流指示器通常称为钳形电流表，有高压钳表和低压钳表之分，用来在不断开线路的情况下测量线路中的电流。低压钳形电流表如图 3-12 所示。该钳形电流表除可测量电流外，还可以测量电压。在使用钳形电流表时，应注意保持人体与带电体之间的足够距离。测量裸导线上的电流时，要特别注意防止由于测量引起的相间短路或接地短路。对于高压，不能用手直接拿着钳表进行测量，而必须接上相应电压等级的绝缘杆之后才能进行测量。在潮湿和雷雨天气，禁止在户外用钳形电流表进行测量。

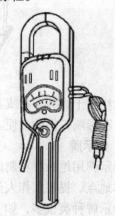

钳形电流表的各部分连接要安全可靠，切不可使电流互感器的二次侧开路。

图 3-12　低压钳形电流表

3.3.3　临时接地线、遮栏和标示牌

1. 临时接地线

临时接地线一般装设在被检修区段两端的电源线路上。装设的目的是用来防止突然来电、防止邻近高压线路所产生的感应电以及用来放尽线路或设备上可能残存的静电。

如图 3-13 所示，临时接地线主要由软导线和接线夹组成。三根短的软导线是接向三根相线用的，一根长的软导线是接向接地线用的。临时接地线的接线夹必须坚固有力，软导线应采用 25 mm^2 以上的软铜线，各部分连接必须牢靠。

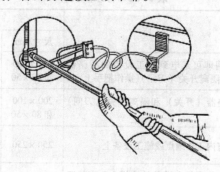

图 3-13　临时接地线

装设临时接地线，应先接接地端，后接线路或设备一端；拆时顺序相反。正常情况下，应验明线路或设备确实无电时才可装设临时接地线。

2. 遮栏

遮栏主要用来防止工作人员无意碰到或过分接近带电体，也用作检修安全距离不够时的安全隔离装置（见图3-14）。

图3-14 遮栏

遮栏用干燥的木材或其他绝缘材料制成。在过道和入口等处可采用栅栏。遮栏必须安置牢固，不影响工作的方便。遮栏高度及其与带电体的距离应符合屏护的安全要求。

3. 标示牌

标示牌用绝缘材料制成。其作用是警告工作人员不得接近带电部分、指明工作人员准确的工作地点、提醒工作人员采取安全措施，以及禁止向某段线路送电等。

标示牌种类很多，如"止步，高压危险""在此工作""已接地""有人工作，禁止合闸"等，如图3-15所示。安全标示牌式样的详细资料见表3-22。

图3-15 标示牌

表3-22 标示牌式样

序号	名 称	悬挂处所	式 样		
			尺寸/mm	颜色	字样
1	禁止合闸，有人工作！	一经合闸即可送电到施工设备的断路器（开关）和隔离开关（刀闸）操作把手上	200×100 和 80×50	白底	红字
2	禁止合闸，线路有人工作！	线路断路器（开关）和隔离开关（刀闸）把手上	200×100 和 80×50	红底	白字
3	在此工作！	室外和室内工作地点或施工设备上	250×250	绿底，中有直径210 mm白圆圈	黑字，写于白圆圈中
4	止步，高压危险！	施工地点临近带电设备的遮栏上；室外工作地点的围栏上；禁止通行的过道上；高压试验地点；室外构架上；工作地点临近带电设备的横梁上	250×200	白底红边	黑字，有红色箭头

序号	名　称	悬挂处所	式　样		
			尺寸/mm	颜色	字样
5	从此上下！	工作人员上下的铁架、梯子上	250×250	绿底，中有直径210 mm 白圆圈	黑字，写于白圆圈中
6	禁止攀登，高压危险！	工作人员上下的铁架临近可能上下的另外铁架上，运行中变压器的梯子上	250×200	白底红边	黑字

3.3.4　安全用具的使用和试验

安全用具是直接保护人身安全的，必须保持良好的性能。为此，必须正确使用安全用具，并进行经常和定期的检查和试验。

1. 安全用具的使用

应根据工作条件选用适当的安全用具。操作高压跌落式保险器及其他高压开关时，必须使用相应电压等级的绝缘杆，并戴绝缘手套或干燥的线手套。如雨雪天气在户外操作时，必须戴绝缘手套、穿绝缘靴或站在绝缘台上操作；更换熔断器时，应戴护目眼镜和绝缘手套，必要时还需使用绝缘夹钳；空中作业时，应有合格的登高用具、安全腰带，并戴上安全帽。

每次使用安全用具前，必须认真检查。检查安全用具的表面有无损坏；检查绝缘手套、绝缘靴有无裂缝、啮痕；检查绝缘垫有无破洞；检查安全用具的瓷元件有无裂纹等。使用前，应将安全用具擦拭干净。验电器每次使用前都要检验其是否良好，以免测试时给出错误的指示。

安全用具每次使用完毕，应擦拭干净。安全用具不能任意作他用，也不能用其他工具代替安全用具。例如，不能用医疗或化学手套代替绝缘手套，不能用普通防雨胶靴代替绝缘靴，也不能用绝缘手套和绝缘靴作其他用途，不能用短路法代替临时接地线，不能用不合格的普通绳、带代替安全腰带等。

安全用具应妥善保管，应防止受潮、脏污和损坏。绝缘杆应放在木架上，不要靠墙或放在地上。绝缘手套、绝缘靴和绝缘鞋应放在箱、柜内，不应放在过冷、过热、阳光曝晒和有酸、碱、油的地方，以防胶质老化，也不应与其他硬、锐利、脏物混放在一起或压以重物。验电器应放在盒内，并置于干燥的地方。

2. 安全用具试验

防止触电的安全用具的试验包括耐压试验和泄漏电流试验。除几种辅助安全用具要求做两种试验外，一般只要求做耐压试验。使用中的安全用具的试验内容、标准及周期见表3-23。对于新的安全用具，要求应严格一些。例如，新的高压绝缘手套的试验电压为12 kV（泄漏电流为12 mA），新的绝缘靴的试验电压为20 kV（泄漏电流为10 mA）。

表 3-23　常用电气绝缘工具试验一览表

序号	名称	电压等级/kV	周期	交流耐压/kV	时间/min	泄漏电流/mA	附注
1	绝缘棒	6~10	每年一次	44			
		35~154		四倍相电压			
		220		三倍线电压			

序号	名称	电压等级 /kV	周期	交流耐压 /kV	时间 /min	泄漏电流 /mA	附注
2	绝缘挡板	6～10	每年一次	30	5		
		35（20～44）		80	5		
3	绝缘罩	35（20～44）	每年一次	80	5		
4	绝缘夹钳	35 及以下	每年一次	三倍线电压			
		110		260	5		
		220		440			
5	绝缘笔	6～10	每六个月一次	40	5		发光电压不高于额定电压的20%
		20～35		105			
6	绝缘手套	高压	每六个月一次	8	1	≤9	
		低压		2.51		≤2.5	
7	橡胶绝缘靴	高压	每六个月一次	15	1	≤7.5	
8	绝缘绳	高压	每六个月一次	105/0.5 m	5		

3.4 加强绝缘

3.4.1 电气设备的分类

当电气装置因绝缘破损等发生接地故障时，原本不带电压的电气设备外露可导电部分因此而带对地故障电压。人体接触此故障电压而遭受的电击，称作间接接触电击。对间接接触电击的防护远比直接接触电击复杂。这里介绍电气设备本身具备的防止间接接触电击的措施。IEC 产品标准将低压电气设备按防间接接触电击的不同要求分为 0、Ⅰ、Ⅱ、Ⅲ共四类，见表 3-24。应该说明，四类设备是以罗马数字 0、Ⅰ、Ⅱ、Ⅲ进行分"类"，而不是分"级"。分类的顺序并不说明防电击性能的优劣程度，也并不表明电气设备的安全水平等级，只是用以区别各类设备防电击的不同措施。

表 3-24　低压装置中设备的应用

设备类别	设备标志或说明	设备与装置的连接条件
0 类	——仅用于非导电环境；或	非导电环境
	——采用电气分隔防护	对每一项设备单独地提供电气分隔
Ⅰ 类	保护联结端子的标志采用 GB/T 5465.2 的 5019 号符号，或字母 PE，或绿黄双色组合	将这个端子连接到装置的保护等电位联结上
Ⅱ 类	采用 GB/T 5465.2 的 5172 号符号（双正方形）作标志	不依赖于装置的防护措施
Ⅲ 类	采用 GB/T 5465.2 的 5180 号符号（在菱形内的罗马数字Ⅲ）作标志	仅接到 SELV 或 PELV 系统

（1）0 类设备

仅依靠基本绝缘作为电击防护的设备，称为 0 类设备。这类设备的基本绝缘一旦失效时，是否会发生电击危险，完全取决于设备所处的场所条件，也就是指人操作设备时所站立的地面及人体能触及的墙面或装置外可导电部分。

我国过去曾大量使用 0 类设备，它具有较高机械强度的金属外壳，但仅靠一层基本绝缘来防电击，且不具备经 PE 线接地的手段。例如具有金属外壳但电源插头没有 PE 线插脚的台灯、电风扇等。

为保证安全，0 类设备一般只能用于非导电场所，否则就需用隔离变压器供电。由于 0 类设备的电击防护条件较差，在一些发达国家已逐步被淘汰，有些国家甚至已明令禁止生产该类产品。

（2）Ⅰ类设备

Ⅰ类设备的电击防护不仅依靠基本绝缘，而且还可采取附加的安全措施，即设备外露可导电部分连接有一根 PE 线，这根线用来与场所中固定布线系统的保护线（或端子）相连接。这类设备在目前应用最为广泛。

TT、TN 和 IT 等系统中，设备端的保护连接方式都是针对Ⅰ类设备而言的。Ⅰ类设备保护接地线（PE 线）的作用在不同接地形式的系统中有所不同。在 TN 系统中，保护线的作用是提供一个低阻抗通道，使碰壳故障变成短路故障，从而使过电流保护装置迅速动作，消除电击危险。在 TT 系统中，保护接地线连接至设备的接地体，当发生碰壳故障时，可形成故障回路，通过接地电阻的分压作用降低设备外壳接触电压；在设置了剩余电流保护装置的TT 或 TN 系统中，该保护线还具有提供剩余电流通道的作用。

Ⅰ类设备的保护线，要求与设备的电源线配置在一起。设备的电源线若采用软电缆或软电线，则保护线应当是其中的一根芯线。我们常用的家用电器的三芯插头，其中有一芯就是PE 线插头片，它通过插座与室内固定配线系统中的 PE 线相连。

在我国日常使用的电器中，Ⅰ类设备占了绝大多数。因此，做好对Ⅰ类设备的电击防护，对降低电击事故的发生率有着十分重大的意义。

（3）Ⅱ类设备

Ⅱ类设备的电击防护不仅依靠基本绝缘，而且还增加了附加绝缘作为辅助安全措施，或者使设备的绝缘能达到加强绝缘的水平。Ⅱ类设备不设置 PE 线。

Ⅱ类设备一般用绝缘材料做外壳，例如带塑料外壳的家用电器一般都属于Ⅱ类设备。Ⅱ类设备也有采用金属外壳的，但其金属外壳与带电部分之间的绝缘材料必须是双重绝缘或加强绝缘。采用金属外壳的Ⅱ类设备，其外壳也不能与保护线连接，只有在实施不接地的局部等电位联结时，才可考虑将设备的金属外壳与等电位联结线相连。

Ⅱ类设备的电击防护全靠设备本身的技术措施，其电击防护既不依赖于供配电系统，也不依赖于使用场所的环境条件，是一种安全性能很好的设备类别。若排除价格等因素，这是一种值得大力发展的设备类别。但Ⅱ类设备绝缘外壳的机械强度和耐热水平不高，且其外形尺寸和电功率都不宜过大，而且价格较高，致使它的应用范围受到了限制。

（4）Ⅲ类设备

Ⅲ类设备的防间接接触电击原理是降低设备的工作电压，即根据不同的环境条件采用适当的特低电压供电，使发生接地故障或者人体直接接触带电导体时，接触电压都小于安全限值。Ⅲ类设备的电击防护依靠采用 SELV（安全特低电压）供电，这类设备要求在任何情况下，设备内部都不会出现高于安全电压值的电压。

关于安全电压或安全特低电压，在国家标准中都有所规定，其中 GB3805.1—1993 为等效采用的 IEC 标准。但由于标准的配套问题，与安全电压相关的一些设备标准还未等效采用 IEC 标准，这就使得在应用上出现一些不能完整衔接的地方，但并不妨碍对Ⅲ类设备的理解。

应当注意，安全电压并不只是一个电压值，它是包括较低电压值在内的一系列规定的总称。因此，必须满足对安全电压的全部要求，Ⅲ类设备的电击防护才是完整有效的。

电气设备的产品设计中已为各类设备规定了不同的防间接接触电击措施。不过，仅靠产品上采取的措施尚不一定完全能够满足防电击要求，还需要在电气装置的设计、安装中补充一些必要的防电击措施，并使二者协调配合，相辅相成，臻于完善。交流三相系统中导体的颜色见表 3-25。

表 3-25　交流三相系统中导体的颜色

导体类型	A 相	B 相	C 相	PEN 线	N 线、PEN 线
颜色	黄	绿	红	黄、绿双色	淡蓝

3.4.2　加强绝缘的结构和基本条件

双重绝缘和加强绝缘是在基本绝缘的基础上，通过结构和材料设计，增强绝缘性能，使之具备直接接触电击防护和间接接触电击防护功能的安全措施。安全电压和漏电保护的保护原理，本质上都是将作用于人体的电流能量限制在没有危险的程度，不同之处在于：前者着眼于对带电部分的电压值进行限制，后者着眼于对作用于人体的电流强度和作用时间进行限制。双重绝缘、加强绝缘、安全电压和漏电保护均属兼有直接接触电击和间接接触电击的安全措施。

工作绝缘：又称基本绝缘或功能绝缘，是保证电气设备正常工作和防止触电的基本绝缘，位于带电体与不可触及金属件之间。

保护绝缘：又称附加绝缘，是在工作绝缘因机械破损或击穿等而失效的情况下，可防止触电的独立绝缘，位于不可触及金属件与可触及金属件之间。

双重绝缘：是兼有工作绝缘和保护绝缘的绝缘。

加强绝缘：是基本绝缘经改进后，在绝缘强度和机械性能上具备与双重绝缘同等防触电能力的单一绝缘，在构成上可以包含一层或多层绝缘材料。

下面主要对加强绝缘进行介绍。

1. 加强绝缘的结构

加强绝缘包括双重绝缘、加强绝缘以及另加总体绝缘等三种绝缘结构形式。图 3-16a ～ f 所示为双重绝缘和加强绝缘结构的示意。双重绝缘指工作绝缘（基本绝缘）和保护绝缘。单一的加强绝缘应具有与双重绝缘同等的绝缘水平。另加总体绝缘是指若干设备在其本身工作绝缘的基础上另外装设的一套防止电击的附加绝缘物。

具有双重绝缘和加强绝缘的设备属于Ⅱ类设备。按外壳特征Ⅱ类设备可分为以下 3 类：

1）全部绝缘外壳的Ⅱ类设备。此类设备其外壳上除了铭牌、螺钉和胡钉等小金属，其他金属件都在连接无间断的封闭绝缘外壳内，外壳成为加强绝缘的补充或全部。

2）全部金属外壳的Ⅱ类设备。此类设备有一个金属材料制成的无间断的封闭外壳。其外壳与带电体之间应尽量采用双重绝缘；无法采用双重绝缘的部件可采用加强绝缘。

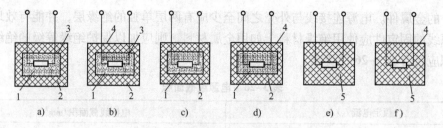

图 3-16　双重绝缘和加强绝缘的结构

1—工作绝缘　2—保护绝缘　3—不可触及的金属件　4—可触及的金属件　5—加强绝缘

3）兼有绝缘外壳和金属外壳两种特征的Ⅱ类设备。

手持电动工具按对触电的防护可分为以下 3 类：

1）Ⅰ类工具的防止触电保护不仅依靠基本绝缘，而且还有一个附加的安全保护措施，如保护接地，使可触及的导电部分在基本绝缘损坏时不会变为带电体。

2）Ⅱ类工具的防止触电保护不仅依靠基本绝缘，而且还包含附加的安全保护措施（但不提供保护接地或不依赖设备条件），如采用双重绝缘或加强绝缘。它的基本形式有：①绝缘材料外壳型，系具有坚固的基本上连续的绝缘外壳；②金属外壳型，它有基本连续的金属外壳，全部使用双重绝缘，当不能应用双重绝缘时，便运用加强绝缘；③绝缘材料和金属外壳组合型。

3）Ⅲ类工具是依靠安全特低电压供电。所谓安全特低电压，是指在相线间及相对地间的电压不超过 42 V，由安全隔离变压器供电。

2. 加强绝缘的基本条件

加强绝缘的设备无须再采取接地、接零等安全措施，因此，对其本身的可靠性要求较高。加强绝缘的设备应符合下列各项安全条件：

1）绝缘电阻和电气强度。绝缘电阻用 500 V 直流电压测试。工作绝缘的绝缘电阻不得低于 2 MΩ，保护绝缘的不得低于 5 MΩ，加强绝缘的不得低于 7 MΩ。

交流耐压试验的试验电压工作绝缘为 1250 V，保护绝缘为 2500 V，加强绝缘为 3750 V。对于有可能产生谐振电压者，试验电压应比 2 倍谐振电压高出 1000 V。耐压持续时间为 1 min。试验中，不得发生闪络或击穿。

做直流泄漏电流试验时，对于额定电压不超过 250 V 的Ⅱ类设备，试验电压为其额定电压上限值或峰值的 1.06 倍。施加电压后 5 s 内读数。泄漏电流不得超过 0.25 mA。

做上述试验时，如遇绝缘测试面，应在该表面上压贴面积不超过 20 cm×10 cm 的金属箔进行测试。

2）外壳防护和机械强度。Ⅱ类设备应能保证在正常工作时以及在打开门盖和拆除可拆卸部件时，人体不得触及仅用工作绝缘与带电体隔离的金属部件。其外壳上不得有容易触及上述金属部件的小孔。

如果用绝缘外护物实现加强绝缘，则外护物必须用钥匙或工具才能开启。其上不得有金属件穿过，并有足够的绝缘水平和机械强度。

Ⅱ类设备在其明显部位应有"回"形标志。

3）电源连接线。Ⅱ类设备的电源连接线应按加强绝缘考虑。电源插头上不得有起导电作用以外的金属件。电源连接线与外壳之间至少应有两层单独的绝缘层,并能有效地防止损伤。电源线的固定件应使用绝缘材料,如用金属材料,则应加以保护绝缘等级的绝缘。电源线截面积应符合表 3-26 的要求。

表 3-26　电源线截面积

额定电流 I_N/A	电源线截面积/mm^2
$I_N \leqslant 10$	0.75[①]
$10 < I_N \leqslant 13.5$	1
$13.5 < I_N \leqslant 16$	1.5
$16 < I_N \leqslant 25$	2.5
$25 < I_N \leqslant 32$	4
$32 < I_N \leqslant 40$	6
$40 < I_N \leqslant 63$	10

① 当额定电流在 3 A 以下、长度在 2 m 以下时,允许截面积为 0.5 mm^2。

此外,电源连接线还应经受基于电源连接线拉力试验标准的拉力试验而不损坏。经试验 1 min 不损坏,设备在 1 kg 及以下时,试验拉力为 30 N;1 kg 以上、4 kg 以下时,试验拉力为 60 N;4 kg 以上时,试验拉力为 100 N。

从安全角度考虑,一般场所使用的手持电动工具应优先选用 Ⅱ 类设备。在潮湿场所或金属构架上工作应尽量选用 Ⅱ 类工具(或选用安全电压的工具)。

不导电环境是指地板和墙都用不导电材料制成,大大提高了绝缘水平。不导电环境应符合如下的安全要求:

1)电压 500 V 及以下时,地板和墙每一点的电阻不应小于 50 kΩ;电压 500 V 以上时不应小于 100 kΩ。

2)保持间距或设置屏障,防止人体在工作绝缘损坏后同时触及不同电位的导体。

3)具有永久性特征。为此,场所不会因受潮而失去不导电性能,不会因引进其他设备而降低安全水平。

4)为了保持不导电特征,场所内不得有保护零线或保护地线。

5)有将场所内可能的高电位引出场所范围的措施。

案例分析

案例 3-1　与带电避雷器引流铜排安全距离不足电击死亡

【事故经过】

10 月 17 日,云南电网公司昆明供电局试验一所对 35 kV 舍块变电站进行预试定检作业。在准备进行 10 kV Ⅰ 段母线电压互感器、避雷器试验作业时,值班员越权指挥试验员违规解锁打开 10 kV 开关柜后门,试验员在未验电的情况下,将头部探入柜内,头部与带电的 10 kV 避雷器引流铜排安全距离不足,触电死亡。

【事故原因】

1)没有认真执行工作票制度,值班员越权指挥试验员违规作业。

2）试验员没有对作业场所的设施进行验电，导致触电死亡。

3）作业空间与10kV避雷器引流铜排安全距离不足。

案例3-2 拆低压不停上方高压电，遭电击高处坠落死亡

【事故经过】

动力外线班班长与徒弟一起执行拆除动力线任务。班长骑跨在天窗端墙沿上，拆解横担上第二根动力线时，随着身体移动，其头部进入上方10kV高压线间发生电击，从11.5m高窗沿上坠落地面，因颅内出血抢救无效死亡。

【事故原因】

1）该动力线距10kV高压线仅0.7m，远小于1.2m安全距离的规定。

2）作业时没有断开上方10kV的高压电电源。

3）作业者未系安全带。

4）下方监护人员是一名上班才两个月的徒工，不具备工作监护资格。

案例3-3 工程师独自闯禁区，高压击穿瞬间成火人

【事故经过】

某厂降压站值班员反映1#主变压器黄相电流互感器油位不到位，主管工程师便到110kV降压站，把111护栏的门锁（未锁）拿下来，进去看黄相电流互感器的油位。瞬间一声响，高压击穿其胸部，上肢、下肢被电弧烧伤致残。

【事故原因】

电站主管工程师未办任何手续，也未经值班负责人同意，在无人监护下只身进入护栏内察看油标，超越了安全距离而导致放电烧伤。

案例3-4 架梯登高，忽视安全间距，电工遭电击死亡

【事故经过】

某厂电试班，在1#变电所变压器室检修，明知6032刀开关带电，班长却独自架梯登高作业，梯离6032刀开关过近（小于0.7m），遭电击从1.2m高处坠落撞击变压器，终因开放性颅骨骨折、肋骨排列性骨折、双上肢电灼伤等，抢救无效死亡。

【事故原因】

该电工忽视人体与10kV带电体间的最小安全距离应不小于0.7m的规定，而且一人作业，无工作监护。电工（高、低压）作业、电焊作业都是特种作业。国家规定特种作业人员都必须经过安全知识、操作技能培训和考试合格取得"特种作业操作证"持证上岗。

案例3-5 钳形表绝缘差，造成相间短路

【事故经过】

电气车间电工，在低压配电室用T301型钳形电流表逐台测运行设备的三相电流。测量都在电缆部位进行。但当测至301/2柜时，三股电缆间隙过小，钳形表套不进去，不得不移至断路器上端裸露的铝排上测量。在测完C相，报出电流读数并退出钳形表之际，由于右钳背绝缘不良，C相和B相间距离较窄，动作不慎，右钳同时触及了C相和B相铝排，造成相间短路，继而引起三相弧光短路。喷弧后又使邻柜的三相铝排短路。瞬间两柜的六根小铝排全部熔断。烧毁两台断路器、一台钳形电流表等。由于持表测量的电工上身只穿一件背心，因此被电弧灼伤头、胸和两手臂，烧伤面积35%。

【预防措施】

1）电缆铺设按照规定留出足够间隙，以利于钳形电流表测量。严禁在裸露的母排上测量电流。

2）对钳形电流表应有定期检验制度，由专人保管和维护，使用前进行严格检查。

3）作业人员必须按规定穿戴劳保服装和使用有关防护用品。

案例 3-6 误入带电区，电弧烧伤死亡

【事故经过】

化纤分厂电仪车间在计划停电作业中，一名电工超越指定的工作区域，独自到已带电的范围内，用带铁皮的木柄毛刷清扫刀开关上端的灰尘。造成母排 A、B 两相短路，形成弧光而烧伤，经送医院抢救无效死亡。

【事故原因】

1）在低压配电检修工作中，没有认真执行工作票制度和监护制度。

2）对已带电配电屏未悬挂标志牌，警示触电危险。对非工作带电区也未设临时围栏，致使有人超越工作区域，误入已带电区。

思考题

1. 什么叫绝缘材料？在电气设备及电力线路中为什么要绝缘？

2. 什么叫绝缘电阻？什么叫吸收比？

3. 绝缘材料是绝对绝缘的吗？为什么？

4. 绝缘材料按耐热等级分为几个等级，其极限温度各为多少？

5. 绝缘材料为什么会发生击穿？试述气体介质的击穿过程。

6. 绝缘材料为什么会老化？老化分为哪几类？

7. 什么叫耐压试验？为什么要进行耐压试验？耐压试验本身对安全有什么要求？

8. 什么叫屏护？为什么要屏护？

9. 什么叫间距？间距大小与什么有关？对线路、变配电设备的安全距离有什么要求？

10. 试述电压验电器的工作原理及其使用方法。

11. 为什么要用标示牌或警告牌？

第4章 间接接触电击防护

间接接触电击防护是指对人体与故障情况下变为带电设备外露导电部分的接触造成电击而进行的防护。正常情况下电气设备的外露金属部分不带电，如金属外壳、金属护罩和金属构架等，在发生漏电、碰壳等金属性短路故障时就会出现危险电压，此时人体触及这些外露的金属部分所造成的电击称为间接接触电击。

间接接触电击的防护措施主要有保护接地、保护接零、加强绝缘、电气隔离、不导电环境、等电位联结、安全电压和漏电保护。本章主要讨论保护接地和保护接零，它们是防止间接接触电击的基本技术，是应用最广泛的安全措施之一，不论是交流设备还是直流设备，不论是高压设备还是低压设备，都采用保护接地作为必需的安全技术措施。

4.1 接地的基本概念

1. 接地的概念

接地，就是将电气设备或电气系统的某些部位经接地装置与大地紧密地连接起来。

各种电气装置和电气系统都需取某一点的电位作为其参考电位，但人和装置、系统通常都离不开大地，因此，一般以大地的电位为零电位，并作为参考电位，与大地作电气连接以取得大地电位，称作接地。但大地不是像电气设备那样配置有连接导线的接线端子，需在大地内埋入接地体引出接地线来实现与大地的连接。所以接地体即是用作与大地相连接的接线端子。所不同的是，电气设备接线端子的接触电阻很小，以 $m\Omega$ 或 $\mu\Omega$ 计；而作为与大地连接用的接地极与大地间的接触电阻（即接地电阻）则大得多，以 Ω 计。所以，和设备连接相比，与大地连接的接触电阻要大得多。

现在，接地的内涵有所延伸，与代替大地的金属导体相连接也是接地，它以导体电位为参考电位，这种接地就不存在接地电阻过大的问题。飞机上的电气设备也取某一点的电位为参考电位，但飞机起飞后脱离了大地，不能取大地电位为参考电位，而是取飞机的金属机身这一导体的电位为参考电位。将飞机上电气装置的某一点与机身相连接，既实现了等电位联结，也实现了接地。因此，接地并不限于接大地，与代替大地的金属导体（例如，飞机的金属机身）相连接也是接地。这种接地是通过金属导体间的接触来实现的，其连接电阻和电抗通常很小，所以接地效果较好。因此飞机上接金属机身的电气装置，包括工作频率很高的信息技术装置，就安全性和功能性而言，其接地效果远优于接大地的电气装置。汽车、船舶等电气装置接地的情况也相同。

2. 接地的分类

按照接地的性质，接地可分为正常接地和故障接地两类。

正常接地又有工作接地和安全接地。

工作接地是指正常情况下有电流流过，利用大地代替导线的接地，以及正常情况下没有或只有很小不平衡电流流过，用以维持系统安全运行的接地。常有以下几种形式：

1）利用大地做导线的接地，在正常情况有电流通过，如直流工作接地、弱电工作接地等。

2）维持系统安全运行的接地，在正常情况下没有电流或只有很小的不平衡电流流过，如110kV以上高压系统的工作接地、三相四线制380V系统变压器中性点的工作接地、抗干扰接地等。

3）过电压保护接地。

4）"二线一地"制供电方式中的相线接地。

工作接地的主要作用：由于运行和安全需要，为保证电力网在正常情况或故障情况下能可靠地工作而将电气回路中某一点的接地，如电源（发电机或变压器）的中性点直接（或经消弧线圈）接地、电压互感器一次侧中性点的接地，以及"两线一地"制供电方式中相线的接地等，都属于工作接地。其主要作用具体表现如下：

1）变压器和发电机的中性点直接接地，能维持相线对地的电压不变（故障除外），并可降低人体的接触电压及适当降低制造时对电气设备的绝缘要求。在变压器供电时，可防止高压电窜至低压用电侧的危险。

2）变压器或发电机的中性点经消弧圈接地，还能在发生单相接地故障时，消除接地短路点的电弧及由此而可能引起的危害。

3）仪用互感器如电压互感器一次侧线圈的中性点接地，主要是为了对一次系统中的各相对地电压进行测量。

4）"两线一地"制的相线接地，是利用大地做导线，从而降低线路基建投资与年运行费用，并减少线路材料的损耗量。但这种供电方式对通信有干扰影响，对安全也不利，故现一般已不再推广采用，原有的也正在逐步加以改造。

安全接地是正常情况下没有电流流过的起防止事故作用的接地，如为防止电力设施或电气设备绝缘损坏，危及人身安全而设置的保护接地与保护接零；为消除生产过程中产生的静电积累，引起电击或爆炸而设的静电接地；为防止电磁感应而对设备的金属外壳、屏蔽罩或屏蔽线外皮所进行的屏蔽接地；为了防止管道受电化腐蚀，采用阴极保护或牺牲阳极的保护接地；以及防止电击的保护接地、防雷接地等。

故障接地是指带电体与大地之间发生意外的连接，如电气设备的碰壳接地、电力线路的接地短路等。

3. 接地装置

接地装置是指接地体与接地线的总称。

运行中电气设备的接地装置应当始终保持良好状态。接地体是指埋入土壤内并与大地直接接触的金属导体或导体组，也叫接地极。按设置结构可分为人工接地体与自然接地体两类；按具体形状可分为管形与带形等多种。连接接地体与电气设备应接地部分的金属导体，叫作接地线，有自然接地线与人工接地线之分，且通常又可分为接地干线和接地支线，如图4-1所示。

（1）自然接地体和人工接地体

自然接地体是用于与土壤保持紧密接触的金属导体。例如，埋设在地下的金属管道（有可燃或爆炸性介质的管道除外）、金属井管，与大地有可靠连接的建筑物的金属结构、水工构筑物及类似构筑物的金属管、桩等自然导体均可用作自然接地体。利用自然接地体不

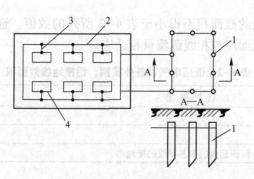

图 4-1 接地装置示意图

1—接地体 2—接地干线 3—接地支线 4—设备

但可以节省钢材和施工费用，还可以降低接地电阻和等化地面及设备间的电位。如果有条件，应当优先利用自然接地体。当自然接地体的接地电阻符合要求时，可不敷设人工接地体（发电厂和变电所除外）。在利用自然接地体的情况下，应考虑到自然接地体拆装或检修时，接地体被断开，断口处出现的电位差及接地电阻发生变化的可能性。自然接地体至少应有两根导体在不同地点与接地网相连（线路杆塔除外）。利用自来水管及电缆的铅、铝包皮作接地体时，必须取得主管部门同意，以便互相配合施工和检修。

人工接地体可采用钢管、角钢、圆钢或废钢铁等材料制成。人工接地体宜采用垂直接地体，多岩石地区可采用水平接地体。垂直埋设的接地体可采用直径为 40~50 mm 的钢管或 40 mm×40 mm×4 mm~50 mm×50 mm×5 mm 的角钢。垂直接地体既可以成排布置，也可以作环形布置。水平埋设的接地体可采用 40 mm×4 mm 的扁钢或直径为 16 mm 的圆钢。水平接地体多呈放射形布置，也可成排布置或环形布置。变电所经常采用以水平接地体为主的复合接地体，即人工接地网。复合接地体的外缘应闭合，并做成圆弧形。为了保证足够的机械强度，并考虑到防腐蚀的要求，钢质接地体的最小尺寸见表 4-1。

表 4-1　钢质接地体和接地线的最小尺寸

材料种类		地　　上		地　　下	
		室　内	室　外	交　流	直　流
圆钢直径/mm		6	8	10	12
扁钢	截面/mm^2	60	100	100	100
	厚度/mm	3	4	4	6
角钢厚度/mm		2.0	2.5	4.0	6.0
钢管管壁厚度/mm		2.5	2.5	3.5	4.5

（2）接地线

交流电气设备应优先利用自然导体作接地线。在非爆炸危险环境，如自然接地线有足够的截面积，可不再另行敷设人工接地线。如果车间电气设备较多，宜敷设接地干线。各电气设备外壳分别与接地干线连接，而接地干线经两条连接线与接地体连接。各电气设备的接地支线应单独与接地干线或接地体相连，不应串联连接。接地线的涂色和标志应符合国家标准。非经允许，接地线不得作其他电气回路使用。不得用蛇皮管、管道保温层的金属外皮或金属网以及电缆的金属护层作接地线。接地线的最小尺寸亦不得小于表 4-1 规定的数值。

低压电气设备外露接地线的截面积不得小于表4-2所列的数值。选用时，一般应比表中数值选得大一些。接地线截面应与相线载流量相适应。

表4-2　低压电气设备外露铜、铝接地线截面积　　　　（单位：mm²）

材料种类	铜	铝
明设的裸导线	4	6
绝缘导线	1.5	2.5
电缆接地芯或与相线包在同一保护套内的多芯导线的接地芯	1.0	1.5

4. 接地电流和接地短路电流

凡从接地点流入地下的电流即属于接地电流。系统单相接地可能导致系统发生短路，产生接地短路电流，如0.4 kV系统中的单相接地短路电流。在高压系统中，接地短路电流可能很大，接地短路电流在500 A及以下的称为小接地短路电流系统；接地短路电流大于500 A的称为大接地短路电流系统。

5. 流散电阻和接地电阻

接地电流入地下后自接地体向四周流散，这个自接地体向四周流散的电流叫作流散电流，如图4-2所示。流散电流在土壤中遇到的全部电阻叫作流散电阻。

接地电阻是接地体的流散电阻与接地线的电阻之和。接地线的电阻一般很小，可忽略不计，因此，在绝大多数情况下可以认为流散电阻就是接地电阻。

6. 对地电压和对地电压曲线

电流通过接地体向大地作半球形流散。因为半球面积与半径的平方成正比，半球的面积随着远离接地体而迅速增大，所以与半球面积对应的土壤电阻随着远离接地体而迅速减小，至离接地体20 m处，半球面积已达2500 m²，土壤电阻已小到可忽略不计，也就是说，可以认为在离开接地体20 m以外，电流不再产生电压降了，或者说，至远离接地体20 m处，电压几乎降低为零。电气工程上通常说的"地"就是这里的地，而不是接地体周围20 m以内的地。通常所说的对地电压，即带电体与大地之间的电位差，也是指相对离接地体20 m以外的大地而言的。简单地说，对地电压就是带电体与电位为零的大地之间的电位差。显然，对地电压等于接地电流和接地电阻的乘积。

当电流通过接地体流入大地时，接地体具有最高的电压。离开接地体后，电压逐渐降低，电压降落的速度也逐渐降低，如图4-3所示。

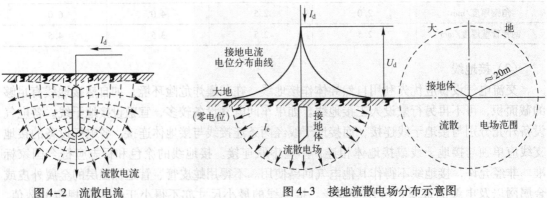

图4-2　流散电流　　　　　　　图4-3　接地流散电场分布示意图

7. 接触电压和接触电动势

接触电动势是指接地电流自接地体流散，在大地表面形成不同电位时，设备外壳与水平距离 0.8 m 处之间的电位差。

接触电压是指加于人体某两点之间的电压，如图 4-4 所示。当设备漏电，电流 I_E 自接地体流入地下时，漏电设备对地电压为 U_E，对地电压曲线呈双曲线形状。a 触及漏电设备外壳，其接触电压即其手与脚之间的电位差。如果忽略人的双脚下面土壤的流散电阻，接触电压与接触电动势相等。图 4-4 中，a 的接触电压为 U_C。如果不忽略脚下土壤的流散电阻，接触电压将低于接触电动势。

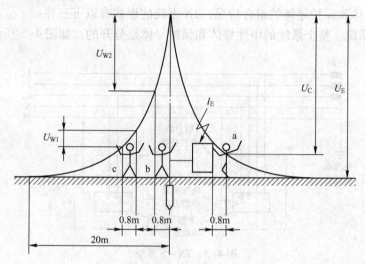

图 4-4　接触电压和跨步电压示意图

8. 跨步电动势和跨步电压

跨步电动势是指地面上水平距离为 0.8 m（人的跨距）的两点之间的电位差。跨步电压是指人站在流过电流的地面上，加于人的两脚之间的电压，如图 4-4 中的 U_{w1} 和 U_{w2}。如果忽略脚下土壤的流散电阻，跨步电压与跨步电动势相等。人的跨步一般按 0.8 m 考虑；大型牲畜的跨步通常按 1.0～1.4 m 考虑。图 4-4 中，b 紧靠接地体位置，承受的跨步电压最大；c 离开了接地体，承受的跨步电压要小一些。如果不忽略脚下土壤的流散电阻，跨步电压也将低于跨步电动势。

4.2　系统接地的形式

4.2.1　系统接地的型号

系统接地的型号常用字母来表示，其意义为：

1）第一个字母表示电源端与地的关系。T—电源端有一点直接接地；I—电源端所有带电部分不接地或有一点通过阻抗接地。

2）第二个字母表示电气装置的外露可导电部分与地的关系。T—电气装置的外露可导电部分直接接地，此接地点在电气上独立于电源端的接地点；N—电气装置的外露可导电部分与电源端接地点有直接电气连接。

3）"—"后的字母用来表示中性导体与保护导体的组合情况。S—中性导体和保护导体是分开的；C—中性导体和保护导体是合一的。

4.2.2　系统接地的几种形式

1. TN 系统

电源端有一点直接接地，电气装置的外露可导电部分通过保护中性导体或保护导体连接到此接地点。

根据中性导体和保护导体的组合情况，TN 系统的形式有以下三种：

1）TN－S 系统。整个系统的中性导体和保护导体是分开的，如图 4-5 所示。

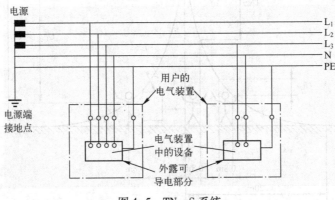

图 4-5　TN－S 系统

2）TN－C 系统。整个系统的中性导体和保护导体是合一的，如图 4-6 所示。

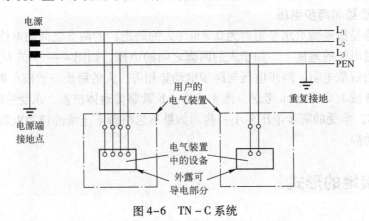

图 4-6　TN－C 系统

3）TN－C－S 系统。系统中一部分线路的中性导体和保护导体是合一的，如图 4-7 所示。

2. TT 系统

电源端有一点直接接地，电气装置的外露可导电部分直接接地，此接地点在电气上独立于电源端的接地点，如图 4-8 所示。

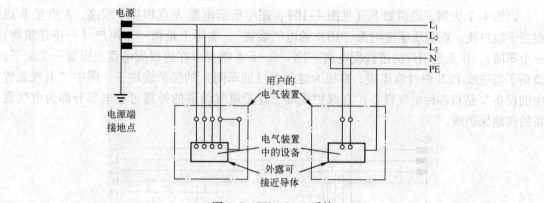

图4-7　TN-C-S系统

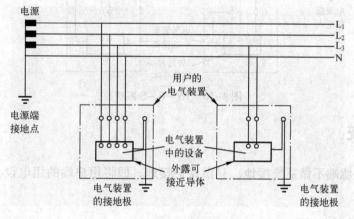

图4-8　TT系统

3. IT系统

电源端的带电部分不接地或有一点经阻抗接地，电气装置外露可导电部分直接接地，如图4-9所示。

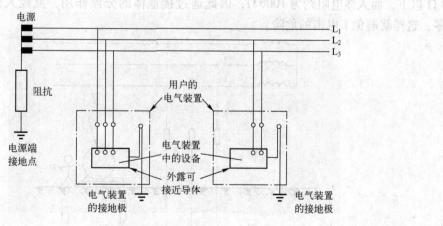

图4-9　IT系统

以图 4-7 为例，说明如下（见图 4-10）：图中所示电源 A 点相当于线路，A 点至 B 点相当于接户线。点画线框注明为"用户的电气装置"，实际上是指一个用户（一座建筑物、一个车间），B 点是用户的进线配电盘。TN-C-S 系统要求在进线配电盘上设置一个端子。该端子与进线 PEN 中性线连接，被视为建筑物（或车间）的保护线端子。图中"电气装置中的设备"是指各种电气设备，自保护线端子连至电气设备的外露可导电部分即为电气设备的接地保护线。

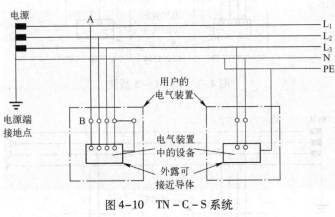

图 4-10　TN-C-S 系统

4.3　IT 系统

IT 系统的电源端不做系统接地，只做保护接地，即将用户端的用电设备金属外壳与大地直接连接。

4.3.1　IT 系统的原理

在中性点不接地的系统中，如果电气设备没有保护接地，当设备某一部分的绝缘损坏，人体触及此绝缘损坏的设备外壳时，将有电击的危险。对电气设备实行保护接地后，接地短路电流将同时沿接地体和人体两条通路流通，如图 4-11 所示。接地体的接地电阻一般为 $4\,\Omega$ 以下，而人体电阻约为 $1000\,\Omega$，因此通过接地体的分流作用，流经人体的电流几乎为零，这样就避免了电击的危险。

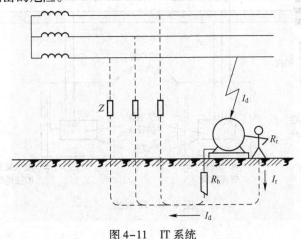

图 4-11　IT 系统

当电网对地绝缘正常时，漏电时设备对地电压很低；但当电网绝缘性能显著下降，或电网分布很广时，对地电压可能上升到危险程度。因此，有必要采取保护接地措施。

有了保护接地以后，漏电设备对地电压主要取决于保护接地电阻 R_b 的大小。由于 R_b 和 R_r 并联，且 $R_b \ll R_r$，可以近似地认为对地电压为

$$U_d = \frac{3UR_b}{|3R_b + Z|} \tag{4-1}$$

又因为 $R_b \ll Z$，所以设备对地电压大大降低。只要适当控制 R_b 的大小，即可以限制漏电设备对地电压在安全范围以内。

在不接地（对地绝缘）电网中，单相接地电流的大小主要取决于电网的特征，如电压的高低、范围的大小和敷设的方式等。一般情况下，由线路对地分布电容决定的电抗都比较大，而绝缘电阻还要大得多，以兆欧计，计算时可看作是无限大。因此，单相接地电流一般都很小，就有可能采用保护接地方式把漏电设备对地电压限制在安全电压范围内。但在接地电网中，这一规律是不一定成立的。

4.3.2　IT 系统的应用范围

IT 系统不宜配出中性导体，是因为中性导体无法进行绝缘监测，当其发生接地故障时，IT 系统其实已经成为 TN 或者 TT 系统。这时如果出现接地故障，保护电器就会按照 TN 或者 TT 系统的要求切断故障回路，使得供电中断。IT 系统则失去了供电可靠性高的优势。

IT 系统一般不引入出中性线，不能提供照明、控制等用的 220 V 电源，且其故障防护和管理维护较复杂，加上其他原因，使其应用受到限制。它适用于对供电不间断和防电击要求很高的场所，国内矿井下、钢铁厂、医院手术室以及不能停电的场所均采用 IT 系统。发达国家对电气安全要求高，诸如玻璃厂、发电厂的用电，钢铁厂、化工厂、爆炸危险场所、重要的会议大厅的安全照明，计算机中心以及高层建筑的消防应急电源，重要的控制回路等都采用 IT 系统。但 IT 系统在国内还没有得到广泛使用。

在这类电网中，凡由于绝缘破坏或其他原因而可能呈现危险对地电压的金属部分，除另有规定外，均应接地，这是把设备上的故障电压限制在安全范围内的措施。

金属部分应接地的电气设备主要包括：

1）电机、变压器及其他电器的金属底座和外壳。

2）电气设备的传动装置。

3）屋内外配电装置的金属或钢筋混凝土构架以及靠近带电部分的金属遮栏和金属门。

4）配电、控制、保护用的盘（台、箱）的框架。

5）交、直流电力电缆的接线盒、终端盒的金属外壳和电缆的金属护层、穿线的钢管。

6）电缆支架。

7）装有避雷线的电力线路杆塔。

8）装在配电线路杆上的电力设备。

9）在非沥青地面的居民区内，无避雷线的小接地电流架空电力线路的金属杆塔和钢筋混凝土杆塔。

除另有规定外，电气设备的金属部分可不接地：

1）在木质、沥青等不良导电地面的干燥房间内，交流额定电压为 380 V 及以下，直流

额定电压为 440 V 及以下的电气设备的外壳可不接地。但当有可能同时触及上述电气设备外壳和已接地的其他物体时，则仍应接地。

2）在干燥场所，交流额定电压为 127 V 及以下，直流额定电压为 110 V 及以下的电气设备的外壳。

3）安装在配电箱、控制盘和配电装置上的电气测量仪表、继电器和其他低压电器等的外壳以及当发生绝缘损坏时在支持物上不会引起危险电压的绝缘子的金属底座等。

4）安装在已接地金属框架上的设备，如穿墙套管等（但应保证设备底座与金属构架接触良好）。

5）额定电压为 220 V 及以下的蓄电池室内的金属支架。

6）由发电厂、变电所和工业、企业区域内引出的铁路轨道。

7）与已接地的机床、机座之间有可靠电气接触的电动机和电器的外壳。

8）高于 3.5 m 的起重运输机械的滑触线支架。

9）木杆塔和木构架上悬式、针式绝缘子的金具。

如果电气设备在高处，工作人员必须登上木梯才能接近和进行工作时，由于人体触及意外带电体的危险性较小，而人体同时触及带电部分和设备外壳的可能性和危险性较大，一般不应采取保护接地措施。

4.4　TT 系统

TT 系统中的设备外壳采取接地，类似不接地电网中的保护接地，但由于电源中性点是接地的，所以，将这种配电防护系统称为 TT 系统。

4.4.1　TT 系统的原理

如有一相漏电，如图 4-12 所示，则故障电流主要经 R_d 和 R_0 构成回路，漏电设备对地电压和零线对地电压分别为

$$U_d \approx \frac{R_d}{R_0 + R_d} U, \ \ U_0 \approx \frac{R_0}{R_0 + R_d} U \tag{4-2}$$

显然，$U_d + U_0 = U$，且 $\dfrac{U_d}{U_0} = \dfrac{R_d}{R_0}$，同没有接地相比较，漏电设备上的对地电压有所下降，

但零线上却产生了对地电压。而且 U_d 和 U_0 都可能远远超过安全电压，人触及漏电设备或触及零线都可能受到致命的电击。

另一方面，由于故障电流主要经 R_d 和 R_0 构成回路，如不计带电体与外壳之间的过渡电阻，其大小为

$$I_d \approx \frac{U}{R_0 + R_d} \tag{4-3}$$

R_d 和 R_0 都是欧姆级的数值，因此，I_d 不可能太大，一般的过电流保护装置不起作用，

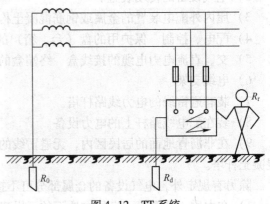

图 4-12　TT 系统

不能及时切断电源，使故障状态会长时间延续。例如，当 $R_{\mathrm{d}} = R_0 = 4\,\Omega$ 时，故障电流为 27.5 A，能与之相适应的过电流保护装置是十分有限的。

4.4.2　TT 系统的应用范围

TT 系统内各个电气设备或各组电气设备各有自己的接地极和 PE 线。各 PE 线之间在电气上没有联系。这样在 TT 系统供电范围内的接地故障就不会像 TN 系统那样通过 PE 线的导通而传导蔓延，导致一处发生接地故障，多处发生电气事故，必须在各处设置等电位联结或采取其他措施来消除这种传导电压导致的事故。因此 TT 系统较适用于无等电位联结的户外场所，例如农场、施工场地、路灯、庭院灯和户外临时用电场所等。

4.5　TN 系统

TN 系统是指将电气设备在正常情况下不带电的金属部分与电网的 PE 或 PEN 线连接起来。TN 系统可分为 TN - C、TN - S 和 TN - C - S 三种方式。

4.5.1　TN 系统的原理

绝大部分低压电网都采用中性点接地的三相四线制电网。不仅是因为这种电网能提供一组线电压和一组相电压，便于动力和照明由同一台变压器供电，而且还在于这种电网具有较好的过电压防护性能、单相故障接地时单相触电的危险性较小以及接地故障容易检测等优点。

TN 系统原理如图 4-13 所示。当某相带电部分碰到设备外壳（外露导电部分）时，通过设备外壳形成该相对零线的单相短路（碰壳短路），短路电流 I_{d} 能促使线路上的过电流保护装置迅速动作，从而将故障部分断开电源，消除电击危险。

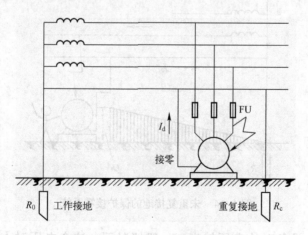

图 4-13　TN 系统原理

4.5.2　TN 系统的应用范围

保护接零适用于低压中性点接地、电压为 380 V/220 V 的三相四线制电网。在这种电网中，凡可能呈现危险电压的金属部分均应接零（另有规定除外）。

4.5.3 重复接地

重复接地是指在中性点直接接地的系统中，在零干线的一处或多处通过接地装置与大地再次连接。

在以上各种接地系统中只有 TN 系统需要重复接地，它是电源端的系统接地的重复设置。在 TN 系统中负荷端的外露导电部分通过 PE 线与接地的电源中性线的连接已实现了保护接地，故不需再将 PE 线作重复接地。但如果有现成的自然接地体可利用来作重复接地的接地极，使 PE 线在故障时的对地电位更接近地电位，则对电气安全是有好处的。与 PE 线连通的总等电位联结的地下金属结构及管道是现成的良好的自然接地体，所以作总电位联结后自然也实现了 PE 线的重复接地，通常可不必另设人工接地极作重复接地。

重复接地在降低漏电设备对地电压、减轻零线断线的危险性、缩短故障时间和改善防雷性能等方面具有重要作用。

1. 降低漏电设备对地电压

未装设重复接地的保护接零系统（见图4–14），当发生碰壳短路时，线路保护装置将迅速动作，切断电源。但从发生碰壳短路起，到保护装置动作完毕止的短时间内，设备外壳是带电的，其对地电压即短路电流在零线部分产生的电压降为

$$U_d = U_1 = I_{d1} Z_1 = \frac{Z_1}{Z_x + Z_1} U \tag{4-4}$$

式中　I_{d1}——单相短路电流；

　　　　Z_1——零线阻抗；

　　　　Z_x——相线阻抗；

　　　　U——电网线电压。

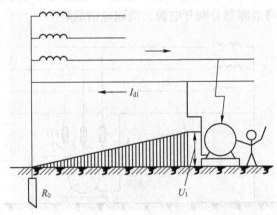

图4–14　未重复接地的保护接零系统

零线阻抗越大，设备对地电压越高。一般情况下，这个电压对人是有危险的。应当指出，企图用降低零线阻抗的办法来获得设备上的安全电压是不现实的。例如，如果要求设备对地电压 $U_d = 50\,V$，则在 380 V/220 V 系统中，零线阻抗必须小于相线阻抗的 30%，或者说零线导电能力必须大于相线导电能力的 3.4 倍。这当然是很不经济的，也是不现实的。

一般情况下，零线导电能力不应低于相线导电能力的 50%，即零线阻抗不应高于相线阻抗的 2 倍。这时，如果发生碰壳短路，设备对地电压约为

$$U_d = \frac{Z_1}{Z_x + Z_1}U = \frac{2Z_x}{Z_x + 2Z_x}U = \frac{2}{3} \times 220 \approx 147\,V$$

由此可见，单纯接零还是有电击危险的。

在上述情况下，如图 4-15 再加上重复接地，则设备对地电压可以降低，电击危险可以减轻。图中 R_c 是重复接地装置的接地电阻。这时，由于有了 R_c，零线对地电压重新分布。接零设备的对地电压即接地电流 I_d 通过接地电阻 R_c 的电压降为

$$U_d = U_c = I_d R_c = \frac{R_c}{R_c + R_0}U_1 \qquad (4-5)$$

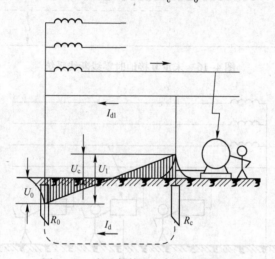

图 4-15　有重复接地的保护接零系统

显然，这时设备对地电压只占零线电压降的一部分。假定零线电压仍然为 147 V（实际上由于有了 R_c 和 R_0 与零线并联，零线电压还应该低一些），若 $R_c = 10\,\Omega$、$R_0 = 4\,\Omega$，可求得设备对地电压为

$$U_d = \frac{10}{10 + 4} \times 147 = 105\,V$$

105 V 电压虽然对人还有危险，但危险性相对减小了一些。

2. 减轻零线断线的危险性

未重复接地零线系统中（见图 4-16）。当零线断裂，断线处后面某一设备碰壳时，事故电流通过触及设备的人体和工作接地构成回路。因为人体电阻远远大于工作接地电阻，所以在断线处以后，人体几乎承受全部相电压。

图 4-17 中，在零线上有重复接地时，碰壳电流主要通过重复接地电阻 R_c 和工地接地电阻 R_0 构成回路，在断线处以后，接零设备对地电压为

$$U_c = I_d R_c \qquad (4-6)$$

在断线处以前，接零设备对地电压为

$$U_0 = I_d R_0 \qquad (4-7)$$

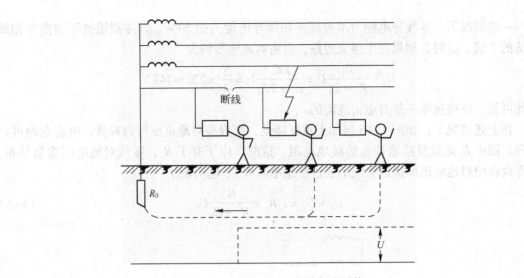

图 4-16　未重复接地时零线断线系统

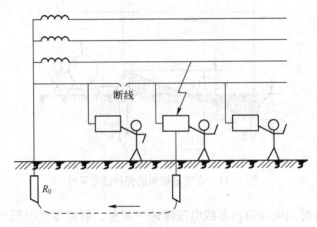

图 4-17　有重复接地零线断线系统

U_c 与 U_0 之和为电网相电压。因为 U_c 和 U_0 都小于相电压，所以危险程度减轻了一些。

在保护接零系统中，当零线断线时，即使没有设备发生碰壳短路，而是出现三相负荷不平衡，零线上也可能出现危险的对地电压。在这种情况下，重复接地也有减轻或消除危险的作用。如图 4-18 所示，在两相停止用电，一相保持用电的情况下，电流将通过该相负荷、人体和工作接地构成回路。因为人体电阻较大，所以大部分电压降在人体上，电击危险性很大。

如果零线上或设备上有了重复接地（见图 4-19），则人体承受的电压（设备对地电压）即重复接地电阻 R_c 上的电压降。一般来说，R_c 与负荷电阻和工作接地电阻相比不会太大，其上电压降也只占电网和电压的一部分，从而减轻或消除了电击的危险。

3. 缩短故障持续时间

因为重复接地和工作接地构成零线的并联分支，所以当发生短路时，能增加短路电流，而且线路越长，效果越显著，加速了线路保护装置的动作，缩短了故障持续时间。

74

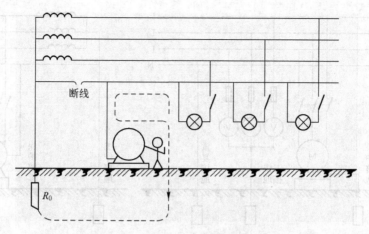

图 4-18　无重复接地三相负荷不平衡零线断线系统

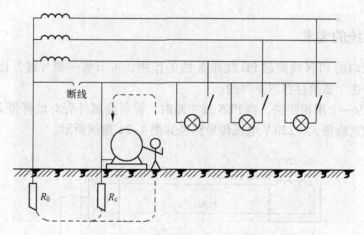

图 4-19　有重复接地三相负荷不平衡零线断线系统

4. 改善防雷性能

架空线路零线上的重复接地，对雷电流有分流作用，有利于限制雷电过电压，改善防雷性能。

5. 重复接地的要求

重复接地可以从零线上接地，也可以从接零设备外壳接地。户外架空线路宜采用集中重复接地。架空线路干线、分支线的终端、沿线路每 1 km 处、分支线长度超过 200 m 的分支处以及高压线路与低压线路同杆敷设时，共同敷设段的两端均应在零线上装设重复接地。

以金属外皮作为零线的低压电缆，也要求重复接地。车间内部宜采用环形重复接地。零线与接地装置至少有两点连接。除进线处一点外，其对角处最远点也应连接，而且车间周边长超过 400 m 者，每 200 m 处应有一点连接。

每一重复接地电阻，一般不得超过 10 Ω，但在变压器低压工作接地的接地电阻允许不超过 10 Ω 的场合，每一重复接地的接地电阻允许不超过 30 Ω，但不得少于 3 处。

重复接地、工作接地、保护接地和保护接零示意图如图 4-20 所示。

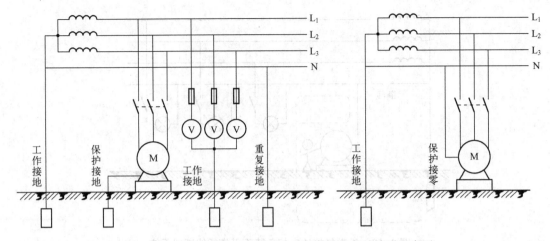

图 4-20　重复接地、工作接地、保护接地和保护接零示意图

4.5.4　TN 系统的要求

　　TN - C 系统内的 PEN 线兼起 PE 线和 N 线的作用，可节省一根导线，比较经济。但从电气安全角度，这个系统存在以下问题：

　　1）如系统为一个单相回路，当 PEN 线中断时，设备金属外壳对地将带 220 V 的故障电压，电击死亡的危险很大，220 V 电压传导路径如图 4-21 虚线所示。

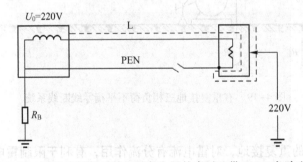

图 4-21　PEN 线折断后单相设备金属外壳对地带 220 V 危险电压

　　2）如 PEN 线穿过剩余电流动作保护装置 RCD，因接地故障电流产生的磁场在 RCD 内互相抵消而使 RCD 拒动，所以在 TN - C 系统内不能用 RCD 防电击，失去一道有效的防护屏障。

　　3）进行电气维修时需用四极开关来隔断中性线上可能出现的故障电压的传导。因 PEN 线含有 PE 线而不允许被开关切断，所以 TN - C 系统内不能用四极开关作电气隔离来保证维修人员的安全。

　　4）PEN 线因通过中性线电流产生电压降，从而使所接设备的金属外壳对地带电位。此电位可能在爆炸危险场所内打火引爆。按 IEC 标准易爆场所内是不允许出现 PEN 线和采用 TN - C 系统的。另外，带电位的与地接触的设备金属外壳可在地内产生杂散电流，在一定程度上腐蚀地下金属结构和管道，因此，IEC 标准要求 PEN 线应按可能遭受的最高电压加以绝缘。

另外，由于 PEN 线通过电流，各点对地电位不同，它也不得用于信息技术系统，以免各信息技术设备地电位的不同而引起干扰。

由于上述一些不安全因素，除特殊情况外，现在 TN-C 系统已很少采用。

采用 TN-S 系统时，应注意以下几点：

1）保护零线严禁通过任何开关和熔断器。

2）保护零线作为接零保护的专用线，要单独用一根不能代作他用。目前已有五芯电缆供应，不用在四芯线上再敷设一根。

3）保护零线，除了在工作接地线或总配电箱电源侧从零线引出外，在任何地方不得与工作零线有电气连接。特别注意在配电箱中的接线，防止通过铁质箱壳形成电气连接。

4）保护零线的截面积应不小于工作零线的截面积，同时必须满足机械强度要求。

5）保护零线的统一标志为绿/黄双色线。在任何情况下不准将绿/黄双色线作负荷线使用。在架空线中的排列和导线的排列一定要按统一要求，严格按标准排列。

6）重复接地必须接在保护零线上。工作零线上不能加重复接地。如果工作零线加了重复接地，剩余电流动作保护装置将无法使用。

7）保护零线必须在配电室或总配电箱处做重复接地外，还必须在配电线路的中间处或末端处做重复接地。配电线路越长，重复接地的作用越明显。

8）配电变压器低压侧及各出现回路均应装设过电流保护，包括短路保护和过负载保护。

9）必须实施剩余电流保护，包括剩余电流总保护、剩余电流中级保护（必要时）和剩余电流末级保护。

采用 TN-C-S 系统时，如果保护中性线从电气装置的某一点分为保护零线和工作零线后，则从该点起至负载处，就不允许把这二种线再合拼成具有保护零线和工作零线两种功能的保护中性线。在保护中性线分开之前，安装要求等参考 TN-C 系统；在保护中性线分为保护零线和工作零线后，安装要求参考 TN-S 系统。

4.6 TT 系统和 TN 系统的比较

TN 系统相对于 TT 系统的优点如下：

1）TN 系统往往可利用过电流防护电器兼作接地故障防护，比较简单，而 TT 系统通常需装设 RCD 作接地故障防护，比较复杂。

2）TN 系统的 PE 线自中性线分支引出，发生对地过电压时，设备绝缘承受的应电压较小；而 TT 系统的 PE 线引自就地的零电位的接地极，设备对地绝缘较易受过电压损害。

3）TN-C-S 的共模电压干扰小于 TT 系统。

TN 系统相对于 TT 系统的劣势如下：

1）在同一变压器供电范围的 TN 系统内 PE 线都是连通的，任一处发生接地故障，其故障电压可沿 PE 线传导蔓延而可能引起危害。在 TT 系统内，可视情况就地设置电气上互不联系的单独接地线和 PE 线，消除或减少故障电压的蔓延。因此 TN 系统必须做等电位联结来消除沿 PE 线传导来的故障电压的危害，因此，一般不适用于无等电位联结的户外场所，而 TT 系统则可适用于户外场所。

2）TT 系统可就地接地引出 PE 线。TN 系统则需要从电源端引来 PE 线，因此，TN 系统的投资较大。

两种接地系统，应根据具体情况选用。

4.7　两种电网的安全分析

按照技术上和安全上的不同要求，电网可分为接地电网和不接地电网，它们之间的区别在于线路与大地之间有无导电体连接。

中性点分为电源中性点与负载中性点，仅在三相电源或负载按 Y 形联结时才出现。对电源而言，凡三相线圈的首端（或尾端）连接在一起的共同连接点，称为电源中性点；而由电源中性点引出的导线便称为中性线，常用"N"表示，如图 4-22 所示。当电源中性点与接地装置有着良好连接时，因已取得了大地的零电位，该中性点便称为零点；由零点 N 引出的导线称为零线，常用"0"表示（有时也用"N"表示），如图 4-11 所示。

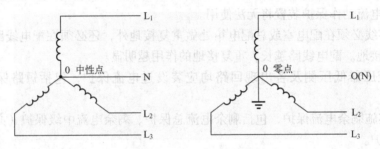

图 4-22　中性点、中性线示意图

对 220 V 单相回路的两根线，一根称为相线（用 L 表示；三根相线时则分别用 U、V、W 或 L_1、L_2、L_3 表示），而另一根称为零线（用 N 表示）。

在一般 220 V/380 V 三相四线制低压配电网络中，配电变压器的中性点大都实行工作接地。为何低压配电网的中性点大都实行工作接地？其主要原因是：

1）系统接地的作用是给配电系统提供一个参考电位并使配电系统正常和安全地运行。220 V/380 V 的配电系统的星形节点接地后，相线对地电位就大体"钳住"在 220 V 这一电压上，从而降低了系统对地绝缘的要求。

2）当发生雷击时配电线路感应产生大量电荷，系统接地可将雷电荷泄放入地，降低线路对地的雷电瞬态冲击过电压，避免线路和设备的绝缘被击穿损坏。

3）高低压共杆的架空线路，如果高压线路坠落在低压线路上，将对低压线路和设备引起危险。有了系统接地后，就可构成高压线路故障电流通过大地返回高压电源的通路，使高压侧继电保护检测出这一故障电流而动作，从而消除这一危险。当低压配电线路发生接地故障时，系统接地也提供故障电流经大地返回电源的通路，使低压线路上的防护电器动作。

4.7.1　不接地电网的安全性分析

有些工业企业故障停电后果非常严重。例如煤矿井下，如因接地故障突然停电、井下的瓦斯和地下水无法排出，将危及工人生命；又如钢铁企业如果因接地故障突然停电，将无法供应冷却水，炼钢铁的炉体将被烧塌，灌注钢锭的钢水也将外溢，引起种种危险。类似这些工业企业都采用 IT 系统配电。根据统计，配电系统中引起事故跳闸的原因大多是接地故障，而 IT 系统能减少这一跳闸概率。

不接地电网中，Z_1、Z_2、Z_3 分别表示各相对地绝缘阻抗，如图 4-23 所示。绝缘阻抗由各相对地绝缘电阻和导线对地分布电容并联组成。绝缘电阻一般是兆欧级的。在特殊情况下，绝缘电阻可能下降为 2 ~ 5 kΩ。电缆的分布电容可取 0.05 μF/km；架空线的分布电容约为 0.005 μF/km。

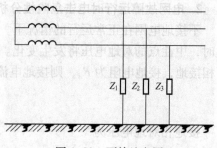

图 4-23　不接地电网

1. 电网正常运行时电击危险性分析

如图 4-24 所示，在不接地电网中，单相触电时，流过人体的电流只能通过电网各相对地绝缘阻抗形成回路。绝缘阻抗是各相与大地之间的等效阻抗，可视为绝缘电阻与分布电容的并联。

如各相对地绝缘阻抗对称，即 $Z_1 = Z_2 = Z_3 = Z$，可计算出人体承受的电压和流过人体的电流，根据对称性可知 $U_0 = 0$。

等效电路中（见图 4-25），电动势应为网络二端口开路，即没有人触电时该相对地电压。因为对称，该电压即为相电压。等效电路中的内阻抗应为网络内电压源全部短路后的等效阻抗，即三相阻抗的并联，为 $Z/3$。根据等效电路，人体承受的电压和流过人体的电流为

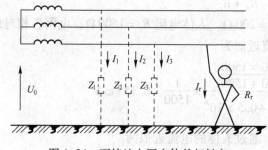

图 4-24　不接地电网人体单相触电

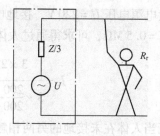

图 4-25　等效电路

$$U_r = \frac{R_r}{R_r + Z/3}U = \frac{3R_r}{3R_r + Z}U \tag{4-8}$$

$$I_r = \frac{U}{R_r + Z/3} = \frac{3U}{3R_r + Z} \tag{4-9}$$

式中　U——相电压相量；

　　　R_r——人体电阻；

　　　Z——各相对地的复数阻抗；

　　　U_r、I_r——人体电压和人体电流相量。

79

由于绝缘阻抗 Z 较大，一般为兆欧级，I_r 一般很小，不超过数十毫安。因此，不接地电网正常运行时，人体单相触电危险性较小。

2. 电网故障运行时电击危险性分析

不接地电网在正常运行的情况下，中性点的对地电压近似为零。然而，当电网有一相接地时，中性点的对地电压将发生变化。设电网的相电压为 U，各相对地绝缘阻抗为 Z，电网 L_3 相接地，接地电阻为 R_d，则接地电流为

$$I_d = \frac{3U}{3R_d + Z} \tag{4-10}$$

接地相对地电压为

$$U_3 = \frac{3UR_d}{3R_d + Z} \tag{4-11}$$

中性点对地电压为

$$U_0 = U - U_3 = \frac{Z}{3R_d + Z} U \tag{4-12}$$

一般地，接地电阻为几十至几百欧姆，即 $R_d \ll Z$，这样，当不接地电网发生单相接地故障时，接地相的对地电压很小；而中性点的对地电压将接近电源的相电压，同时，未接地相的对地电压由于 U_0 很小，故未接地的两相的对地电压将上升至线电压。

因此，当不接地电网发生单相故障接地时，人体如果在接地相触电（人体电阻为 R_r)，则通过人体的电流为

$$I_r = \frac{3U \times \frac{R_d R_r}{R_d + R_r}}{3 \times \frac{R_d R_r}{R_d + R_r} + Z} \times \frac{1}{R_r} \tag{4-13}$$

设电源电压 $U = 220\text{ V}$，接地电阻 $R_d = 200\ \Omega$，人体电阻 $R_r = 1500\ \Omega$，电网各相对地绝缘阻抗 $Z = 0.5\text{ M}\Omega$，可求得通过人体的电流近似为

$$I_r = \frac{3 \times 220 \times \frac{200 \times 1500}{200 + 1500}}{3 \times \frac{200 \times 1500}{200 + 1500} + 0.5 \times 10^6} \times \frac{1}{1500} = 0.155\text{ mA}$$

而当人体在未接地的另两相触电时，通过人体的电流近似为

$$I_r = \frac{U_{12}}{R_r + R_d} = \frac{380}{1500 + 200} = 223.5\text{ mA}$$

因此，当不接地电网发生单相故障接地时，人体被电击的危险性非常大。

另外，不接地电网单相接地时，接地电流很小，线电压保持不变，电网中的设备还能继续工作，因而，接地故障不容易被发现而长时间潜伏下来，而且故障点有时很难寻找。

3. 不接地电网的绝缘监视

在不接地电网中，为了减轻单相故障接地的危险性，应对电网对地绝缘状态进行监视，并尽早找出故障点，排除故障。此外，在不接地电网中，还要考虑高压窜入低压的防护。

低压电网的绝缘监视，是用 3 只规格相同的电压表来实现的，其接线如图 4-26 所示。

电网对地绝缘正常时，三相平衡，3 只电压表读数均为相电压；当发生单相接地时，该相电压表读数急剧降低，另两相则显著升高。即使系统没有接地，而是某相对地绝缘显著恶化时，3 只电压表也会给出不同的读数，引起工作人员的注意。

高压电网也可以用类似的方法进行绝缘监视，其接线如图 4-27 所示。监视仪表通过电压互感器与相线连接。互感器有两组低压线圈，一相接成星形，供绝缘监视的电压表用；一相接成开口三角形，开口处接信号继电器。正常时，三相平衡，3 只电压表读数相同，三角形开口处电压为零，信号继电器不动作；当一根接地或一两根绝缘明显恶化时，3 只电压表出现不同读数，同时开口三角形开口处出现电压，信号继电器动作，发出信号。

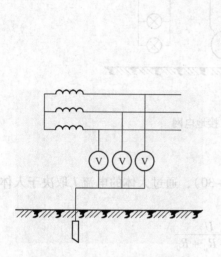

图 4-26　低压电网的绝缘监视

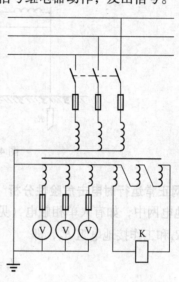

图 4-27　高压电网的绝缘监视

当高压电因导线折断或绝缘损坏而窜入低压系统时，整个低压系统的对地电压升高到高压系统的对地电压，而且故障可能在较长时间内存在。为了减轻高压窜入低压的危险，在不接地低压电网中，应当把低压电网的中性点经击穿保险器接地，并接上两只电压表对击穿保险器进行监视，如图 4-28 所示。正常情况下，击穿保险器处在绝缘状态，系统不接地时，两个电压表读数各为相电压的一半。当高压窜入低压时，击穿保险器中的空气隙被击穿，故障电流经接地装置流入大地，形成高压系统的接

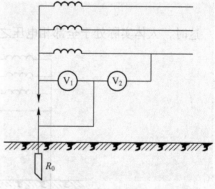

图 4-28　高压窜低压防护及监视图

地短路电流，可能引起高压系统过电流保护装置动作，切断故障。也可以选定适当的接地电阻值，以限制低压系统的电压升高不超过 120 V。同时，电压表 V_1 读数降至零，电压表 V_2 读数上升至相电压，使系统的运行状况得到监视。为了不降低系统运行的可靠性，应当采用高内阻的电压表作为监视仪表。

4.7.2 接地电网的安全性分析

接地电网可以提供两种工作电压：线电压和相电压，不仅能给三相动力负载供电，还能给照明负载供电，因此得到了广泛的应用。R_0 为变压器中性点工作接地电阻（$R_0 \leqslant 4\ \Omega$），如图 4-29 所示。正是由于变压器中性点通过工作接地电阻与大地连接，减轻了电网单相接地和高压窜入低压的危险。

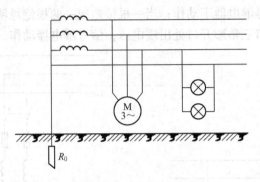

图 4-29　接地电网

1. 电网正常运行时电击危险性分析

在接地电网中，如有人单相触电（见图 4-30），通过人体的电流 I_r 取决于人体电阻 R_r、地面电阻 R_d 和工作接地电阻 R_0，即

$$I_r = \frac{U}{R_r + R_d + R_0} \tag{4-14}$$

如果人站立在潮湿的或者导电性的地面上，即 $R_0 = 0$，且 $R_0 \ll R_d$，则

$$I_r = \frac{U}{R_r} \tag{4-15}$$

这时，人体实际处于全部相电压之下，是非常危险的。

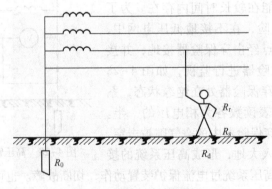

图 4-30　接地电网单相触电

然而，当有高压窜入低压，或有感应过电压、谐振过电压发生时，电网的工作接地能稳定系统的电位，限制系统对地电压不超过某一范围，减轻过电压的危险。如图 4-31 所示，当高压窜入低压时，低压零线对地电压为

82

$$U_0 = I_{gd}R_0 \tag{4-16}$$

式中 I_{gd} ——高压系统单相接地电流。

在这种情况下，规定 $U_0 = 120\,\text{V}$，要求工作接地电阻为

$$R_0 \leqslant \frac{120}{I_{gd}} \tag{4-17}$$

对于不接地的高压电网，单相接地电流通常不超过 30 A，$R_0 \leqslant 4\,\Omega$ 是能满足要求的。

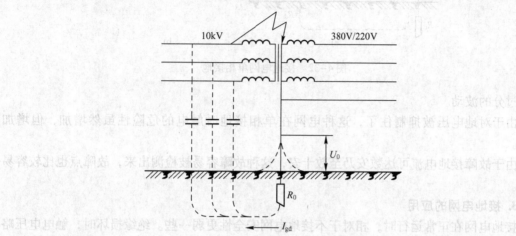

图 4-31 中性点接地时高压窜入低压

同时，由于有工作接地电阻的存在，接地电网容易受到外系统的干扰和影响。当不同电网的工作接地电阻相会或接地体相距很近时，某一电网中性点电位的漂移将会对周围接地体产生影响，因而引起与这些接地体相连的其他电网中性点电位的漂移。另外，地下的杂散电流也会对接地电网产生干扰或影响。

2. 单相接地故障运行时电击危险性分析

单相接地是电网最常见的故障之一。单相故障接地不仅破坏了电网的运行方式，而且破坏了电气设备的安全运行，甚至损坏电气设备本身，还有可能危及人身安全。

如图 4-32 所示，接地电网单相故障接地时，接地电流 I_d 经故障接地电阻 R_d 和工作接地电阻 R_0 构成回路。在一般低压电网中，接地电流有时可达数十安。由电压相量图（见图 4-32b）可知，各相对地电压都发生了变化，并可用下列计算式表达：

$$U_N = I_d R_0 = \frac{R_0}{R_0 + R_d}U \tag{4-18}$$

$$U_c = I_d R_d = \frac{R_d}{R_0 + R_d}U = U - U_N \tag{4-19}$$

$$U_a = U_b = \sqrt{U^2 + U_N^2 + UU_N} \tag{4-20}$$

式中 U ——相电压。

故障接地电阻 R_d 一般不会低于 15 Ω，在工作接地电阻符合规定的条件下（一般要求 $R_0 \leqslant 4\,\Omega$），可以把中性线对地电压 U_d 限制在 50 V 以下；相应地，没有接地的两相对地电压虽有所升高，但一般不会超过 250 V。50 V 是安全电压的限值，250 V 是带电体对地电压高、低压划分的限值。由此可见，在接地电网中，只要保持良好的工作接地，即可抑制各相对地

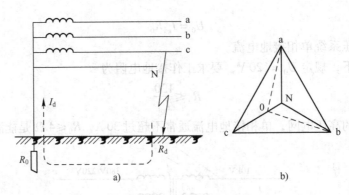

图 4-32 接地电网单相接地

电压过分的波动。

由于对地电压被抑制住了，这种电网在单相接地时触电的危险性虽然增加，但增加不大。

由于故障接地电流可达数安乃至数十安，这种故障容易被检测出来，故障点也比较容易确定。

3. 接地电网的应用

接地电网在正常运行时，相对于不接地电网安全性更弱一些。绝缘损坏时，触电电压略高于 220 V，而且熔断器可能不起作用。

就技术要求而言，由于接地电网可提供两种工作电压：线电压和相电压，因而得到了广泛的应用。同时，由于所采用的变压器数量少、导线截面积小等，电气设备的总价格大大降低。就单相电击而言，正常运行时，中性点不接地电网较安全；而单相故障接地时，则中性点接地电网较安全。因此，从安全角度考虑，对于那些难以保证线路对地绝缘强度（如环境相对湿度大、周围有腐蚀性介质、线路过长或分支线过多等）的场合，以及对于那些不能及时发现和排除绝缘故障状态的场合和对地电容较大，电容电流足以危及人身安全的场合，均应采用中性点接地电网。例如，大型企业的电网、城市和农村的电网、电站用电电网等都应采用接地电网。另外，在电网分支线较多的场合，如机械加工车间，也应采用接地电网。

4.7.3 接地电网和不接地电网的比较

（1）正常时单相触电的危险性

正常时，中性点接地的电网，单相触电的危险性大；而中性点不接地的电网单相触电危险性小。

（2）单相接地时触电的危险性

对于中性点不接地的电网，接地电流小，故障难找；接地电阻小时，另外两相的对地电压可能升高为线电压，增加了触电的危险性。对于中性点接地电网，由于接地电流大，故障易发现，而且通过控制接地电阻就可以控制其他两相对地电压的升高，触电危险性小一些。

（3）稳定电网对地电压

接地电网由于有接地装置而能抑制对地电压的升高；不接地电网由于与大地之间没有直

接的电气连接，如无其他措施，可能因高压窜入低压、雷击、拉合闸操作和感应等原因，在低压侧产生很高的对地电压，带来火灾或电击危险。另外，不接地电网与大地之间只有分布电容存在，不论是感应，还是谐振，都可能产生过高的对地电压。可以说，不接地电网抑制过电压的性能是不好的。因此，不接地电网中应当有合格的过电压保护措施。

（4）接地装置的影响

当两接地装置互相接近时，一个装置上的接地电流将造成地表电位升高，使另一个接地装置的电位也有某种程度的升高，从而造成电击危险或其他伤害。

不接地电网一般不会影响其他电网，也不容易受到这方面的影响；而接地电网与接地电网之间或与其他接地装置之间，则较容易相互影响。

（5）系统间的影响

不接地电网不会在地下产生有害的杂散电流。外系统的接地故障也不会导致不接地电网的工作导体意外带电。但是，由于地面上其他电气系统的静电感应或电磁感应，均可能在不接地电网上产生较高的感应过电压。例如，如果高压线路敷设在低压线路的上方，由于静电感应，低压线将产生过电压。

综上所述，接地电网和不接地电网各有优缺点，应根据生产环境的特点，选择合适的电网运行方式。在环境正常、线路较短及绝缘水平经常能保持良好状态的条件下，宜采用不接地电网；对于安全要求较高的企业，如煤矿企业，可采用不接地电网；对于大型企业电网，城市、农村电网，电站用电网、油田用电网及电网分支较多的场合，应采用接地电网。

4.8 间接接触电击防护技术

1. 保护接地（IT 系统）

保护接地系统就是 IT 系统。所谓接地，就是将设备的某一部位经接地装置与大地紧密连接起来。保护接地的做法是将电气设备在故障情况下可能呈现危险电压的金属部位经接地线、接地体同大地紧密地连接起来；其安全原理是把故障电压限制在安全范围以内。IT 系统的字母 I 表示配电网不接地或经高阻抗接地，字母 T 表示电气设备外壳接地。

保护接地适用于各种不接地配电网。在这类配电网中，凡由于绝缘损坏或其他原因而可能呈现危险电压的金属部分，除另有规定外，均应接地。

在 380 V 不接地低压系统中，一般要求保护接地电阻 $R_E \leq 4\,\Omega$。当配电变压器或发电机的容量不超过 $100\,kV \cdot A$ 时，要求 $R_E \leq 10\,\Omega$。

在 10 kV 配电网中，如果高压设备与低压设备共用接地装置，要求接地电阻不超过 $10\,\Omega$，并满足下式要求：$R_E \leq 120/I_E$。

2. TT 系统

我国绝大部分地面企业的低压配电网都采用星形接法的低压中性点直接接地的三相四线制配电网。这种配电网能提供一组线电压和一组相电压。中性点的接地 RN 叫作工作接地、中性点引出的导线叫作中性线或者工作零线。TT 系统的第一个字母 T 表示配电网直接接地、第二个字母 T 表示电气设备外壳接地。

TT 系统的接地 R_E 也能大幅度降低漏电设备上的故障电压，但一般不能降低到安全范围以内。因此，采用 TT 系统必须装设剩余电流动作保护装置或过电流保护装置，并优先采用前者。TT 系统主要用于低压用户，即用于未装备配电变压器，从外面引进低压电源的小型用户。

3. TN 系统（保护接零）

TN 系统相当于传统的保护接零系统。TN 系统中的字母 N 表示电气设备在正常情况下不带电的金属部分与配电网中性点之间，亦即与保护零线之间紧密连接。保护接零的安全原理是当某相带电部分碰连设备外壳时，形成该相对零线的单相短路；短路电流促使线路上的短路保护元件迅速动作，从而把故障设备电源断开，消除电击危险。虽然保护接零也能降低漏电设备上的故障电压，但一般不能降低到安全范围以内。其第一位的安全作用是迅速切断电源。

TN 系统分为 TN－S、TN－C－S 和 TN－C 三种类型。TN－S 系统是 PE 线与 N 线完全分开的系统；TN－C－S 系统是干线部分的前一段 PE 线与 N 线共用为 PEN 线，后一段 PE 线与 N 线分开的系统；TN－C 系统是干线部分 PE 线与 N 线完全共用的系统。应当注意，支线部分的 PE 线是不能与 N 线共用的。TN－S 系统的安全性能最好。有爆炸危险环境、火灾危险性大的环境及其他安全要求高的场所应采用 TN－S 系统；厂内低压配电的场所及民用楼房应采用 TN－C－S 系统。

保护接零适用于用户装有配电变压器，且其低压中性点直接接地的 220 V/380 V 三相四线制配电网。应用保护接零应注意下列安全要求：

1）在同一接零系统中，一般不允许部分或个别设备只接地、不接零的做法；否则，当接地的设备漏电时，该接地设备及其他接零设备都可能带有危险的对地电压。如确有困难，个别设备无法接零而只能接地时，则该设备必须安装剩余电流动作保护装置。

2）重复接地合格。重复接地的安全作用是减轻 PE 线和 PEN 线断开或接触不良的危险性，进一步降低漏电设备对地电压，改善架空线路的防雷性能和缩短断电故障持续时间。重要接地应质量合格，符合 4.6.3 节中所述要求。

3）发生对 PE 线的单相短路时能迅速切断电源。对于相线对地电压为 220 V 的 TN 系统，手持式电气设备和移动式电气设备末端线路或插座回路的短路保护元件应保证故障持续时间不超过 0.4 s；配电线路或固定式电气设备的末端线路应保证故障持续时间不超过 5 s。

4）工作接地合格。工作接地的主要作用是减轻各种过电压的危险。工作接地的接地电阻一般不应超过 4 Ω，在高土壤电阻率地区允许放宽至不超过 10 Ω。

5）PE 和 PEN 线上不得安装单极开关和熔断器；PE 线和 PEN 线应有防机械损伤和化学腐蚀的措施；PE 线支线不得串联连接，即不得用设备的外露导电部分作为保护导体。

6）保护导体截面面积合格。当 PE 线与相线材料相同时，PE 线可以按表 4-3 选取，除应采用电缆芯线或金属护套作保护线者外，有机械防护的 PE 线的截面积不得小于 2.5 mm²，没有机械防护的不得小于 4 mm²。铜质 PEN 线截面积不得小于 10 mm²，铝质的不得小于 16 mm²，如系电缆芯线，则不得小于 4 mm²。

保护导体的截面积应符合计算要求，或按表 4-3 的规定确定：

$$S \geqslant \frac{I}{k}\sqrt{t} \tag{4-21}$$

式中 S——保护导体的截面积，单位为 mm^2；

　　　I——通过保护电器的预期故障电流或短路电流（交流方均根植），单位为 A；

　　　t——保护电器自动切断电流的动作时间，单位为 s；

　　　k——系数，按低压配电设计规范（GB 50054—2011）确定。

表4-3　保护导体的最小截面积　　　　　　　　　　　　　（单位：mm^2）

相导体截面积	保护导体的最小截面积	
	保护导体与相导体使用相同材料	保护导体与相导体使用不同材料
≤16	S	$\dfrac{Sk_1}{k_2}$
>16，且≤35	16	$\dfrac{16k_1}{k_2}$
>35	$\dfrac{S}{2}$	$\dfrac{Sk_1}{2k_2}$

注：1. S——相导体截面积。

　　2. k_1——相导体的系数，应按低压配电设计规范（GB 50054—2011）的规定确定。

　　3. k_2——保护导体的系数，应按低压配电设计规范（GB 50054—2011）的规定确定。

7）等电位联结。等电位联结指保护导体与建筑物的金属结构、生产用的金属装备以及允许用作保护线的金属管道等用于其他目的的不带电导体之间的联结。有条件的场所应作等电位联结，以提高 TN 系统的可靠性。

案例分析

案例4-1　搅拌机漏电，导致工人电击死亡

【事故经过】

建筑工地上工人们正在进行水泥圈梁的浇灌。突然，搅拌机附近有人大喊："有人触电了"。只见在搅拌机进料斗旁边的一辆铁制手推车上，趴着一个人，地上还躺着一个人，当人们把搅拌机附近的电源开关断开后，看到趴在手推车上的人的手心和脚心穿孔出血，并已经死亡，年仅 17 岁。与此同时，人们对躺在地上的人进行人工呼吸，他的神志才慢慢恢复。

【事故原因】

1）当合上搅拌机的电源开关时，用验电笔测试搅拌机外壳不带电；当按下搅拌机的启动按钮时，再用验电笔测试设备外壳，氖泡很亮，表明设备外壳带电，用万用表交流档测得设备外壳对地电压为 195 V。

2）经仔细检查，发现电磁启动器出线孔的橡胶圈变形移位，一根绝缘导线的橡胶磨损，露出铜线，铜线与铁板相碰。检查中，又发现搅拌机没有接地保护线，其 4 个橡胶轮离地约 300 mm，4 个调整支承脚下的铁盘在橡皮垫和方木上边，进料斗落地处有一些竹制脚手板，整个搅拌机对地几乎是绝缘的。

3）死者穿布底鞋，双手未戴手套，两手各握两个铁把；因夏季天热，又是重体力劳动，死者双手有汗，人体电阻大大降低。估计人体电阻为 500 ~ 700 Ω，流经人体的电流大

于2500 mA。如此大的电流通过人体，死者无法摆脱带电体，在很短时间内导致死亡。另一触电者因单手推车，脚穿的是半新胶鞋，所以尚能摆脱电源，经及时的人工呼吸，得以苏醒。

案例4-2 跨步电压电击，致人死亡

【事故经过】

市郊电杆上的电线被风刮断，掉在水田中，一小学生把一群鸭子赶进水田，当鸭子游到落地的断线附近时，一只只死去，小学生便下田去拾死鸭子，未跨几步便被电击倒。爷爷赶到田边急忙跳入水田中拉孙子，也被击倒。小学生的父亲闻讯赶到，见鸭死人亡，又下田抢救也被电击倒，一家三代均死在水田中。

【事故原因】

电杆上的电线是低压线（380 V/220 V系统），其中带电的一相断落在地上时，电流就会经落地点流入地中，并向周围扩散。其中，接地点的电位最高，距离越远电位越低。当人或牲畜跨进这个区域时，两脚跨步之间将存在一个跨步电压，使人或牲畜产生跨步电压触电。

案例4-3 导杆无接地，电击受伤

【事故经过】

镇海石油化工总厂化肥厂电气车间班长，去现场检查1号污水泵房污水池自动液位浮球的断线、控制失灵情况，以便安排人员修理。在观察浮球时，一只手抓住扶手，另一只手抓住浮球液位计导杆，立即感到触电，两手痉挛不能松脱。急中生智利用身体下坠，脱离了电源。由于下面是4 m深的污水井，当身体坠落时，右腿插入了上、下爬梯铁圈中，造成大腿骨折。

【事故原因】

金属导杆没有保护接地，导线因绝缘破损引起外杆带电。

案例4-4 电线端头漏电发生电击

【事故经过】

工地值班电工A与B到小东江水电站2#坝段去接电源线。途经尾水左导墙与2#坝段连接处，左导墙的钢管栏杆用作临时工地电源线路的终端杆，加之线路日晒雨淋和风吹晃动磨损，导致线路端头破损漏电，致使栏杆带电，漏电电压为216 V。当电工A右手抓着距左导墙2 m多高的拉模筋，右脚踩钢栏杆向上攀登时，致使栏杆、电工A的手脚和拉模筋对地构成回路，立即大叫一声倒下。电工B随即将其摆脱电源，进行人工呼吸，后送至医院，抢救无效死亡。

【事故原因】

（1）直接原因

挂在钢栏杆上的线路破损漏电，使钢栏杆带电；电工A自我保护意识差，没穿戴劳动保护用品，脚穿带铁钉无绝缘性的中跟皮鞋，当右手抓拉模筋，右脚跨在钢栏杆上时，与大地构成电流回路，造成电击事故。

（2）间接原因

对工地临时用电线路保护维护检查不够，线路破损漏电，没有及时发现和处理；电工及

其他现场作业人员电击现场救护技能不够。

（3）主要原因

现场用电线路管理不善，安全检查不够，没有及时发现和及时处理线路漏电隐患；违章作业，电工 A 作为值班电工，思想麻痹，上班未穿绝缘鞋。

【预防措施】

1）加强对工地电源及线路的定期检查，发现隐患应及时处理；电源线路应按规定架设，并做好接地保护。

2）对电气作业人员进行安全知识技能教育，强化安全措施；电工必须按规定穿戴防护用品，方可上岗。

3）加强电击紧急救护知识教育和技术训练。

案例 4-5　施工现场电击死亡事故

【事故经过】

筑坝队召开班组长会议，布置工作任务，安排混凝土班人员到冲砂闸及护祖 1 号底板回收材料。并强调该班人员穿统靴，要求班组长回去后要强调执行，检查事故隐患。

约 8 时 30 分，混凝土班在中墩左边出口检修门槽下游处发现漏电，未引起重视，误以为是电焊机感应电。把堆在墩边的钢筋装车后就转移到 1 号护祖左边墙处装钢模。10 时 5 分，混凝土工等发现钢模上带电，组长去叫电工检查处理，电工就安排其他人员撤离现场，在撤离过程中，因混凝土工脚穿解放鞋，不便涉水，便踏上横跨冲砂闸和 1 号护祖的钢筋，脚一踩上钢筋，就被电击倒。经抢救无效，于 10 时 20 分左右死亡。

【事故原因】

（1）直接原因

施工现场有电线漏电，死者未按要求穿统靴，在撤离漏电现场时怕水浸湿解放鞋，而去踏带电的钢筋，造成电击事故。

（2）间接原因

死者安全意识缺乏，自我保护能力差，浇筑队民工在分包冲砂闸左墩出口检修门时，不按拆模规章，乱抛模板，施工现场管理不力，文明生产差，致使电源线被砸断造成漏电隐患。民工不报告，电工责任心不强，对线路检查维护不力。

（3）主要原因

死者未按指挥穿统靴，自我保护能力及安全意识差，施工现场线路紊乱，没有统一布线和派专人统一负责管理。

【预防措施】

1）对全部施工工地的用电线路进行一次彻底、专业性的清理和检查。工地的所有用电线路应统一布置、统一管理，并指派专人负责。

2）对员工进行安全用电知识的教育和培训，加强安全管理规章制度的贯彻、实施。

思考题

1. 什么叫保护接地？它适用于哪类电网？为什么？

2. 什么叫保护接零？它适用于哪类电网？为什么？它与保护接地有什么区别？

3. 什么叫工作接地、重复接地？有什么作用？

4. 什么叫接地电阻？它们有什么关系？流散电阻值大小和哪些因素有关？

5. 什么叫接地装置？接地装置包括哪些部分？

6. 在中性点接地的系统中，为什么保护接零线上不允许装设单极开关和熔断器？

7. 同一台变压器供电的系统中，为什么不允许部分设备接零，而另一部分设备接地？

8. 哪些电气设备必须进行接地或接零？

9. 哪些电气设备不需要接地或接零保护？

10. 在不接地系统中如何防止高压电窜入低压侧？

第5章 剩余电流动作保护装置

剩余电流动作保护装置（Residual Current Operated Protective Device，RCD），俗称漏电保护装置，是一种用来防止电气事故的安全技术措施。它是一种低压安全保护电器，主要用于单相电击保护，也用于防止由漏电引起的火灾，还可用于检测和切断各种单相接地故障。剩余电流动作保护装置的功能是提供间接接触电击防护，而额定漏电动作电流不大于 30 mA 的剩余电流动作保护装置，在其他保护措施失效时，也可作为直接接触电击的补充保护，但不能作为基本的保护措施。实践证明，剩余电流动作保护装置和其他电气安全技术措施配合使用，在防止电气事故方面有着显著的作用。

剩余电流动作保护装置能在数十毫秒的时间内有效地切断小至毫安计的故障电流。即使发生直接接接触电击，接触电压高达 220 V，高灵敏度的剩余电流动作保护装置能在人体发生心室纤颤导致死亡以前快速切断电源，保护人身安全。但它的作用也是有限的。例如，它只能在所保护的回路内发生故障时起作用，不能防止从其他处沿 PE 线或装置外导电部分传导来的故障电压引起的电击事故，剩余电流动作保护装置不能完全杜绝电击事故的发生。

5.1 剩余电流动作保护装置的原理

电气设备漏电时，将呈现出异常的电流和电压信号。剩余电流动作保护装置通过检测此异常电流或异常电压信号，经信号处理，促使执行机构动作，借助开关设备迅速切断电源。根据故障电流动作的剩余电流动作保护装置是电流型剩余电流动作保护装置，根据故障电压动作的是电压型剩余电流动作保护装置。早期的剩余电流动作保护装置为电压型剩余电流动作保护装置，因其存在结构复杂、受外界干扰动作特性稳定性差及制造成本高等缺点，已逐步被淘汰，电流型剩余电流动作保护装置得到了迅速的发展，并占据了主导地位。目前，国内外剩余电流动作保护装置的研制生产及有关技术标准均以电流型剩余电流动作保护装置为对象。

1. 剩余电流动作保护装置的组成

剩余电流动作保护装置示意图如图 5-1 所示，组成框图如图 5-2 所示。其构成主要有三个基本环节，即检测元件、中间环节（包括放大元件和比较元件）和执行机构。其次，还具有辅助电源和试验装置。

（1）检测元件

它是一个电流互感器，如图 5-3 所示。被保护主电路的相线和中性线穿过环形铁心构成了互感器的一次线圈 N_1，均匀缠绕在环形铁心上的绕组构成了互感器的二次线圈 N_2。检测元件的作用是将漏电电流信号转换为电压或功率信号输出给中间环节。

（2）中间环节

该环节对来自电流互感器的漏电信号进行处理。中间环节通常包括放大器、比较器和脱扣器（或继电器）等，不同形式的剩余电流动作保护装置在中间环节的具体构成上形式各异。

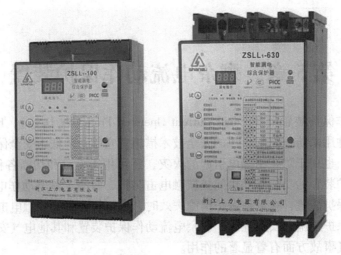

图 5-1　剩余电流动作保护装置示意图

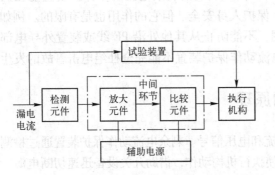

图 5-2　剩余电流动作保护装置组成框图

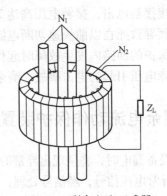

图 5-3　剩余电流互感器

（3）执行机构

该机构用于接收中间环节的指令信号，实施动作，自动切断故障处的电源。执行机构多为带有分励脱扣器的断路器或交流接触器。

（4）辅助电源

当中间环节为电子式时，辅助电源的作用是提供电子电路工作所需的低压电源。

（5）试验装置

这是对运行中的剩余电流动作保护装置进行定期检查时所使用的装置。通常是用一只限流电阻和检查按钮相串联的支路来模拟漏电的路径，以检验装置能否正常动作。

剩余电流动作保护装置实物拆解结构如图 5-4 所示。

2. 剩余电流动作保护装置的基本原理

图 5-5 是某三相四线制供电系统的剩余电流动作保护装置原理图。图中 TA 为电流互感器，QF 为主开关，TL 为主开关 QF 的分励脱扣器线圈。

在被保护电路工作正常、没有发生漏电或触电的情况下，由基尔霍夫定律可知，通过 TA 一次侧电流的相量和等于零。这使得 TA 铁心中磁通的相量和也为零。TA 二次侧不产生感应电动势。剩余电流动作保护装置不动作，系统保持正常供电。

92

图5-4　剩余电流动作保护装置实物拆解图

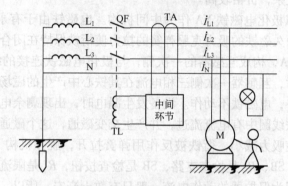

图5-5　剩余电流动作保护装置原理图

感应电动势。剩余电流动作保护装置不动作，系统保持正常供电。

当有人触电或设备漏电时，一般会出现漏电流和漏电压。因为电气设备在正常工作的情况下，从电网流入的电流和流回电网的电流总是相等的，但当电气设备漏电或有人触电时，流入电气设备的电流就有一部分直接流入大地或经过人体流入大地，这部分流入大地并且经过大地回到变压器中性点的电流就是漏电电流。有了漏电电流，从电气设备流入电网的电流和从电网流入电气设备的电流就不相等了。另外，电气设备正常工作时，壳体对地电压是为零的，在电气设备漏电时，壳体对地电压就不为零了。

当被保护电路发生漏电或有人触电时，由于漏电电流的存在，通过 TA 一次侧各相负荷电流的相量和不再等于零，即产生了剩余电流。这就导致了 TA 铁心中磁通的相量和也不再为零，即在铁心中出现了交变磁通。在此交变磁通作用下，TA 二次侧线圈就有感应电动势产生。此漏电信号经中间环节进行处理和比较，当达到预定值时，使主开关分励脱扣器线圈 TL 通电，驱动主开关 QF 自动跳闸，迅速切断被保护电路的供电电源，从而实现保护。

5.2　剩余电流动作保护装置的分类

剩余电流动作保护装置主要用于防止由于间接接触和直接接触引起的单相电击事故。它还可以用于防止因电气设备漏电而造成的电气火灾爆炸事故，以及用于监测或切除各种单相接地故障。剩余电流动作保护装置主要用于 1000 V 以下的低压系统。

剩余电流动作保护装置有多种分类方法。

（1）按检测信号分类

可分为电压型和电流型。检测信号为漏电电压（壳体对地电压）的即为电压型；检测信号为剩余电流的即为电流型。

（2）按中间环节的结构特点分类

可分为电子式和电磁式。有电子放大机构的即为电子式，无放大机构或放大机构是机械式的即为电磁式。

1）电磁式剩余电流动作保护装置。其中间环节为电磁元件，有电磁脱扣器和灵敏继电器两种形式。电磁式剩余电流动作保护装置因全部采用电磁元件，使得其耐过电流和过电压冲击的能力较强，因而无须辅助电源，当主电路缺相时仍能起漏电保护作用。但其灵敏度不易提高，且制造工艺复杂，价格较高。

如图5-6所示，以极化电磁铁YA作为中间机构。电磁铁由于有永久磁铁而具有极性。而且在正常情况下，永久磁铁的吸力克服弹簧的拉力使衔铁保持在闭合位置。三相电源线穿过环形的电流互感器TA，构成互感器的一次侧，与极化电磁铁连接的线圈构成互感器的二次侧。设备正常运行时，互感器一次侧三相电流在其铁心中产生的磁场互相抵消，互感器二次侧不产生感应电动势，电磁铁不动作。设备发生漏电时，出现剩余电流，互感器二次侧产生感应电动势，电磁铁线圈中有电流流过，并产生交变磁通，这个磁通与永久磁铁的磁通叠加，产生去磁作用，使吸力减小，衔铁被反作用弹簧拉开，脱扣机构Y动作，并通过开关设备断开电源。图中，SB、R_x是检查支路，SB是检查按钮，R_x是限流电阻。电流互感器是保护器的检测元件。因为保护器的动作电流一般只有数十毫安，所以，电流互感器必须具有较高的灵敏度。互感器的铁心可用铁镍合金（坡莫合金）、非晶态材料、硅钢片和铁氧体等软磁材料制成。铁镍合金的磁导率比普通硅钢片的高数百倍，容易获得较高的灵敏度，其稳定性也比较好，是比较理想的铁心材料，但价格较高。

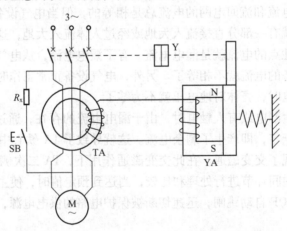

图5-6 电磁脱扣型剩余电流动作保护装置的原理

极化电磁铁的磁路是常闭磁路，与工作时有明显空气隙的开式磁路相比，这种磁路的磁阻小很多。因此，其驱动功率很小，灵敏度很高。同时，在磁路中增加一直流偏磁，可以调整铁心材料的工作点，使之在磁导率较高的部位工作，这也有利于提高电磁铁的灵敏度。

电磁式剩余电流动作保护装置也可以不采用机械脱扣的方式，而采用电磁脱扣的方式进行工作。这时，极化电磁铁的衔铁应带动电气接点，并通过中间继电器控制电源开关。其工作原理如图 5-7 所示。电流互感器 TA 的二次侧接向继电器的线圈。继电器的动合触点串联在中间继电器 KA_2 的线圈电路中。中间继电器的动断触点串联在开关设备的脱扣线圈 YA 的电路中。设备漏电时，继电器动作，并通过中间继电器和开关设备断开电源。

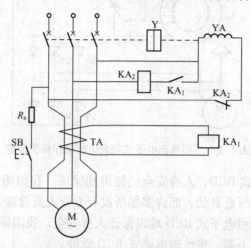

图 5-7　灵敏继电器型剩余电流动作保护装置工作原理

　　纯电磁式剩余电流动作保护装置的动作电流在选用性能良好的材料、采用先进工艺方法的条件下，可以设计到 30 mA。

　　2）电子式剩余电流动作保护装置。其中间环节使用了由电子元件构成的电子电路，有的是分立元件电路，也有的是集成电路。中间环节的电子电路用来对漏电信号进行放大、处理和比较。其特点是灵敏度高、动作电流和动作时间调整方便、使用耐久。但电子式剩余电流动作保护装置对使用条件要求严格，抗电磁干扰性能差，当主电路缺相时，可能会失去辅助电源而丧失保护功能。

　　检测元件与执行元件之间增设电子放大环节，即构成电子式剩余电流动作保护装置。图 5-8 所示为一种比较简单的电子式剩余电流动作保护装置的线路图。其电流互感器有两个线圈，L1 是一次线圈，2~4 匝；L_2 是二次线圈，约 200 匝；放大器由二极管 VT_1 和 VT_2 等元件组成；二极管 VT_3 和 VT_4 起过电压保护作用；继电器 J 是执行元件。这种剩余电流动作保护装置的动作电流可以达到 20 mA 以下。采用集成元件使电子电路部分的体积减小，元器件的密集度和电路的可靠性大大提高，是电子式剩余电流动作保护装置的发展方向。

　　电子式剩余电流动作保护装置的主要特点是：灵敏度很高，动作电流可以设计到 5 mA；整定误差小，动作准确；容易取得动作延时，动作时间容易调节，便于实现分段保护。电子式剩余电流动作保护装置应用元件较多，结构比较复杂；由于电子元件承受冲击能力较弱，放大器与电流互感器之间宜装设相电压保护环节；当主电路缺相时，电子式剩余电流动作保护装置可能失去电源而丧失保护性能，为此，可以采用图 5-8 所示三相整流的电子式剩余电流动作保护装置或其他专门形式的剩余电流动作保护装置。

　　欧洲发达国家大部分采用电磁式 RCD。美国一般采用电子式 RCD，因电击危险大的手持式、移动式设备的插座回路电压为 115 V，发生间接接触电击时的接触电压最大不超过

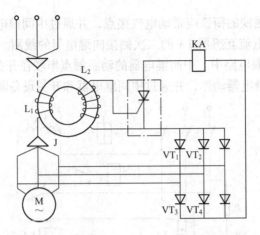

图 5-8 三相整流电子式剩余电流动作保护装置

50 V，所以即使采用电子式 RCD，人身安全仍能得到保证。我国插座回路电压为 220 V，发生间接接触电击时接触电压近百伏，而许多场所没有专业人员管理，也没有采取局部等电位联结之类的附加防护，采用电子式 RCD 难以保证人身安全。我国采用电子式 RCD 的原因是其制造工艺和材料的要求不高，售价较电磁式 RCD 低廉。

（3）按结构特征分类

1）开关型剩余电流动作保护装置。它是一种将电流互感器、中间环节和主开关组合安装在同一机壳内的开关电器，通常称为漏电开关或漏电断路器。其特点是：当检测到触电、漏电后，保护器本身即可直接切断被保护主电路的供电电源。这种保护器有的还兼有短路保护及过载保护功能。

2）组合型剩余电流动作保护装置。它是一种由漏电继电器和主开关通过电气连接组合而成的剩余电流动作保护装置。当发生触电、漏电故障时，由漏电继电器进行信号检测、处理和比较，通过其脱扣器或继电器动作，发出报警信号；也可通过控制触点去操作主开关切断供电电源。漏电继电器本身不具备直接断开主电路的功能。

（4）按安装方式分类

1）固定位置安装、固定接线方式的剩余电流动作保护装置。

2）带有电缆的可移动使用的剩余电流动作保护装置。

（5）按极数和线数分类

极数指切断线路的导线根数，有 1P + N、2P、3P 和 4P 等；线数指穿过互感器线圈的导线根数。按照主开关的极数和线数可将剩余电流动作保护装置分为单极二线剩余电流动作保护装置、二极剩余电流动作保护装置、二极三线剩余电流动作保护装置、三极剩余电流动作保护装置、三极四线剩余电流动作保护装置和四极剩余电流动作保护装置。

（6）按运行方式分类

1）不需要辅助电源的剩余电流动作保护装置。

2）需要辅助电源的剩余电流动作保护装置。此类中又分为辅助电源中断时可自动切断的剩余电流动作保护装置和辅助电源中断时不可自动切断的剩余电流动作保护装置。

（7）按动作时间分类

可将剩余电流动作保护装置分为快速动作型剩余电流动作保护装置、延时型剩余电流动作保护装置和反时限型剩余电流动作保护装置。

（8）按动作灵敏度分类

可将剩余电流动作保护装置分为高灵敏度型剩余电流动作保护装置、中灵敏度型剩余电流动作保护装置和低灵敏度型剩余电流动作保护装置。

5.3 剩余电流动作保护装置的主要技术参数

剩余电流动作保护装置的主要参数是剩余动作电流和动作时间。

1. 漏电动作性能的技术参数

（1）额定漏电动作电流

额定漏电动作电流是指在规定的条件下，剩余电流动作保护装置必须动作的漏电动作电流值。该值反映了剩余电流动作保护装置的灵敏度。

我国标准规定的额定漏电动作电流值为 6 A、10 A、16 A、20 A、25 A、32 A、40 A、50 A、63 A、80 A、100 A、125 A、160 A、200 A、250 A、315 A、400 A、500 A、630 A、700 A 和 800 A。其中，30 mA 及以下者属于高灵敏度，主要用于防止各种人身电击事故；30 mA 以上至 1000 mA 者属于中灵敏度，用于防止电击事故和漏电火灾；1000 mA 以上者属于低灵敏度，用于防止漏电火灾和监视单相接地事故。

（2）额定剩余不动作电流

额定剩余不动作电流是指在规定的条件下，剩余电流动作保护装置必须不动作的漏电不动作电流值。为了防止误动作，剩余电流动作保护装置的额定不动作电流不得低于额定动作电流的 1/2。

（3）剩余电流动作分断时间

剩余电流动作分断时间是指从突然施加漏电动作电流开始到被保护电路完全被切断为止的全部时间。为适应人身电击保护和分级保护的需要，剩余电流动作保护装置有快速型、延时型和反时限型三种。快速型适用于单级保护，用于直接接触电击防护时必须选用快速型的剩余电流动作保护装置。延时型剩余电流动作保护装置人为地设置了延时，主要用于分级保护的首端。反时限型剩余电流动作保护装置是配合人体安全电流－时间曲线而设计的，其特点是漏电电流越大，则对应的动作时间越小，呈现反时限动作特性。

快速型剩余电流动作保护装置动作时间与动作电流的乘积不应超过 30 mA·s。

我国标准规定剩余电流动作保护装置的动作时间见表 5-1 和表 5-2，表中额定电流 ≥40 A 的一栏适用于组合型剩余电流动作保护装置。

表 5-1　直接接触保护用的剩余电流动作保护装置的最大分断时间

$I_{\triangle n}$/A	I_n/A	最大分断时间/s		
		$I_{\triangle n}$	$2I_{\triangle n}$	0.25 A
0.006		5	1	0.04
0.010	任何值	5	0.5	0.04
0.030		0.5	0.2	0.04

表 5-2 间接接触保护用的剩余电流动作保护装置的最大分断时间

$I_{\triangle n}/A$	I_n/A	最大分断时间/s		
		$I_{\triangle n}$	$2I_{\triangle n}$	$5I_{\triangle n}$
>0.03	任何值	2	0.2	0.04
	只适用于≥40[①]	5	0.3	0.15

① 适用于由独立元件组装起来的组合式剩余电流动作保护装置。

延时型剩余电流动作保护装置延时时间的优选值为 0.2 s、0.4 s、0.8 s、1 s、1.5 s 和 2 s。

2. 其他技术参数

剩余电流动作保护装置的其他技术参数的额定值主要有：

1）额定频率为 50 Hz。

2）额定电压为 220 V 或 380 V。

3）额定电流（In）为 6 A、10 A、16 A、20 A、25 A、32 A、40 A、50 A、（60 A）、63 A、（80 A）、100 A、（125 A）、160 A、200 A 和 250 A（带括号值不推荐优先采用）。

3. 接通分断能力

剩余电流动作保护装置的接通分断能力应符合表 5-1 和表 5-2 的规定。

5.4 剩余电流动作保护装置的选用

选用剩余电流动作保护装置应首先根据保护对象的不同要求进行选型，既要保证在技术上有效，还应考虑经济上的合理性。不合理的选型不仅达不到保护目的，还会造成剩余电流动作保护装置的拒动作或误动作。正确合理地选用剩余电流动作保护装置，是实施漏电保护措施的关键。选用剩余电流动作保护装置应当考虑多方面的因素。

（1）防止电击

用于直接接触电击防护时，应选用额定动作电流为 30 mA 及其以下的高灵敏度、快速型剩余电流动作保护装置。在浴室、游泳池和隧道等电击危险性很大的场所，应选用高灵敏度、快速型剩余电流动作保护装置（动作电流不宜超过 10 mA）。

如果安装场所发生电击事故时，能得到其他人的帮助及时脱离电源，则剩余电流动作保护装置的动作电流可以大于摆脱电流；如果是快速型保护装置，动作电流可按心室颤动电流选取；如果是前级保护，即分保护前面的总保护，动作电流可超过心室颤动电流；如果作业场所得不到其他人的帮助及时脱离电源，则剩余电流动作保护装置动作电流不应超过摆脱电流。在触电后可能导致严重二次事故的场合，应选用动作电流为 6 mA 的快速型剩余电流动作保护装置。为了保护儿童或病人，也应采用动作电流在 10 mA 以下的快速型剩余电流动作保护装置。对于Ⅰ类手持电动工具，应视工作场所危险性的大小，安装动作电流为 10 ~ 30 mA 的快速型剩余电流动作保护装置。选择动作电流还应考虑误动作的可能性。

保护器应能避开线路不平衡的泄漏电流而不动作；还应能在安装位置可能出现的电磁干扰下不误动作。选择动作电流还应考虑保护器制造的实际条件。例如，由于纯电磁式产品的动作电流很难达到 40 mA 以下，而不应追求过高灵敏度的电磁式剩余电流动作保护装置。在多级保护的情况下，选择动作电流还应考虑多级保护选择性的需要，总保护宜装设灵敏度较低的或有少许延时的剩余电流动作保护装置。

（2）防止火灾

对木质灰浆结构的一般住宅和规模小的建筑物，考虑其供电量小、泄漏电流小的特点、并兼顾到电击防护，可选用额定动作电流为30 mA及其以下的剩余电流动作保护装置。

对除住宅以外的中等规模的建筑物，分支回路可选用额定动作电流为30 mA及其以下的剩余电流动作保护装置；主干线可选用额定动作电流为200 mA以下的剩余电流动作保护装置。

对钢筋混凝土类建筑，内装材料为木质时，可选用200 mA以下的剩余电流动作保护装置，内装材料为不燃物时，应区别情况，可选用200 mA到数安的剩余电流动作保护装置。

（3）防止电气设备烧毁

由于作为额定动作电流选择的上限，选择数安的电流一般不会造成电气设备的烧毁，因此，防止电气设备烧毁所考虑的主要是与防止电击事故的配合和满足电网供电可靠性问题。通常选用100 mA到数安的剩余电流动作保护装置。保护器应有较好的平衡特性，以避免在数倍于额定电流的堵转电流的冲击下误动作。对于电焊机，应考虑保护器的正常工作不受电焊的短时冲击电流、电流急剧的变化和电源电压的波动的影响。对于高频焊机，保护器还应具有良好的抗电磁干扰性能。

（4）其他性能的选择

对于连接户外架空线路的电气设备，应选用冲击电压不动作型剩余电流动作保护装置。对于不允许停转的电动机，应选用漏电报警方式，而不是漏电切断方式的剩余电流动作保护装置。

对于照明线路，宜根据泄漏电流的大小和分布，采用分级保护的方式。支线上用高灵敏度的剩余电流动作保护装置，干线上选用中灵敏度的剩余电流动作保护装置。

剩余电流动作保护装置的极线数应根据被保护电气设备的供电方式选择，单相220 V电源供电的电气设备应选用二极或单极二线式剩余电流动作保护装置；三相三线380 V电源供电的电气设备应选用三极式剩余电流动作保护装置；三相四线220 V/380 V电源供电的电气设备应选用四极或三极四线式剩余电流动作保护装置。

剩余电流动作保护装置的额定电压、额定电流和分断能力等性能指标应与线路条件相适应，其类型应与供电线路、供电方式、系统接地类型和用电设备特征相适应。

5.5　剩余电流动作保护装置的安装和运行

1. 剩余电流动作保护装置安装

（1）安装场所

剩余电流动作保护装置的防护类型和安装方式应与环境条件和使用条件相适应。

1）需要安装场所。带金属外壳的Ⅰ类设备和手持式电动工具，安装在潮湿或强腐蚀等恶劣场所的电气设备，建筑施工工地的电气施工机械设备，临时性电气设备，宾馆、饭店及招待所的客房内插座，机关、学校、企业、住宅等建筑物内的插座，电击危险性较大的民用建筑物内的插座，游泳池、喷水池或浴室类场所的水中照明设备，安装在水中的供电线路和电气设备，以及医院中直接接触人体的电气医疗设备（胸腔手术室除外）等均应安装剩余电流动作保护装置。

其他需要安装剩余电流动作保护装置的场所：有些电气装置或场所若发生漏电时，切断电源，将会造成严重事故或重大经济损失，应装设不切断电源的漏电报警装置。这些场所包括公共场所的通道照明及应急照明电源、消防用电梯及确保公共场所安全的电气设备的电源、消防设备（如火灾报警装置、消防水泵、消防通道照明等）的电源、防盗报警装置用电源，以及其他不允许突然停电的场所或电气装置的电源。

2）不需要安装场所。从防止电击的角度考虑，使用安全电压供电的电气设备、一般情况下使用的具有双重绝缘或加强绝缘的电气设备、使用隔离变压器供电的电气设备、采用了不接地的局部等电位联结安全措施的场所中使用的电气设备以及其他没有间接接触电击危险场所的电气设备可以不安装剩余电流动作保护装置。

3）不能安装场所。消防电气设备，是不允许装用剩余电流动作保护装置的，不能因为救火时发生接地故障，剩余电流动作保护装置切断电源而停止救火。医院的维持病人生命的医疗设备回路和外科手术设备回路不允许装用剩余电流动作保护装置，胸腔手术设备的正常泄漏电流仅允许 0.01 mA，发生接地故障时的故障电流仅允许 0.05 mA，剩余电流动作保护装置的动作灵敏度远不能满足这一要求。相反，它可能发生的误动却能导致供电中断引发医疗事故。

（2）安装要求

剩余电流动作保护装置的安装应符合生产厂家产品说明书的要求，应考虑供电线路、供电方式、系统接地类型和用电设备特征等因素。剩余电流动作保护装置的额定电压、额定电流、额定分断能力、极数、环境条件以及额定漏电动作电流和分断时间，在满足被保护供电线路和设备的运行要求时，还必须满足安全要求。

1）安装剩余电流动作保护装置前，应仔细检查其外壳、铭牌、接线端子、试验按钮和合格证等是否完好。应检查电气线路和电气设备的泄漏电流值和绝缘电阻值。所选用剩余电流动作保护装置的额定不动作电流应不小于电气线路和设备正常泄漏电流最大值的 2 倍。当电气线路或设备的泄漏电流大于允许值时，必须更换绝缘良好的电气线路或设备。当电气设备装有高灵敏度的剩余电流动作保护装置时，电气设备单独接地装置的接地电阻可适当放宽，但应限制预期的接触电压在允许范围内。安装剩余电流动作保护装置的电动机及其他电气设备在正常运行时的绝缘电阻值不应低于 0.5 MΩ。

2）安装剩余电流动作保护装置时，不得拆除或放弃原有的安全防护措施，剩余电流动作保护装置只能作为电气安全防护系统中的附加保护措施。剩余电流动作保护装置标有电源侧和负载侧，安装时必须加以区别，按照规定接线，不得接反。如果接反，会导致电子式剩余电流动作保护装置的脱扣线圈无法随电源切断而断电，以致长时间通电而烧毁。安装剩余电流动作保护装置时必须严格区分中性线和保护线。使用三极四线式和四极四线式剩余电流动作保护装置时，中性线应接入剩余电流动作保护装置。经过剩余电流动作保护装置的中性线不得作为保护线、不得重复接地或连接设备外露可导电部分。安装带有短路保护的漏电开关，必须保证在电弧喷出方向留有足够的飞弧距离。剩余电流动作保护装置不宜装在机械振动大或交变磁场强的位置。安装剩余电流动作保护装置应考虑到水、尘等因素的危害，采取必要的防护措施。

3）安装剩余电流动作保护装置后，原则上不能撤掉低压供电线路和电气设备的基本防电击措施，而只允许在一定范围内做适当的调整。

2. 剩余电流动作保护装置接线

剩余电流动作保护装置的接线必须正确。接线错误可能导致剩余电流动作保护装置误动作，也可能导致剩余电流动作保护装置拒动作。

接线前应分清剩余电流动作保护装置的输入端和输出端、相线和零线，不得反接或错接。输入端与输出端接错时，电子式剩余电流动作保护装置的电子线路可能由于没有电源而不能正常工作。

组合式剩余电流动作保护装置控制回路的外部连接线应使用铜导线，其截面积不应小于 $1.5\,\text{mm}^2$，连接线不宜过长。剩余电流动作保护装置负载侧的线路必须保持独立，即负载侧的线路（包括相线和工作零线）不得与接地装置连接，不得与保护零线连接，也不得与其他电气回路连接。在保护接零线路中，应将工作零线与保护零线分开；工作零线必须经过保护器，保护零线不得经过保护器，或者说保护装置负载侧的零线只能是工作零线，而不能是保护零线。剩余电流动作保护装置接线方式见表5-3。

表5-3　剩余电流动作保护装置接线方式

接线图　　极别 接地形式		单相（单极或双极）	三相	
			三线（三极）	四线（三极或四极）
TN	TN－C－S	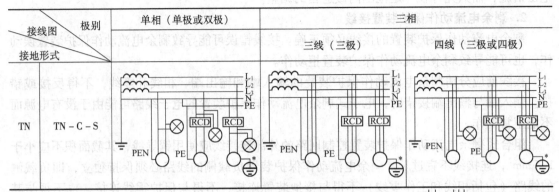		

注：1. L_1、L_2、L_3 为相线；N 为中性线；PE 为保护线；PEN 为中性线和保护线合一；⊗、○ 为单相或三相电气设备；⊗ 为单相照明设备；RCD 为剩余电流动作保护装置；⏚ 为不与系统中性接地点相连的单独接地装置，作保护接地用。

2. 单相负载或三相负载在不同的接地保护系统的接线方式图中，左侧设备为未装有剩余电流动作保护装置，中间和右侧为装有剩余电流动作保护装置的接线图。

3. 在 TN－C 系统中使用剩余电流动作保护装置的电气设备，其外露可接近导体的保护线应接在单独接地装置上而形成局部 TT 系统，如 TN－C 系统接线方式图中的右侧设备带 * 的接线方式。

4. TN－S 及 TN－C－S 接地形式中，单相和三相负荷的接线图的中间和右侧接线图为根据现场情况，可任选其一接地方式。

3. 误动作

误动作是指线路或设备未发生预期的触电或漏电时剩余电流动作保护装置误动作；拒动作是指线路或设备已发生预期的触电或漏电时剩余电流动作保护装置拒绝动作。误动作和拒动作是影响剩余电流动作保护装置正常投入运行、充分发挥作用的主要因素之一。

误动作的原因是多方面的，有来自线路方面的原因，也有来自保护器本身的原因。误动作的主要原因及分析如下：

1）接线错误。在 TN 系统中，除 PE 线外，N 线和 PEN 线都必须同相线一起穿过互感器铁心。如 N 线未与相线一起穿过保护器，一旦三相不平衡，保护器即发生误动作；保护器后方的零线与其他零线连接或接地，或保护器后方的相线与其他支路的同相相线连接，或负荷跨接在保护器电源侧和负荷侧，则接通负荷时，也都可能造成保护器误动作。

广泛采用的三相四线制接地电网中，动力和照明是由同一台变压器供电的。三相负荷由三根相线供电；单相负荷由一根相线和一根零线供电。如图 5-9 所示，如果单相负荷不平衡，将会产生不平衡电流。如果没有重复接地（即图中的 R_c），由于 I_1、I_2、I_3 和 I_0 都穿过电流互感器的铁心，且 $I_1 + I_2 + I_3 + I_0 = 0$，互感器二次侧不产生动作信号，保护装置不动作。如果有了重复接地，则另有一部分电流 I_Δ 经 R_c 和 R_0 构成回路，以致 $I_1 + I_2 + I_3 + I_0 \neq 0$。这种情况虽然是正常的，而且 I_Δ 也可能很小，但是，I_Δ 的出现足以引起保护装置误动作。因此，安装电源总的漏电保护时，中性线上不得装设重复接地。

2）绝缘恶化。保护器后方一相或两相对地绝缘破坏，或对地绝缘不对称降低，都将产生不平衡的泄漏电流，导致保护器误动作。

3）冲击过电压。带感性负载的低压线路分断时，可能产生 10 倍额定电压的过电压冲击，并沿对地绝缘阻抗形成不平衡的冲击泄漏电流，造成保护器误动作。对于电子式剩余电流动作保护装置，电子线路电源电压的急剧升高，也可能造成其误动作。为此，可采用冲击

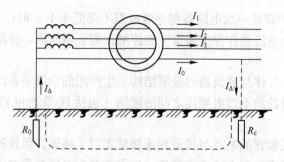

图 5-9 电流型总保护图

不动作型剩余电流动作保护装置或适当提高保护装置的动作电流。类似地，当高压侧电压意外窜入低压侧时，以及在线路上出现雷电过电压时，保护装置也可能动作。当然，这种动作有时是必要的。

4）不同步合闸。发生不同步合闸时，首先合闸的一相可能产生足够大的泄漏电流，使保护器误动作。

5）大型设备起动。大型设备的堵转电流很大，如保护器内电流互感器的平衡特性不好，则起动时互感器一次侧的漏磁可能造成保护器误动作。

6）偏离使用条件。环境温度、相对湿度和机械振动等超过保护器设计条件时可造成其误动作。

7）保护器质量低劣。元件质量不高或装配质量不高均会降低保护器的可靠性和稳定性，并导致误动作。

8）附加磁场。如保护器屏蔽不好，或附近装有流经大电流的导体，或装有磁性元件或较大的导磁体，均可能在互感器铁心中产生附加磁通导致误动作。

4. 拒动作

拒动作比误动作少见，但拒动作造成的危险性比误动作大。

拒动作的主要原因有：

1）接线错误。用电设备外壳上的保护线（PE 线）接入保护器将导致设备漏电时拒动作。

2）动作电流选择不当。保护器动作电流选择过大或整定过大将造成保护器拒动作。

3）产品质量低劣。互感器二次回路断路、脱扣元件黏合等质量缺陷均可造成保护器拒动作。

4）线路绝缘阻抗降低或线路太长。由于部分电击电流不沿配电网工作接地或保护器前方的绝缘阻抗，而沿保护器后方的绝缘阻抗流经保护器返回电源，将导致保护器拒动作。

5. 使用和维护

运行中的剩余电流动作保护装置外壳各部及其上部件、连接端子应保持清洁，完好无损。连接应牢固，端子不应变色。开关操作手柄应灵活、可靠。

剩余电流动作保护装置安装完毕后，应操作试验按钮检验其工作特性，确认可以正常动作后才允许投入使用。使用过程中也应定期用试验按钮试验其可靠性。为了防止烧坏试验电阻，不宜过于频繁地试验。

运行中剩余电流动作保护装置外壳胶木件最高温度不得超过 65℃，外壳金属件最高温度不得超过 55℃。保护装置一次电路各部绝缘电阻不得低于 1.5 MΩ。

如果运行中的剩余电流动作保护装置突然掉闸，需查明原因，排除故障后再合闸送电。

6. 等电位联结

等电位联结指保护导体与建筑物的金属结构、生产用的金属装备以及允许用作保护线的金属管道等用于其他目的的不带电导体之间的联结（包括 IT 系统和 TT 系统中各用电设备金属外壳之间的联结）。

在飞机上将其电气装置的某点与机身相连接就实现了接地，但这种连接同时也实现了与机身的等电位联结。同样，在大地上作接地，也可理解为电气装置与大地这个巨大的导体作等电位联结。因此，就这个概念而言，两者是等同的。两者也有不同处，例如，接大地可以对大地泄放雷电流和静电荷，而与大地绝缘的等电位联结则不能。按 IEC 标准等电位联结和接地是两个独立的电气安全性和功能性举措，通常的接地是在大地上作等电位联结，而在建筑物内，等电位联结往往也同时实现了有效的接大地。

保护导体干线应接向总开关柜。总开关柜内保护导体端子排与自然导体之间的联结称为总等电位联结。总开关柜以下，如采用放射式配电，则保护导体作为支线分别接向用电设备或配电箱（配电箱以下都属于支线）；如采用树干式配电，应从总开关柜上引出保护导体干线，再从该干线向用电设备或配电箱引出保护支线。对于用电设备或配电箱，如其保护接零难以满足速断要求，或为了提高保护接零的可靠性，可将其与自然导体之间再进行联结，这一联结称为局部等电位联结或辅助等电位联结。等电位联结的组成如图 5-10 所示。

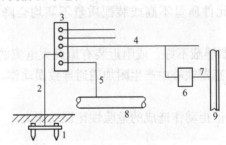

图 5-10　等电位联结

1—接地体　2—接地线　3—保护导体端子排　4—保护导体　5—主等电位连接导体
6—装置外漏导电部分　7—局部等电位连接导体　8—可连接的自然导体　9—装置以外的接零导体

保护性等电位联结就其联结的范围分为

（1）总等电位联结

将建筑物内下列部分在电源进线处相互连接而形成的等电位联结，如图 5-11 所示。

1）电源进线箱内 PE 母排，各电气设备的外露可导电部分通过连接 PE 线而实现等电位联结，不必另接联结线。

2）接地装置的接地母排。

3）各类公用设施的金属管道，例如燃气管、水管等。

4）可连接的金属构件、集中采暖和空调的干管。

5）电缆的金属外皮（电话电缆外皮的联结，须征得电缆业主或管理人员的同意）。

6）外部防击装置的引下线。

就防电击而言，总等电位联结比接大地有更好的减少电位差的效果。

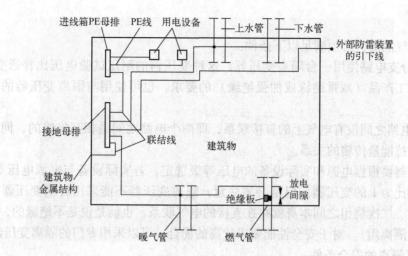

图 5-11　建筑物内的总等电位联结示意图

（2）辅助等电位联结

将人体可同时触及的可导电部分连通的联结，用以消除两不同电位部分的电位差引起的电击危险。

（3）局部等电位联结

视具体情况，将局部范围内的、可同时触及的可导电部分互相连通的联结。在具备总等电位联结条件下，可在局部范围内进一步降低接触电压至接触电压限值以下。

总等电位联结导体的最小截面不得小于最大保护导体的 1/2，不得小于 6 mm²；如铜线也不需大于 25 mm²。两台设备之间局部等电位联结导体的最小截面不得小于两台设备保护导体中较小者的截面。设备与设备外导体之间的局部等电位联结线的截面不得小于该设备保护零支线的 1/2。

通过等电位联结可以实现等电位环境。等电位环境内可能的接触电压和跨步电压应限制在安全范围内。采用等电位环境时，应采取防止环境边缘处危险跨步电压的措施，并应考虑防止环境内高电位引出和环境外低电位引入的危险。

7. 电气隔离

电气隔离防护的主要要求之一是被隔离设备或电路必须由单独的电源供电。这种单独的电源可以是一个隔离变压器，也可以是一个安全等级相当于隔离变压器的电源。通常电气隔离是指采用电压比为 1∶1，即一次侧与二次侧电压相等的隔离变压器，实现工作回路与其他电气回路上的电气隔离。

（1）电气隔离的安全原理

电气隔离实质上是将接地的电网转换为一范围很小的不接地电网。

如图 5-12 所示为电气隔离的原理图。分析图中 a、b 两人的触电危险性可以看出：正常情况下，由于 N 线（或 PEN 线）直接接地，使流经 a 的电流沿系统的工作接地和重复接地构成回路，a 的危险性很大；而流经 b 的电流只能沿绝缘电阻和分布电容构成回路，电击的危险性可

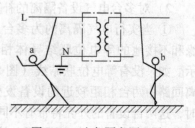

图 5-12　电气隔离原理图

105

以得到抑制。

要实行电气隔离，必须满足以下条件：

1）每一分支电路使用一台隔离变压器，这种变压器的耐压试验电压比普通变压器高，应符合Ⅱ级电工产品（双重绝缘或加强绝缘）的要求，也可使用与隔离变压器的绝缘性能相等的绕制。

2）两个电路之间没有电气上的直接联系，即两个电路之间是相互绝缘的，同时还要保证两个电路维持能量传输的关系。

隔离变压器要根据电源和实际设备的电压等级选定，若实际设备与电源电压等级相同，可以采用变压比为1的变压器。但是必须注意，隔离变压器不能采用自耦变压器（因为自耦变压器的一、二次绕组之间本身就存在直接的电气联系，也就是说是不绝缘的，因此不能用来作为电气隔离用）。对于安全性能要求较高的场合，可以采用专门的隔离变压器。

（2）电气隔离的安全条件

单独的供电电源有的仅对单一设备供电，有的同时对多台设备供电。对这两种情况，从安全条件上有其通用的要求，也有各自的特殊要求。

通用要求如下：

1）电气上隔离的回路，其电压不得超过500 V交流有效值。

2）电气上隔离的回路必须由隔离的电源供电。使用隔离变压器供电时，隔离变压器必须具有加强绝缘的结构，其温升和绝缘电阻要求与安全隔离变压器相同。最大容量为单相变压器不得超过25 kV·A、三相变压器不得超过40 kV·A。

3）被隔离回路的带电部分保持独立，严禁与其他电气回路、保护导体或大地有任何电气连接。应有防止被隔离回路发生故障接地及窜入其他电气回路的措施。

4）软电线电缆中易受机械损伤的部分的全长均应是可见的。

5）被隔离回路应尽量采用独立的布线系统。

6）隔离变压器的二次侧线路电压过高或线路过长都会降低回路对地绝缘水平。因此，必须限制二次电压和二次侧线路长度，电压与长度的乘积不应超过100000 V·m。此时，布线系统的长度不应超过200 m。

特殊要求如下：

1）对单一电气设备隔离的补充要求。当实行电气隔离的为单一电气设备时，设备的外露可导电部分严禁与系统或装置中的保护导体或其他回路的外露可导电部分连接，以防止从隔离回路以外引入故障电压。若设备的外露可导电部分易于与其他回路的外露可导电部分形成接触，则触电防护就不应再依赖于电气隔离，而必须采取电击防护措施，例如实行以外露可导电部分接地为条件的自动切断电源的防护。

2）对多台电气设备隔离的补充要求。

① 当实行电气隔离的为多台电气设备时，必须用绝缘和不接地的等电位联结导体相互连接，如图5-13所示。如果没有等电位联结线（图5-13中的虚线），当隔离回路中两台相距较近的设备发生不同相线的碰壳故障时，这两台设备的外壳将带有不同的对地电压。当有人同时触及这两台设备时，则承受的接触电压为线电压，具有

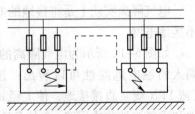

图5-13 电气隔离的等电位联结

相当大的危险性。还须注意，等电位联结导体严禁与其他回路的保护导体、外露可导电部分或任何可导电部分连接。

② 回路中所有插座，必须带有供等电位联结用的专用插孔。

③ 除了为Ⅱ类设备供电的软电缆之外，所有软电缆都必须包含一根用于等电位联结的保护芯线。

④ 设置自动切断供电的保护装置，用于在隔离回路中两台设备发生不同相线的碰壳故障时，按规定的时间自动切断故障回路的供电。

案例分析

案例 5-1 拆除 RCD，搅拌机操作手电击死亡

【事故经过】

居民建房，到供电局办理了临时用电手续，并签订了《临时用电安全协议》，该局施工班按规程为居民安装并通电。建房期间，剩余电流动作保护装置不断跳闸，无法施工，混凝土搅拌机操作手认为该剩余电流动作保护装置妨碍用电，于是建筑包工头自己动手，拆除了剩余电流动作保护装置，继续用电。混凝土搅拌机操作手虽感觉到有麻电现象，但没有在意，在往混凝土搅拌机内倒水泥时不幸触电，经抢救无效死亡。

【事故原因】

经供电人员到达现场检查，漏电为混凝土搅拌机电源进线口处橡皮圈脱落，造成导线与设备外壳摩擦破皮所致。但造成人员伤亡的原因却是多方面的。

1）建房人没有将《临时用电安全协议》交给建筑包工头，也没有讲明安全协议和要求。

2）包工头缺乏用电常识，在剩余电流动作保护装置跳闸的情况下，未检查设备绝缘是否存在问题，是否漏电，私自拆除剩余电流动作保护装置，使剩余电流动作保护装置失去保护作用。

3）混凝土搅拌机操作手感觉到有漏电现象却麻痹大意，既不向有关人员说明情况，又不检查漏电原因，最终导致了事故的发生。

案例 5-2 电工拆除 RCD，工人电击死亡

【事故经过】

在大厦工地，操作工发现潜水泵开动后，剩余电流动作保护装置动作，便要求电工把潜水泵电源线不经剩余电流动作保护装置，直接接上电源，起初电工没有答应，但在操作工多次要求下照办。潜水泵再次起动后，电工拿一条钢筋欲挑起潜水泵检查是否沉入泥里，当挑起潜水泵时，即触电倒地，经抢救无效死亡。

【事故原因】

1）操作工毫无电气安全知识，在电工劝阻的情况下，仍要求将潜水泵电源线直接接到电源，同时，在明知漏电的情况下用钢筋挑动潜水泵，违章作业是造成事故的直接原因。

2）电工在操作工的多次要求下违章接线，明知故犯，留下严重的事故隐患，是事故发生的重要原因。

【预防措施】

1）加强培训。操作工知道剩余电流动作保护装置动作了，影响他的工作，但显然不知道漏电会危及他人安全，不知道在漏电的情况下，用钢筋挑动潜水泵会导致丧命。

2）明确规定并落实特种作业人员的安全生产责任制。电工有一定的安全知识，开始时不肯违章接线，但经不起同事的多次要求，明知故犯，违章作业，留下严重的事故隐患，没有负起应有的安全责任。特种作业危险因素多，危险程度大，不仅危及操作者本人的生命安全，还危害到其他作业人员人身安全。

3）建立事故隐患的报告和处理制度。剩余电流动作保护装置动作，表明事故隐患存在，操作工报告电工处理是应该的，但不应该只是要求电工将电源线不经剩余电流动作保护装置接到电源上。电工知道漏电，应该检查原因，消除隐患，决不能贪图方便。

案例 5-3　安装 RCD 后，仍发生事故

深圳市城中村 502 房浴室内安装了排气式燃气热水器，发生触电事故致使用者死亡。该燃气热水器使用液化石油气，内部安装有风机进行排气，使用电源为 220 V、50 Hz，并带有漏电保护插头。

东莞黄江镇有人触电身亡。事故地淋浴间，安装有一台标识有品牌的电热水器，该热水器安装在住宅楼四楼的淋浴间内，带有漏电保护插头。热水器后方没有布线，也未发现热水器挂钩损害布线的现象。该楼层装有漏电保护开关。

十岁男孩使用某品牌电热水器触电身亡。电热水器安装在二楼的淋浴间内，为储水式电热水器，带有漏电保护插头。

增城市发生一起使用电热水器触电死亡事故，造成一人死亡。电热水器安装于浴室墙上，并带有漏电保护插头，插头插入墙上的固定式插座，插座面板无水迹。热水器进水管及出水花洒软管外表均为金属，浴室内供电线路无损坏痕迹。

中山市东区一名学生在洗澡期间发生触电昏迷。电热水器安装在浴室墙上，带漏电保护插头，使用的电源插座已被拆下。后来经专家组勘验，发现安装在四楼浴室门旁小电箱内最靠右边（面对电箱）塑壳断路器接线错误，将相线连接到房间的保护接地线上。在该塑壳断路器接通电源时，造成三楼浴室金属水管带电，是产生触电事故的主要原因。

【案例分析】

以上五个案例有三个共同的特点：

1）触电事故均发生在人员洗澡期间，人体皮肤表面有水，电阻低。

2）不管是强排式燃气热水器，还是电热水器，所有发生事故的热水器本身带有漏电保护插头。

3）事故的漏电保护插头按照标准检测，均符合标准的要求。

同一户家庭，除了安装了电热水器，还有电饭锅、电风扇等其他电器，整个房子的接地线相连通。如果电饭锅出现故障，其相线与接地线发生短路。假设该户家庭和整个楼层及整栋建筑物的总电源均未安装漏电开关，则此时带接地的电热水器等 I 类电器的接地金属部件均带电。当使用电热水器进行淋浴时，将会发生"电饭锅相线—接地线—人体—大地"的漏电流，由于该漏电流并非由电热水器的相线引起，电热水器"相零"之间电流保持平衡，漏电保护插头的一次线圈不产生剩余电流，因此漏电保护插头不会跳闸，此时就会发生触电事故。

一栋三层建筑物采用三相五线制供电，整个建筑物的接地线相连通。每层楼有多个单元，各楼层用电相对均衡，为了平衡，一楼为 U–N–PE，二楼为 V–N–PE，三楼为 W–N–PE。如果一楼有一样电器漏电，如电饭锅漏电，假设一楼与总开关都没有安装漏电开关，在三楼使

用电热水器洗澡的某用户将存在触电危险，即使三楼总电源和该单元用户家庭总电源都安装了漏电开关，电热水器也带有漏电保护插头。具体的漏电通路为：当一楼的电饭锅漏电，此时在共同连通的接地线上产生了电压，由于一楼没有安装漏电开关，因此一楼不会跳闸。这时，当三楼的用户使用电热水器进行淋浴时，将产生"U相—接地线—人体—大地"的漏电流。即使三楼总电源和该单元用户家庭总电源都安装了漏电开关，电热水器也带有漏电保护插头，但由于该漏电流不是由三相的W相引起，三楼总电源和该单元用户家庭总电源的漏电开关、电热水器的漏电保护插头"相零"之间电流仍然保持平衡，漏电开关及漏电保护插头的一次线圈均不产生剩余电流，因此都不会跳闸，此时使用电热水器淋浴的用户就会发生触电事故。

案例5-4　非焊工因无防护焊把，漏电死亡

【事故经过】

7月7日18时50分，电厂修配工地二级车工A打完球洗澡后，脚穿布底鞋，光着上身来到工作平台（非本人作业时间），拿起一个电焊面罩，站在焊工B背后看他施焊。过了一会，车工A说："你焊得不好，给哥们，看我焊的!"焊工B从背后把焊把递给车工A，车工A接过焊把就倒在了平台上，脸朝上，右手拿着的焊把贴在左胸，急送卫生所抢救，发现左胸有灼伤痕迹，电流击穿心脏，抢救无效死亡。

【事故原因】

1）非焊工施焊，且未穿戴个人防护用品（未戴焊工手套，未穿工作服、绝缘鞋），是造成触电事故的主要原因。

2）电焊把根部接头漏电是事故发生的直接原因。

3）焊工把自己的工具给非焊工操作，违反劳动纪律，是发生事故的原因之一。

【预防措施】

1）工器具在使用前必须进行检查，有缺陷不得使用。

2）非焊工不得从事焊接作业。

3）焊接作业必须正确使用个人防护用品。

案例5-5　电风扇漏电，发生触电事故

【事故经过】

7月15日上午11时35分左右，油田盐硝厂维修钳工在检修完码垛机返回维修工房途中，经过硝包装生产线时，停在电风扇前吹风降温。在用双手握住电风扇立杆准备调整风扇方向时，发生触电，仰面倒地，电风扇随之倒下并压在其身上。附近其他职工发现后，立即断开电扇电源，迅速进行现场抢救并送医院救治。13时20分，钳工经抢救无效死亡。

【事故原因】

（1）直接原因

该电风扇原来长期在盐库使用，由于密封不严，盐粉尘微粒进入电风扇电动机内，加上雨前空气湿度较大，使电动机绕组与电动机外壳通过潮湿的盐尘形成回路，导致电风扇外壳带电。钳工又刚工作完，身体出汗多，在用双手握住风扇立杆的瞬间，遭受电击摔倒，电风扇随其倒下，压在胸前，瞬时大量电流通过心脏，导致呼吸心搏骤停死亡。

（2）主要原因

企业管理不到位，安装移动式电风扇时没有装设接地线和剩余电流动作保护装置，电风

扇没有定期检查，存在安全隐患等。

案例 5-6 低压配电系统中，漏电的危害性及预防措施

在近年来的电气事故中，由低压配电系统漏电所引起的事故占 50% 以上，而此类电气事故的直接后果，绝大多数是引起火灾。电气火灾产生的因素很多，如短路、过负荷、漏电和电气设备引燃可燃物等。相比之下，由于系统漏电产生的火灾比短路等因素引起的火灾更具有隐蔽性，危害性更大，后果也更严重。

（1）低压配电系统漏电产生的原因

电气设备或线路在运行过程中，由于本身绝缘损伤，在一定环境下会使靠近的物体带电，如穿线金属管、电气设备金属外壳和潮湿物品等，系统漏电一旦发生，将会产生电气火花、电弧、系统过热，甚至会发生严重的或致命的触电事故。其实电气系统漏电并不陌生，在实际工作中已采取多种措施加以防范，目前在低压系统中多采用接零保护及过电流保护装置（熔断器等）来防止漏电短路的情况发生。

当电气设备发生漏电即接触金属外壳短路时，电流将通过设备外壳、保护接零线和零线（大地）连成闭合回路，通常情况下这时漏电电流将很大，会使熔断器动作而切断电源，似乎这种漏电情况是可以避免的。但是由于种种原因的存在，使过电流保护装置并不绝对可靠：

1）实际运行中熔断器规格被人为加大数倍或被铜丝代替，起不到过电流保护作用。

2）电故障点可能发生在系统足够远的末端，故障回路阻抗较大，造成漏电电流较小不足以令熔断器动作。

3）电气设备容量够大，熔体额定电流超过漏电电流时，熔断器不会动作。

4）接地装置不符合要求，接地电阻较大，导致漏电电流较小也不会使熔断器动作。

5）当采用过电流断路器时，开关失灵或脱扣电流设置过大，断路器不动作。

6）保护接零（接地）线的接线端子连接不牢，造成接触电阻过大，限制了故障电流，致使熔断器不动作。

（2）漏电引起火灾的原因

1）漏电电流引起火灾。通常情况下漏电点会接触不牢，似接非接，导致接触电阻较大，过电流保护装置难以动作，同时故障点处会产生电弧，据测，仅 0.5 A 电流的电弧温度可达 2000℃ 以上，足以引燃周围可燃物。保护零线或保护地线的线径大小容易被忽视，如果选择过小，当较大的漏电电流通过时，线路温升较快，同样也能引起火灾。日本秋田大学电气工程系的教授曾做过试验：在潮湿环境下，当带电裸导线接触木材，泄漏电流流经它的表面纤维素时，会使木材炭化发展成火灾事故。这个试验提醒我们，电气线路经穿管保护经过可燃物时是十分危险的，这种危害性存在于所有的配电系统中。

2）保护零线或保护地线的接线端子接触不良，引起漏电火灾。相线与零线接线端子接触不良，设备运行不正常，通常我们都会及时发现并处理，而保护零线或地线的接线端子连接不牢，电阻过大，设备仍能正常运行。一旦发生漏电，由于故障点接头太松或腐蚀，出现高阻，造成局部过热，连接端子处产生高温或电弧，能够引燃周围可燃物，这是较为常见的漏电起火原因。

3）漏电电压持续发生后，由于电流不能及时流散而寻找阻抗小的另一回路通地，电流沿保护接零线传导使所有与之相连的电气装置金属外壳带有对地电压，这时就可能使邻近设备、管道和金属构件飞弧成为起火源，仅 20V 的维持电压就可使电弧连续发生，同样能点燃周围可燃物。如果向煤气管道飞弧，就有可能击穿管壁，造成煤气泄漏引起火灾。需要说明的是，由于电压的传导，漏电点与起火点不一定一致。

（3）造成漏电的因素

造成漏电的因素很多，主要有：

1）低压配电系统的安装多是非电气专业人员，素质参差不齐，其工作质量难以保证，主要表现在：潮湿或有酸碱腐蚀的环境中，电线明设，设备未作保护直接安装；布线时所用工具损伤绝缘层；导线接头处连接质量或绝缘包扎质量不符合要求等。

2）电气设备或线路疏于检查，因过负荷或使用年限较长致使绝缘劣化。

3）电气产品质量低劣。

4）外界因素，如水分浸入、挤压和鼠咬等。

（4）预防措施

1）严格按照低压电气装置操作规程办事，非电气专业人员一律不准上岗，杜绝造成漏电的各类人为因素。

2）装饰装修工程严格执行建筑内部装修设计防火规范，不用或尽量少用易燃可燃材料，特别是在有电气线路通过可燃物时，应穿金属管或难燃硬塑料管保护；采用金属管布线时，一定要防止绝缘层被损伤。配电装置和用电设备与可燃物之间应保持足够的安全距离，确实分不开的，应做好隔热保护措施。

3）装设剩余电流动作保护装置。现行的低压系统中设置的保护接零和过电流保护等措施不能完全有效地防止漏电火灾的发生，因此，在建筑物电源总进线处应设置专用于防火的剩余电流动作保护装置。《低压配电设计规范》对此也作了明确要求。为防止大面积停电，在电源总配电箱和用户开关箱中应分别设置剩余电流动作保护装置，其额定动作电流和额定动作时间应合理配置，使之具有分级保护的功能。

4）保护措施。保护接零和保护接地线的截面选择必须经过计算确定，并用碰壳短路电流校核。其接线端子必须可靠连接，不允许有松动，并要经常检查其连接质量。

5）接地电阻值应符合设计要求。电气设备的保护接地电阻值不应超过 4 Ω，如用电设备的容量较大，熔体熔断电流也较大时，应增大接地线截面或并联接地体以充分减小接地电阻值，增大漏电短路电流，有利于保护装置动作。

6）实施等电位联结。剩余电流动作保护装置对于单相 220 V 线路只提供间接接触保护，同时还存在因机件磨损、接触不良、质量不高和寿命较短等因素而导致动作失灵的种种隐患，不能单独成为一种可靠的保护措施，因此应实施等电位联结，才能有效消除漏电的电气线路或设备与低电位的金属构件之间电弧、电火花的产生，即消除漏电电压引起火灾的可能。等电位联结是指将保护接零总线与建筑物的总水管、总煤气管和暖气管等金属管道或装置用导线联结的措施，以达到均衡建筑物内电位的目的，尤其是对易燃易爆场所更有其不可替代的作用。

思考题

1. 剩余电流动作保护装置分为哪两类？说明其基本原理。

2. 电压型剩余电流动作保护装置可适用于哪些范围？检测继电器的接地线和接地体为什么要与设备的接地线与接地体分开？动作电压应在什么范围内选取？

3. 剩余电流动作保护装置的动作电流和动作时间一般在什么范围内取值？

4. 剩余电流动作保护装置发生误动作和拒动作的原因有哪些？

5. 剩余电流动作保护装置在使用和维护中有哪些注意事项？

6. 哪些场合应安装不切断电源的漏电报警装置？

第6章 电气防火防爆

火灾和爆炸事故容易导致人身伤亡和设备损坏事故。电气火灾和爆炸事故在火灾和爆炸事故中占有很大的比例,仅就电气火灾而言,不论是发生频率还是所造成的经济损失,在火灾中所占的比例都有上升的趋势。据公安部消防局统计,2015年,从已查明原因的火灾看,有10.2万起火灾是由于违反电气安装使用规定引发的,占总数的30.1%,尤其是较大火灾中有56.7%是由于电气原因引发,2起重大火灾和1起特别重大火灾则全部是由电气原因引发。

很多生产场所都会产生某些可燃性物质。据有关资料,化学工业中,约有80%以上的生产车间区域存在爆炸性物质,在石油开采现场和精炼厂约有70%的场所属于爆炸危险性环境。

配电线路、高低压开关电器、熔断器、插座、照明器具、电动机和电热器具等电气设备均可能引起火灾。电力电容器、电力变压器、电力电缆和多油断路器等电气装置除可能引起火灾外,本身还可能发生爆炸。电气火灾火势凶猛,如不及时扑灭,势必迅速蔓延。电气火灾和爆炸事故除可能造成人身伤亡和设备损坏外,还可能造成大规模或长时间停电,给国家财产造成重大损失。

6.1 电气引燃源

电气装置运行中产生的危险温度和电火花(及电弧)是引发可燃物火灾和爆炸的两种基本引燃源,称为电气引燃源。至于雷电和静电也会构成引燃源,分别在后两章予以详细介绍。

6.1.1 危险温度

电气设备及线路运行时总伴随着产生一定的热效应,引起电气设备某部分与周围介质产生温度差,称为温升。就原因而言,首先,导体总是有电阻的,当电流通过导体时,必然要消耗一定的电能,其大小为

$$\Delta W = \int_{t_1}^{t_2} i^2(t) R \mathrm{d}t \tag{6-1}$$

式中 ΔW——在 $t_1 \sim t_2$ 时间段内导体上消耗的电能,单位为 J;

$i(t)$——流过导体的电流,单位为 A;

R——导体的电阻,单位为 Ω。

这部分电能转换为热能,使电气设备和周围空气温度升高。其次,对于电动机、变压器等电气设备,由于使用了铁心,交变电流的交变磁场在铁心中产生磁滞损耗和涡流损耗,使铁心发热,温度升高。铁心磁通密度越高,电流频率越高,铁心钢片厚度越大,这部分热量就越大。一般电气设备用电工钢片在磁通密度为1T、频率为50Hz的条件下,单位质量的功率损耗为1~2W/kg。

此外，有机械运动的电气设备由于摩擦会引起发热，电气设备的漏磁、谐波也会引起发热等，这些都会使温度升高。

电气设备和线路在正常运行时，其发热与散热平衡，最高温度和最高温升都不会超过允许范围。当电气设备的正常运行遭到破坏时，发热量增加，温度升高，出现危险温度，在一定条件下即可能引起火灾。

引起电气设备及线路过度发热的不正常运行大体有以下几种情况：

（1）短路

短路就是指不同电位的导电部分包括导电部分对地之间的低阻性短接。发生短路时，线路中电流增大为正常时的数倍乃至数十倍，由于载流导体来不及散热，温度急剧上升，除对电气线路和电气设备产生危害外，还形成危险温度。短路的暂态过程会产生很大的冲击电流，在其流过设备的瞬间将产生很大的电动力，造成电气设备损坏。

在三相供电系统中，可能发生的短路形式有三相短路、两相短路和单相短路。其中三相短路和两相短路属于相间短路，发生的情况相对较少。相间短路一般能够产生较大的短路电流，该短路电流使过电流保护装置动作，及时切断电源，较少发生电弧性短路，因此较少发生电气火灾。单相短路是电气系统中最常见的短路形式（占70%～80%），电气火灾多是由于供电线路单相短路造成的。单相短路的主要形式是单相接地短路，可分为金属性短路和电弧性短路。金属性短路因其短路电流大，过电流保护装置在短路电流的作用下短时间内能够切断电源，故起火的危险并不大。而电弧性短路由于故障点接触不良，未被熔融而迸发出电弧或电火花。由于发生电弧性短路的故障点阻抗较大，它的短路电流并不大，过电流保护装置难以动作，从而使电弧持续存在。值得注意的是，略大于0.5A的电流产生的电弧温度即可高达2000～3000℃，足以引燃任何可燃物，并且维持电弧的电压低至20V时仍可使电弧连续稳定存在。这种短路电弧引发的火灾占电气火灾的一半以上。

造成短路的原因有：电气设备安装和检修中的接线和操作错误，可能引起短路；运行中的电气设备或线路发生绝缘老化、变质，或受过度高温、潮湿、腐蚀作用，或受到机械损伤等而失去绝缘能力，可能导致短路；由于外壳防护等级不够，导电性粉尘或纤维进入电气设备内部，也可能导致短路；因防范措施不到位，小动物、霉菌及植物等也可能导致短路；由于雷击等过电压、操作过电压的作用，电气设备的绝缘可能遭到击穿而短路。

（2）过载

所谓过载，是指电气设备或导线的功率和电流超过了其额定值。造成过载的原因有以下几个方面：

1）电气线路或设备设计选型不合理，或没有考虑足够的裕量，以致在正常使用情况下出现过热。

2）电气设备或线路使用不合理，负载超过额定值或连续使用时间过长，超过线路或设备的设计能力，由此造成过热。

3）设备故障运行会造成设备和线路过载，如三相电动机单相运行或三相变压器不对称运行均可能造成过载。

4）电气回路谐波能使线路电流增大而过载。如三相四线制电路的三次及其奇数倍（9次、15次谐波等）谐波电流会引起中性线过载危险。产生三次谐波的设备主要有节能灯、荧光灯、计算机、变频空调、微波炉、镇流器、焊接设备和UPS电源等。如节能荧光灯，因灯管内电弧的负阻特性，产生的谐波电流主要为三次谐波电流。

电气设备或导线的绝缘材料，大都是可燃材料。属于有机绝缘材料的有油、纸、麻、丝和棉的纺织品、树脂、沥青、漆、塑料和橡胶等。只有少数属于无机材料，例如陶瓷、石棉和云母等是不易燃材料。过载使导体中的电能转变成热能，当导体和绝缘物局部过热，达到一定温度时，就会引起火灾。我国不乏这样的惨痛教训：电线电缆上面的木装板被过载电流引燃，酿成商店、剧院和其他场所的巨大火灾。

（3）漏电

电气设备或线路发生漏电时，因其电流一般较小，不能促使线路上熔断器的熔丝动作。一般当漏电电流沿线路比较均匀地分布，发热量分散时，火灾危险性不大。而当漏电电流集中在某一点时，可能引起比较严重的局部发热，引燃成灾。

（4）接触不良

电气线路或电气装置中的电路连接部位是系统中的薄弱环节，是产生危险温度的主要部位之一。

电气接头连接不牢、焊接不良或接头处夹有杂物，都会增加接触电阻而导致接头过热。刀开关、断路器、接触器的触头和插销的触点等，如果没有足够的接触压力或表面粗糙不平等，均可能增大接触电阻，产生危险温度。对于铜、铝接头，由于铜和铝的理化性能不同，接触状态会逐渐恶化，导致接头过热。

（5）铁心过热

对于电动机、变压器和接触器等带有铁心的电气设备，如果铁心短路（片间绝缘破坏）或线圈电压过高，涡流损耗和磁滞损耗将增加，使铁损增大，造成铁心过热并产生危险温度。

（6）散热不良

电气设备在运行时必须确保具有一定的散热或通风措施。如果这些措施失效，如通风道堵塞、风扇损坏、散热油管堵塞、安装位置不当、环境温度过高或距离外界热源太近等，均可能导致电气设备和线路过热。

（7）电动机堵转

当异步电动机所带负载转矩大于电动机的最大电磁转矩时，电动机将带不动负载，导致转速迅速下降为零。此时电流最大可为额定电流的 7 倍，会很快使电动机烧毁并形成引燃源。

（8）电压异常

相对于额定值，电压过高和过低均属于电压异常。电压过高时，除使铁心发热增加外，对于恒阻抗设备，还会使电流增大而发热；电压过低时，除可能造成电动机堵转、电磁铁衔铁吸合不上，使线圈电流大大增加而发热外，对于恒功率设备，还会使电流增大而发热。

6.1.2　电火花和电弧

电火花是电极间的击穿放电，电弧是大量电火花汇集而成的。在切断感性电路时，断路器触头分开瞬间，由于高温引起热电子发射，产生的电离作用使断开的触头之间形成密度很大的电子流和离子流，形成电弧和电火花。电弧形成过程中导电通道电流密度可达 $10^4 \sim 10^7 \mathrm{A/cm^2}$，可使触头金属材料强烈发热，电弧形成后的弧柱温度可高达 6 000 ~ 7 000℃，其至 10 000℃ 以上，不仅能引起可燃物燃烧，还能使金属熔化、飞溅，构成危险的火源。在有爆炸危险的场所，电火花和电弧是十分危险的因素。

电火花大体分为工作火花和事故火花两类。

工作火花指电气设备正常工作或正常操作过程中所产生的电火花，例如，刀开关、断路器、接触器、控制器接通和断开线路时会产生电火花；插销拔出或插入时的火花：直流电动机的电刷与换向器的滑动接触处、绕线转子异步电动机的电刷与集电环的滑动接触处也会产生电火花等。切断感性电路时，断口处火花能量较大，危险性也较大。其火花能量可按下式估算：

$$W_L = \frac{1}{2}LI^2 \tag{6-2}$$

式中 L——电路中的电感，单位为 H；

　　　I——电路中的电流，单位为 A。

当该火花能量超过周围爆炸性混合物的最小引燃能量时，即可能引起爆炸。

事故火花包括线路或设备发生故障时出现的火花。如绝缘损坏、导线断线或连接松动导致短路或接地时产生的火花；电路发生故障，熔丝熔断时产生的火花；沿绝缘表面发生的闪络等。

电力线路和电气设备在投切过程中由于受感性和容性负荷的影响，在电路参数与相位作用下，会产生铁磁谐振和高次谐波，并引起过电压，这个过电压也会破坏电气设备绝缘造成击穿，并产生电弧。

事故火花还包括由外部原因产生的火花，如雷电直接放电及二次放电火花、静电火花、电磁感应火花等。

除上述外，电动机转子与定子发生摩擦（扫膛）或风扇与其他部件相碰也会产生火花，这都是由碰撞引起的机械性质的火花。

就电气设备着火而言，外界热源也可能引起火灾。如油浸变压器周围堆积杂物、油污并由外界火源引燃，可能导致变压器喷油燃烧甚至爆炸事故。

除油浸变压器外，多油断路器、电力电容器、充油套管和油浸纸绝缘电力电缆等充油设备也可能发生爆炸，充油设备的绝缘油在高温电弧作用下气化和分解，喷出大量油雾和可燃气体，还可引起空间爆炸。

周围空间有爆炸性混合物时，在危险温度或电火花作用下会引起空间爆炸。如发电机的氢冷装置漏气或酸性蓄电池排出氢气等，形成爆炸性混合物，遇到危险温度或电火花可引起空间爆炸。

6.2　危险物质和危险环境

爆炸性混合物是指在大气条件下，气体、蒸气、薄雾、粉尘或纤维状的易燃物质与空气混合并点燃后，燃烧能在整个范围内传播的混合物。

爆炸危险物质是指能形成爆炸性混合物的物质。

爆炸危险环境是指凡有爆炸性混合物出现或可能有爆炸性混合物出现，且出现的量足以要求对电气设备和电气线路的结构、安装和运行采取防爆措施的环境。

6.2.1 危险物质

1. 危险物质的类别、级别和组别

爆炸危险物质类别分为以下三类：

Ⅰ类：矿井甲烷；

Ⅱ类：爆炸性气体、蒸气和薄雾；

Ⅲ类：爆炸性粉尘、纤维。

危险物质的级别和组别是根据其性能参数来划分的。这些性能参数包括危险物质的闪点、燃点、引燃温度、爆炸极限、最小点燃电流比、最小引燃能量和最大试验安全间隙等。常见爆炸性气体、蒸气的性能参数和易燃易爆粉尘、纤维的性能参数分别见表6-1及表6-2，常见固体的引燃温度见表6-3。

表6-1 爆炸性气体、蒸气的性能参数

物质名称	引燃温度组别	引燃温度/℃	闪点/℃	容积爆炸极限		蒸气密度（空气为1）
				下限（%）	上限（%）	
Ⅰ级						
甲烷	T1	537	气体	5.0	15.0	0.55
ⅡA级						
硝基甲烷	T2	415	36	7.1	63	2.11
氯化甲烷（甲基氯）	T1	625	气体	7.1	18.5	1.78
乙烷	T1	515	气体	3.0	15.5	1.04
溴乙烷	T1	511	< -20.0	6.7	11.3	3.76
1，4-二氧杂环乙烷	T4	180	12.2	2.0	22.0	3.03
1，2-二氯乙烷	T2	412	13.3	6.2	16.0	3.40
丙烷	T1	466	气体	2.1	9.5	1.56
3-氯-1，2-环氧丙烷	T2	385	28.0	2.3	34.4	3.28
丁烷	T2	365	气体	1.5	8.5	2.05
氯丁烷	T3	245	-12.0	1.8	10.1	3.20
戊烷	T3	285	< -40.0	1.4	7.8	2.49
汽油	T3	280	42.8	1.4	7.8	3.40
甲醇	T1	455	11.0	5.5	36.0	1.10
乙醇	T2	422	11.1	3.5	19.0	1.59
丙醇	T2	405	15	2.1	13.5	2.07
ⅡB级						
环丙烷	T1	465	气体	2.4	10.4	1.45
环氧乙烷	T2	425	气体	3.0	100.0	1.52
乙烯	T2	425	气体	2.7	34.0	0.97
1，3-丁二烯	T2	415	气体	1.1	12.5	1.87
城市煤气	T1		气体	5.3	32.0	

物质名称	引燃温度组别	引燃温度/℃	闪点/℃	容积爆炸极限		蒸气密度（空气为1）
				下限（%）	上限（%）	
ⅡC级						
乙炔	T2	305	气体	1.5	82.0	0.90
氢	T1	560	气体	4.0	75.0	0.07
二硫化碳	T5	102	−30	1.0	60.0	2.64
水煤气	T1		气体	7.0	72.0	

表6-2 易燃易爆粉尘、纤维的性能参数

粉尘种类	物质名称	引燃温度组别	高温表面沉积5mm粉尘的引燃温度/℃	云状粉尘的引燃温度/℃	爆炸极限/g·m⁻³	粉尘平均粒径	危险性种类
火药	一号硝化棉	T13	154			100目	爆
	黑火药	T12	230			100目	爆
炸药	梯恩梯	T12	220				爆
	奥克托金	T12	220				爆
	黑索金	T13	159				爆
	特屈儿	T13	168				爆
	泰安	T13	157				爆
矿物	铝（表面处理）	T11	320	590	37~50	10~15μm	爆
	铝（含油）	T12	230	400	37~50	10~20μm	爆
	铁粉	T12	242	430	153~240	100~150μm	易导
	镁	T11	340	470	44~59	5~10μm	爆
	红磷	T11	305	360	48~64	30~50μm	易燃
	炭黑	T12	535	>690	36~45	10~20μm	易导
	锌	T11	430	530	212~284	10~15μm	易导
	电石	T11	325	555		<200μm	易燃
	锆石	T11	305	360	92~123	5~10μm	易导
化学药品	蒽	T11	熔融升华	505	29~39	40~50μm	易燃
	苯二（甲）酸	T11	熔融	650	60~83	80~100μm	易燃
	硫黄	T11	熔融	235		30~50μm	易燃
	结晶紫	T11	熔融	475	46~70	15~30μm	易燃
	阿司匹林	T11	熔融	405	31~41	60μm	易燃
橡胶天然树脂	聚丙烯腈	T11	炭化	505		5~7μm	
	有机玻璃粉	T11	熔融炭化	435			易燃
	骨胶（虫胶）	T11	沸腾	475		20~50μm	易燃
	硬质橡胶	T11	沸腾	360	36~40	20~30μm	易燃
	天然树脂	T11	熔融	370	38~52	20~30μm	易燃
	松香	T11	熔融	325		50~80μm	易燃

粉尘种类	物质名称	引燃温度组别	高温表面沉积 5 mm 粉尘的引燃温度/℃	云状粉尘的引燃温度/℃	爆炸极限/ g·m⁻³	粉尘平均粒径	危险性种类
合成树脂	聚乙烯	T11	熔融	410	26~35	30~50 μm	易燃
	聚苯乙烯	T11	熔融	475	27~37	40~60 μm	易燃
	聚乙烯醇	T11	熔融	450	42~55	5~10 μm	易燃
	聚丙烯酯	T11	熔融炭化	505	35~55	5~7 μm	易燃
	聚氨酯（类）	T11	熔融	425	46~63	50~100 μm	易燃
	聚乙烯四钛	T11	熔融	480	52~71	<200 μm	易燃
	聚乙烯氮戊环酮	T11	熔融	465	42~58	10~15 μm	易燃
	聚氯乙烯	T11	熔融炭化	595	63~86	4~5 μm	易燃
	酚醛树脂（酚醛清漆）	T11	熔融炭化	520	36~49	10~20 μm	易燃
沥青蜡类	硬蜡	T11	熔融	400	26~36	30~50 μm	易燃
	绕沥青	T11	熔融	620		50~80 μm	易燃
	硬沥青	T11	熔融	620		50~150 μm	易燃
	软沥青（EP54）	T11	熔融	620		50~80 μm	易燃
农产品	小麦谷物粉	T11	290	420		15~30 μm	易燃
	筛米粉	T11	270	410		50~100 μm	易燃
	马铃薯淀粉	T11	炭化	430		20~30 μm	易燃
	黑麦谷粉	T11	305	430		50~100 μm	易燃
	砂糖粉	T11	熔融	360	77~99	20~40 μm	易燃
纤维粉	啤酒麦芽粉	T11	285	405		100~150 μm	易燃
	亚麻粉	T11	285	470			易燃
	菜种渣粉	T11	炭化	465		400~600 μm	易燃
	烟草纤维	T11	290	485		50~100 μm	易燃
	软木粉	T11	325	460	44~59	30~40 μm	易燃
燃料粉	有烟煤粉	T11	235	595	41~57	5~10 μm	导
	贫煤粉	T11	285	680	34~45	5~7 μm	导
	无烟煤粉	T11	>430	>600		100~150 μm	导
	木炭粉（硬质）	T11	340	595	39~52	1~2 μm	易导
	泥煤焦炭粉	T11	360	615	40~54	1~2 μm	易导
	石墨	T11	不着火	>750		15~25 μm	导
	炭黑	T11	535	>690		10~20 μm	导

表 6-3　固体的引燃温度

物 质 名 称	引燃温度/℃	物 质 名 称	引燃温度/℃
黄（白）磷	60	硫	260
纸张	130	木炭	350

物 质 名 称	引燃温度/℃	物 质 名 称	引燃温度/℃
棉花	150	荼	515
布匹	200	蒽	470
焦炭	700	赤磷	200
煤	400	三硫化四磷	100
赛璐珞	140	松香	240
木材	250	沥青	280

（1）闪点

在规定的试验条件下，易燃液体能释放出足够的蒸气并在液面上方与空气形成爆炸性混合物，点火时能发生闪燃（一闪即灭）的最低温度。

（2）燃点

燃点是物质在空气中点火时发生燃烧，移去火源仍能继续燃烧的最低温度。对于闪点不超过45℃的易燃液体，燃点仅比闪点高1~5℃，一般只考虑闪点，不考虑燃点。对于闪点比较高的可燃液体和可燃固体，闪点与燃点相差较大，应用时有必要加以考虑。

（3）引燃温度

引燃温度又称自燃点或自燃温度，是指在规定试验条件下，可燃物质不需要外来火源即发生燃烧的最低温度。

（4）爆炸极限

爆炸极限分为爆炸浓度极限和爆炸温度极限，后者很少用到，通常所指的都是爆炸浓度极限。该极限是指在一定的温度和压力下，气体、蒸气、薄雾或粉尘、纤维与空气形成的能够被引燃并传播火焰的浓度范围。该范围的最低浓度称为爆炸下限，最高浓度称为爆炸上限。

环境温度越高，燃烧越快，爆炸极限范围越大。例如，乙醇0℃时的爆炸极限是2.55%~11.8%，50℃时是2.5%~12.5%，而100℃时是2.25%~12.53%。

随着压力升高，绝大多数气体混合物的爆炸下限略有下降，爆炸上限明显上升。例如，甲烷与空气的混合物，当压力分别为0.098 MPa、0.98 MPa、4.9 MPa和12.25 MPa时，爆炸极限分别为5.6%~14.3%、5.9%~17.2%、5.4%~29.4%和5.1%~45.7%。当压力减小至一定程度时，爆炸极限范围缩小至某一点，也有极少数相反的情况。例如，干燥的一氧化碳与空气混合物的爆炸极限随着压力的升高反而缩小。

氧含量升高，爆炸下限变化不大，爆炸上限明显升高，使得爆炸极限范围扩大。例如，乙烯在空气中的爆炸极限是3.1%~32%，在纯氧中的爆炸极限则是3.0%~80%。丙烷在空气中的爆炸极限是2.2%~9.5%，在纯氧中的爆炸极限则是2.3%~55%。混合气体中惰性气体含量增加，爆炸极限范围缩小。例如，汽油蒸气与空气的混合气体的爆炸极限为1.4%~7.6%。当含有10%的二氧化碳时，爆炸极限范围缩小为1.4%~5.6%；当含有20%的二氧化碳时，爆炸极限范围缩小为1.8%~2.4%；当含有28%以上的二氧化碳时，该混合气体不再发生爆炸。

当容器细窄时，由于容器壁的冷却作用，爆炸极限范围变小。当容器直径减小至一定程度时，火焰不能蔓延，可消除爆炸危险，这个直径叫作临界直径。

（5）最小点燃电流比

最小点燃电流比（Minimum Ignition Current Ratio，MICR）是指在规定试验条件下，气体、蒸气和薄雾等爆炸性混合物的最小点燃电流与甲烷爆炸性混合物的最小点燃电流之比。

（6）最小引燃能量

除最小点燃电流外，还经常用到最小引燃能量。最小引燃能量是指在规定的试验条件下，能使爆炸性混合物燃爆所需最小电火花的能量。如果引燃源的能量低于这个临界值，一般不会着火。最小引燃能量受混合物性质、引燃源特征、压力、浓度和温度等因素的影响。纯氧中的最小引燃能量小于空气中的引燃能量。压力减小，最小引燃能量明显增大。例如，当压力分别为 0.98 MPa、0.78 MPa、0.59 MPa 和 0.39 MPa 时，乙炔分解爆炸的最小引燃能量分别为 3 mJ、6 mJ、12 mJ 和 32 mJ。在某一浓度下，最小引燃能量取得最小值；离开这一浓度，最小引燃能量都将变大。可燃气体、蒸气与空气的爆炸性混合物的最小引燃能量见表6-4。

表6-4　可燃气体、蒸气与空气的爆炸性混合物的最小引燃能量

名称	化学式	体积分数（%）	最小引燃能量/mJ
乙炔	$HC \equiv CH$	7.73	0.02
乙烯	$CH_2 = CH_2$	6.52	0.096
丙烯	$CH_3CH = CH_2$	4.44	0.282
二异丁烯	$(CH3)_3CCH_2C(CH_3) = CH_2$	1.71	0.96
甲烷	CH_4	9.50	0.33
丙烷	$CH_3CH_2CH_3$	4.02	0.31
戊烷	$CH_3(CH_2)_3CH_3$	2.55	0.49
乙腈	CH_3CH	7.02	6.00
乙胺	$C_2H_5NH_2$	5.28	2.40
乙醚	$C_2H_5OC_2H_5$	3.37	0.49
乙醛	CH_3CHO	7.72	0.376
丙烯醛	$CH_2 = CHCHO$	5.64	0.13
甲醇	CH_3OH	12.24	0.215
丙酮	CH_3COCH_3	4.97	1.15
乙酸乙酯	$CH_3CO_2C_2H_5$	4.02	1.42
乙烯基醋酸	$CH_2 = CHCH_2COOH$	4.44	0.70
苯	C_6H_6	2.71	0.55
甲苯	$C_6H_5CH_3$	2.27	2.50
二硫化碳	CS_2	6.52	0.015
氨	NH_3	21.8	680
氢	H_2	29.6	0.02
硫化氢	H_2S	12.2	0.077

粉尘与空气爆炸性混合物的最小引燃能量见表6-5。

表6-5　粉尘与空气爆炸性混合物的最小引燃能量

名　称	层积状	悬浮状	名　称	层积状	悬浮状
铝	1.6	10	聚乙烯		30
铁	7	20	聚苯乙烯		15
镁	0.24	20	酚醛树脂	40	10
钛	0.008	10	醋酸纤维		11
锆	0.0004	5	沥青	4~6	20~25
锰铁合金	8	80	大米		40
硅	2.4	80	小麦		50
硫	1.6	15	大豆	40	50
硬脂酸铝	40	10	砂糖		30
阿司匹林	160	25	硬木		20

（7）最大试验安全间隙

最大试验安全间隙（Maximum Examination Safety Gap，MESG）是衡量爆炸性物品传爆能力的性能参数，是指在规定试验条件下，两个经间隙长为25mm连通的容器，一个容器内燃爆时不致引起另一个容器内燃爆的最大连通间隙。最大试验安全间隙试验装置如图6-1所示。

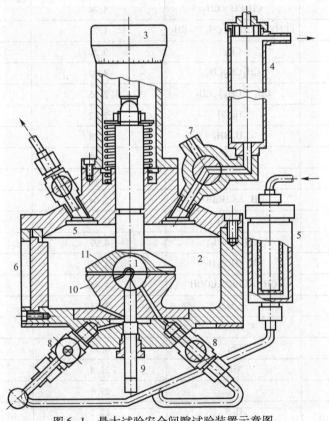

图6-1　最大试验安全间隙试验装置示意图

1—标准外壳内腔　2—试验箱内腔　3—千分表　4—泵　5—阻火器　6—观察窗

7、8—阀门　9—点火电极　10—标准外壳下壳体　11—标准外壳上壳体

122

在测定某一爆炸性混合物的最大试验安全间隙时，每一试验组为 10 次重复试验。在一组试验中，每当发生壳外爆炸性混合物的点燃时，被试间隙将减小 0.02 mn，然后继续一组试验，直到壳外爆炸性混合物不发生点燃为止。

2. 危险物质分组和分级

Ⅰ类爆炸性气体混合物仅有甲烷一种气体，不分级。

Ⅱ类爆炸性气体混合物，按其最大试验安全间隙（MESG）和最小点燃电流比（MICR）分级，分级标准见表 6-6。

表 6-6　最大试验安全间隙（MESG）和最小点燃电流比（MICR）分级

级别	MESG/mm	MICR
ⅡA	≥0.9	>0.8
ⅡB	0.5 < MESG < 0.9	0.45 ≤ MICR ≤ 0.8
ⅡC	≤0.5	<0.45

爆炸性气体混合物按可燃物质的引燃温度分组，分为 T1、T2、T3、T4、T5 和 T6，要求防爆电气设备允许的最高表面温度不超过爆炸性气体混合物的引燃温度，见表 6-7。

表 6-7　引燃温度分组

温度组别	可燃物质的引燃温度/℃
T1	$T > 450$
T2	$300 < T \leqslant 450$
T3	$200 < T \leqslant 300$
T4	$135 < T \leqslant 200$
T5	$100 < T \leqslant 135$
T6	$85 < T \leqslant 100$

常见爆炸性气体的分类、分级和分组举例见表 6-8。

表 6-8　常见爆炸性气体的分类、分级和分组

类和级	最大试验安全间隙/mm	最小点燃电流比	引燃温度（℃）及组别					
			T1	T2	T3	T4	T5	T6
			$T > 450$	$300 < T \leqslant 450$	$200 < T \leqslant 300$	$135 < T \leqslant 200$	$100 < T \leqslant 135$	$85 < T \leqslant 100$
Ⅰ	1.14	1.0	甲烷					
ⅡA	0.9 ~ 1.14	0.8 ~ 1.0	乙烷、丙烷、丙酮、氯苯、苯乙烯、氯乙烯、甲苯、苯胺、甲醇、一氧化碳、乙酸乙酯、乙酸、丙烯腈	丁烷、乙醇、丙烯丁醇、乙酸丁酯、乙酸戊酯、乙酸酐	戊烷、己烷、庚烷、辛烷、汽油、硫化氢、环己烷	乙醚、乙醛		亚硝酸乙酯
ⅡB	0.5 ~ 0.9	0.45 ~ 0.8	二甲醚、民用煤气、环丙烷	环氧乙烷、环氧丙烷、丁二烯、乙烯	异戊二烯	—	—	—
ⅡC	≤0.5	≤0.45	水煤气、氢、焦炉煤气	乙炔	—	—	二硫化碳	硝酸乙酯

注：最大试验安全间隙与最小点燃电流比在分级上的关系只是近似相等。

对用于生产、加工、处理、转运或存储过程中出现或可能出现可燃性粉尘与空气形成的爆炸性粉尘混合物环境时，应进行爆炸性粉尘环境的电力装置设计。

在爆炸性粉尘环境中粉尘分为以下三级：

ⅢA级：可燃性飞絮（常见的ⅢA级可燃性飞絮，如棉花纤维、麻纤维、丝纤维、毛纤维、木质纤维和人造纤维等）。

ⅢB级：非导电性粉尘（常见的ⅢB级可燃性非导电粉尘，如聚乙烯、苯酚树脂、小麦、玉米、砂糖、染料、可可、木质、米糠和硫黄等粉尘）。

ⅢC级：导电性粉尘（如石墨、炭黑、焦炭、煤、铁、锌和钛等粉尘）。

6.2.2 危险环境

为了正确选用电气设备、电气线路和各种防爆设施，必须正确划分所在环境危险区域的范围和级别。爆炸危险区域分为爆炸性气体环境危险区域和爆炸性粉尘环境危险区域两类。

1. 爆炸性气体环境危险区域划分

危险区域划分是对可能出现爆炸性气体环境进行分析和分区，以便正确选择和安装危险环境中的电气设备，达到安全经济使用的目的。

（1）爆炸性气体环境分区

爆炸性气体环境应根据爆炸性气体混合物出现的频繁程度和持续时间分为0区、1区和2区，分区应符合下列规定：

0区应为连续出现或长期出现爆炸性气体混合物的环境；

1区应为在正常运行时可能出现爆炸性气体混合物的环境；

2区应为在正常运行时不太可能出现爆炸性气体混合物。

"正常运行"是指正常起动、运转、操作和停止的一种工作状态或过程，当然也包括产品从设备中取出和对设备开闭盖子、投料、除杂质以及安全阀、排污阀等的正常操作。不正常情况是指因容器、管路装置的破损故障和错误操作等，引起爆炸性混合物的泄漏和积聚，以致有产生爆炸危险的可能性。

实际上应通过设计或适当的操作方法，也就是采取措施将0区或1区所在的数量上或范围上减至最小，换句话说，工厂设计中大部分场所为2区或非危险区。

爆炸危险区域范围，是指在正常情况下爆炸危险浓度有可能形成的区域范围，而不是指事故波及的范围。在危险区域范围内，应安装相应的防爆电气设备；爆炸危险区域范围外，可以安装非防爆型的电气设备。但是不能以这个范围作为能否使用明火或其他火源的依据，在爆炸危险区域范围内及其附近动用明火，显然是不安全的，必须按动火制度执行。

危险区域划分应由熟悉可燃物质性能的工艺、设备和管道专业人员进行，还要与安全、电气等其他专业人员商议。

（2）释放源和通风条件的影响

危险区域划分的根本依据是鉴别释放源和确定释放源的等级。

释放源是指可释放出能形成爆炸性混合物的物质所在的位置或地点。对每台工艺设备如罐、泵、管道、容器和阀门等都视作可燃物质的潜在释放源。如果该类设备不可能含有可燃物质，那么很明显它的周围就不会形成危险环境。如果该类设备含有可燃物质，但不向大气中释放，如全部焊接管道不视为释放源，则同样不会形成危险环境。如果已确认设备会向大气中释放可燃物质，必须首先按可燃物质的释放频繁程度和持续时间长短分级，分为连续级释放源、一级释放源和二级释放源，再根据释放源的级别和通风条件划分区域。

连续级释放源应为连续释放或预计长期释放的释放源。下列情况可划为连续级释放源：

1）没有用惰性气体覆盖的固定顶盖贮罐中的可燃液体的表面。

2）油、水分离器等直接与空间接触的可燃液体的表面。

3）经常或长期向空间释放可燃气体或可燃液体的蒸气的排气孔和其他孔口。

一级释放源应为在正常运行时，预计可能周期性或偶尔释放的释放源。下列情况可划为一级释放源：

1）在正常运行时，会释放可燃物质的泵、压缩机和阀门等的密封处。

2）贮有可燃液体的容器上的排水口处，在正常运行中，当水排掉时，该处可能会向空间释放可燃物质。

3）正常运行时，会向空间释放可燃物质的取样点。

4）正常运行时，会向空间释放可燃物质的泄压阀、排气门和其他孔口。

二级释放源应为在正常运行时，预计不可能释放，当出现释放时，仅是偶尔和短期释放的释放源。下列情况可划为二级释放源：

1）正常运行时，不能出现释放可燃物质的泵、压缩机和阀门的密封处。

2）正常运行时，不能释放可燃物质的法兰、连接件和管道接头。

3）正常运行时，不能向空间释放可燃物质的安全阀、排气孔和其他孔口处。

4）正常运行时，不能向空间释放可燃物质的取样点。

爆炸危险区域内的通风，其空气流量能使可燃物质很快稀释到爆炸下限值的25%以下时，可定为通风良好。

以下场所可定为通风良好场所：

1）露天场所。

2）敞开式建筑物。在建筑物的壁和/或屋顶开口，其尺寸和位置保证建筑物内部通风效果等效于露天场所。

3）非敞开建筑物，建有永久性的开口，使其具有自然通风的条件。

4）对于封闭区域，每平方米地板面积每分钟至少提供 0.3 m^3 的空气或至少 1 h 换气 6 次，则可认为是良好通风场所。这种通风速率可由自然通风或机械通风来实现。

原则上是存在连续级释放源的区域可划为 0 区；存在一级释放源的区域可划为 1 区；存在二级释放源的区域可划为 2 区。按以上规定划分区域等级后再根据通风条件调整区域划分。当通风良好时，应降低爆炸危险区域等级；当通风不良时应提高爆炸危险区域等级。

在实际中，应采取通风措施尽量减少1区，0区是极个别情况，例如密闭容器、贮罐等内部气体空间。

（3）爆炸性气体环境危险区域范围

爆炸危险区域的范围应根据释放源的等级和位置、可燃物质的特性、通风条件、障碍物及生产条件、运行经验等，经技术经济比较后综合确定。

爆炸危险区域的范围主要取决以下化学和物理参数：

1）释放速率：单位时间从释放源中散发出可燃气体或可燃液体的蒸气或薄雾的数量。释放速率越大，区域范围就越大。释放速率与释放源的几何形状、释放速度、浓度、可燃液体的挥发性和液体温度有关。

2）可燃液体的沸点：沸点越低，爆炸危险区域的范围就越大。

3）释放的爆炸性气体混合物的浓度：随着释放源处可燃物质浓度的增加，爆炸危险区域的范围可能扩大。

4）爆炸下限：爆炸下限越低，爆炸危险区域的范围就越大。

5）闪点：闪点越低，爆炸危险区域的范围可能越大。

6）相对密度：如果气体或蒸气明显轻于空气，则它就趋于向上漂移，且释放源上方垂直方向范围将随着相对密度的减小而扩大。如果明显重于空气，它就趋于沉积于地面，在地面上，区域水平范围将随着相对密度的增大而增大。为了划分范围，将相对密度大于1.2的气体或蒸气视为比空气重的物质；将相对密度小于0.8的气体或蒸气视为比空气轻的物质。对于相对密度在0.8~1.2之间的气体或蒸气，例如一氧化碳、乙烯、甲醇、甲胺、乙烷和乙炔等在工程设计中视为比空气重的物质。

7）液体温度：蒸气压力随温度的增加而升高，因此由于蒸发作用，释放速率增加，危险区域的范围将扩大。

8）通风：随着通风量的加大，危险区域范围可以缩小。

9）障碍：障碍物能阻碍通风，因此可能扩大危险区域范围，另一方面某些障碍物如堤坝、围墙或天花板等都能限制危险区域范围。

因此，在场所分类及范围确定时都应列出工厂用的所有加工材料的特性，包括闪点、沸点、引燃温度、蒸气压力、蒸气密度、爆炸极限、操作温度、爆炸性混合物级别和温度组别。危险区域范围的确定应考虑以下几点：

1）对炼油装置、石油化工厂，在加工过程中，化工设备连续处理高速、高温、高压的液体或蒸气，则以释放源起半径为15m划分范围。

2）对高挥发性物质（具有低沸点，当散发到大气后，它们迅速地吸收热量，从而形成在一般情况下密度高于空气的大量冷气体），如乙烯、丙烯、乙烷、丙烷和丁烷等有可能大量释放时，爆炸危险区域范围应划分附加2区，即在2区外再划出15m，附加2区距离地面标高0.6m。

3）在物料操作温度高于可燃液体闪点（≥60℃）的情况下，可燃液体可能泄漏时，其爆炸危险区域的范围可适当缩小，但不宜小于4.5m。

4）当可燃物质轻于空气时，爆炸危险区域的范围尺寸按4.5m划分。

① 非开敞建筑物。在建筑物内部，一般以室为单位，但当室内空间很大时，可以根据通风情况、释放源的位置、爆炸性气体释放量的大小和扩散范围酌情将室内空间划分为若干个区域并确定其级别。如在厂房门、窗外规定空间范围内，由于通风良好，则可划低一级。但当室内具有比空气重的气体或蒸气，或者有比空气轻的气体或蒸气时，也可以不按室为单位划分。因为比空气重时，在低于释放源的地方，可能造成爆炸性气体或蒸气积聚的凹坑或死角；比空气轻时，也可能在高于释放源的地方及顶部，形成死角。

② 开敞或局部开敞建筑物。对开敞或局部开敞的建筑物和构筑物区域范围的划分如下：

● 对易燃液体、闪点低于或等于场所环境温度的可燃液体注送站，其开敞面外缘向外水平延伸15m以内、向上垂直延伸3m以内的空间应划为危险区域。

● 对可燃气体、易燃液体、闪点低于或等于场所环境温度的可燃液体的封闭工艺装置，开敞面外缘 3 m（垂直或水平）以内的空间应划为 2 区。

- 露天装置。对装有可燃气体、易燃液体和闪点低于或等于场所环境温度的可燃液体的封闭工艺装置，一般将离设备外壳 3 m（垂直和水平）以内的空间划为危险区域。当设置安全阀、呼吸阀和放空阀时，一般是将阀口以外 3 m（垂直和水平）内的空间作为危险区域。

  装有易燃液体、闪点低于或等于场所环境温度的可燃液体贮罐，应将罐体外壳以外的水平或垂直距离 3 m 内的空间划为危险区域。当设有防护堤时，应包括护堤高度以内的空间。若为注送站，则将注送口外水平 15 m、垂直 7.5 m 以内的空间作为危险区域。

- 使用明火设备的附近区域。在使用明火设备的一些危险区域，例如燃油、燃气锅炉房的燃烧室附近或表面温度已超过该区域爆炸性混合物的自燃温度的炽热部件（如高压蒸气管道等）附近，可采用非防爆型电气设备。在这种情况下防火防爆主要采取密闭、防渗漏等措施来解决，因为在这些区域内已有明火或超过爆炸性混合物自燃温度的高温物体，电气设备防爆已起不到应有的作用。

- 与爆炸危险区域相邻的区域。关于与爆炸危险区域相邻的区域等级的划分，应根据它们之间的相对间隔、门窗开设方向和位置、通风状况及实体墙的燃烧性能等因素确定。具体实施时，必须做好调查研究。

- 释放源区域。释放源指的是在爆炸危险区域内，可能释放出形成爆炸性混合物的物质所在的位置和处所。当释放源确定后，爆炸危险区域范围就是以释放源为中心划定的一个规定空间区域。

对一个爆炸危险区域，判断其有无爆炸性混合物产生，应根据区域空间的大小、物料的品种与数量、设备情况（如运行情况、操作方法、通风、容器破损和误操作的可能性）、气体浓度测量的准确性，以及物理性质和运行经验等条件予以综合分析确定。如氨气爆炸浓度范围为 15.5% ~27%，但具有强烈刺激气味，易被值班人员发现，可划为较低级别。对容易积聚比重大的气体或蒸气的通风不良的死角或地坑等低洼处，就应视为较高级别。

为防止爆炸，在采取电气预防以前首先提出了诸如工艺流程及布置等措施，即称为"第一次预防措施"。

1）首先应使产生爆炸的条件同时出现的可能性减到最低程度。

2）工艺设计中应采取消除或减少可燃物质的释放及积累的措施：

① 工艺流程中宜采取较低的压力和温度，将可燃物质限制在密闭容器内。

② 工艺布置应限制和缩小爆炸危险区域的范围，并宜将不同等级的爆炸危险区，或爆炸危险区与非爆炸危险区分隔在各自的厂房或界区内。

③ 在设备内可采用以氮气或其他惰性气体覆盖的措施。

④ 宜采取安全联锁或事故时加入聚合反应阻聚剂等化学药品的措施。

3）防止爆炸性气体混合物的形成，或缩短爆炸性气体混合物滞留时间，宜采取下列措施：

① 工艺装置宜采取露天或开敞式布置。

② 设置机械通风装置。

③ 在爆炸危险环境内设置正压室。

④ 对区域内易形成和积聚爆炸性气体混合物的地点应设置自动测量仪器装置，当气体

或蒸气浓度接近爆炸下限值的50%时，应能可靠地发出信号或切断电源。

4）在区域内应采取消除或控制设备线路产生火花、电弧或高温的措施。

在结合具体情况，充分分析影响区域的等级和范围的各项因素，包括可燃物质的释放量、释放速度、沸点、温度、闪点、相对密度、爆炸下限、障碍等及生产条件，运用实践经验加以分析判断时，可使用下列示例确定范围，图中释放源除注明外均为第二级释放源。

可燃物质重于空气、通风良好，且为第二级释放源的主要生产装置区（见图6-2和图6-3），爆炸危险区域的范围划分宜符合下列规定：

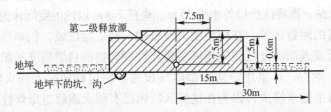

图6-2 释放源接近地坪时可燃物质重于空气、通风良好的生产装置区

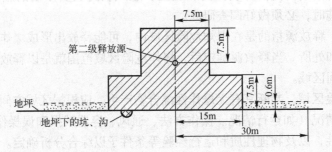

图6-3 释放源在地坪以上时可燃物质重于空气、通风良好的生产装置区

1）在爆炸危险区域内，地坪下的坑、沟可划为1区。

2）与释放源的距离为7.5m的范围内可划为2区。

3）以释放源为中心，总半径为30m地坪上的高度为0.6m，以在2区以外的范围内可划为附加2区。

对于可燃物质重于空气的贮罐（见图6-4和图6-5），爆炸危险区域的范围划分宜符合下列规定：

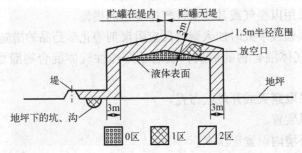

图6-4 可燃物质重于空气、设在内外地坪上的固定式贮罐

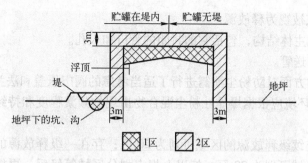

图6-5 可燃物质重于空气、设在户外地坪上的浮顶式贮罐

1）固定式贮罐，在罐体内部未充惰性气体的液体表面以上的空间可划为0区，浮顶式贮罐在浮顶移动范围内的空间可划为1区。

2）以放空口为中心，半径为1.5m的空间和爆炸危险区域内地坪下的坑、沟可划为1区。

3）距离贮罐的外壁和顶部3m的范围内可划为2区。

4）当贮罐周围设围堤时，贮罐外壁至围堤的高度为堤顶高度的范围内可划为2区。

对于各种行业的特殊性，往往在危险区域范围的确定上，可采用与行业有关的国家标准，如对新建、扩建和改建的汽车加油站、液化石油气加气站、压缩天然气加气站和汽车加油加气站工程的设计和施工，应采用《汽车加油加气站设计与施工规范》GB50156—2012。

2. 爆炸性粉尘环境危险区域划分

爆炸性粉尘环境是指生产设备周围环境中，悬浮粉尘、纤维量足以引起爆炸以及在电气设备表面会形成层积状粉尘、纤维而可能形成自燃或爆炸的环境。

爆炸危险区域应根据爆炸性粉尘环境出现的频繁程度和持续时间分为20区、21区和22区，分区应符合下列规定：

20区应为在正常运行时，空气中的可燃性粉尘云持续地或长期地或频繁地出现于爆炸性环境中的区域；

21区应为在正常运行时，空气中的可燃性粉尘云很可能偶尔出现于爆炸性环境中的区域；

22区应为在正常运行时，空气中的可燃粉尘云一般不可能出现于爆炸性粉尘环境中的区域，即使出现，持续时间也是短暂的。

1）爆炸性粉尘环境由粉尘释放源而形成。粉尘释放源应按爆炸性粉尘释放频繁程度和持续时间长短分级，分为：

连续级释放源：粉尘云持续存在或预计长期或短期经常出现的部位。例如粉尘容器内部。

一级释放源：在正常运行时预计可能周期性地或偶尔释放的释放源。例如毗邻敞开式包装袋装卸点的周围。

二级释放源：在正常运行时，预计不可能释放，如果释放也仅是不经常地并且是短期地释放。例如需要偶尔打开并且打开时间非常短的人孔，或者是其周围出现粉尘沉淀的粉尘处理设备。

一旦了解了工艺过程有释放的潜在可能，就应该鉴别每一释放源并确定其释放等级。

下列各项不应该被视为释放源：

- 压力容器外壳主体结构，包括它的封闭的管口和人孔。
- 全部焊接的输送管。
- 在设计和结构方面对防粉尘泄露进行了适当考虑的阀门压盖和法兰接合面。

2）爆炸性粉尘环境应根据爆炸性粉尘混合物出现的频繁程度和持续时间，按以下规定进行分区：

原则上是存在连续级释放源的区域可划为 20 区；存在一级释放源的区域可划为 21 区；存在二级释放源的区域可划为 22 区。按以上规定划分区域等级后，再根据采取排气通风等措施调整区域划分。

可能产生 20 区的场所示例如下：

- 粉尘容器内部。
- 贮料槽、筒仓等，旋风除尘器和过滤器。
- 粉料传送系统等，但不包括皮带和链式输送机的某些部分。
- 搅拌机、研磨机、干燥机和装料设备等。

可能产生 21 区的场所示例如下：

- 当粉尘容器内部出现爆炸性粉尘混合物，为了操作而需频繁移出或打开盖/隔膜阀时，粉尘容器外部靠近盖/隔膜阀周围的场所。
- 当未采取防止爆炸性粉尘混合物形成的措施时，在粉尘容器外部靠近装料点和卸料点、送料皮带、取样点、卡车卸载站和皮带卸载点等场所。
- 如果粉尘堆积且由于工艺操作，粉尘层可能被扰动而形成爆炸性粉尘混合物时，粉尘容器外部场所。
- 可能出现爆炸性粉尘云（但既非持续地，也不长期，又不经常时）的粉尘容器内部场所，例如自清扫时间间隔长的筒仓（如果仅偶尔装料和/或出料）和过滤器的积淀侧。

可能产生 22 区的场所示例如下：

- 袋式过滤器通风孔的排气口，一旦出现故障，可能逸散出爆炸性混合物。
- 很少打开的设备附近场所，或根据经验由于高于环境压力粉尘喷出而易形成泄露的设备附近场所；气动设备，挠性连接可能会损坏等的附近场所。
- 装有很多粉状产品的存储袋。在操作期间，存储袋可能出现故障，引起粉尘扩散。
- 当采取措施防止爆炸性粉尘/空气混合物形成时，一般划分为 21 区的场所可以降为 22 区场所。这类措施包括排气通风；在（收尘袋）装料和出料点、送料皮带、取样点、卡车卸载站和皮带卸载点等场所附近采取措施。
- 形成的可控制（清理）的粉尘层有可能被扰动而产生爆炸性粉尘/空气混合物的场所。只有在危险粉尘/空气混合物形成前，通过清理的方式清除了该粉尘层，它才为非危险场所。

① 20 区范围包括爆炸性粉尘/空气混合物长期持续地或者经常在管道、生产和处理设备内存在的区域。

如果粉尘容器外部持续存在爆炸性粉尘/空气混合物，则要求划分为 20 区。但在工作场所产生 20 区的情况是被禁止的。

② 21 区的范围宜按下列规定确定：

含有一级释放源的粉尘处理设备的内部。

由一级释放源形成的设备外部场所，其区域的范围应受到一些粉尘参数的限制，如粉尘量、释放率、浓度、颗粒大小和产品湿度。通常为释放源周围 1 m 的距离（垂直向下延至地面或楼板水平面），对于建筑物外部场所（敞开），21 区范围会由于气候，例如风、雨等的影响而改变。

如果粉尘的扩散受到物理结构（墙壁等）的限制，它们的表面可作为该区域的边界。

可以结合同类企业相似厂房的实践经验和粉尘参数，适当地将整个厂房划为 21 区。

③ 22 区的范围宜按下列规定确定：

由二级释放源形成的场所，其区域的范围应受到一些粉尘参数的限制，如粉尘量、释放速率、颗粒大小和物料湿度，同时需要考虑引起释放的条件。对于建筑物外部场所（露天），22 区范围由于气候，例如风、雨等的影响可以减小。在考虑 22 区的范围时，通常为超出 21 区 3 m 及二级释放源周围 3 m 的距离（垂直向下延至地面或楼板水平面）。

如果粉尘的扩散受到实体结构（墙壁等）的限制，它们的表面可作为该区域的边界。

可以结合同类企业相似厂房的实践经验和实际因素，适当地将整个厂房划为 22 区。

爆炸性粉尘环境危险区域范围，应根据粉尘量、释放率、浓度和物理特性，以及同类企业相似厂房的运行经验确定。在建筑物内部宜以室为单位，当室内空间很大，而爆炸性粉尘量很少时，也可不以室为单位。只要以释放源为中心，按规定距离划分范围等级就可以，但建筑外墙和顶部距 2 区不得小于 3 m。

6.3 爆炸性环境的电力装置设计

电气火灾和爆炸的防护必须采用综合性措施，包括合理选用和正确安装电气设备及电气线路、保持电气设备和线路的正常运行、保证必要的防火间距、保持良好的通风及装设良好的保护装置等技术措施。

6.3.1 防爆电气设备

火灾和爆炸危险环境使用的电气设备，结构上应能防止爆炸性混合物的引燃源，如使用中产生的火花、电弧或危险温度。因此，火灾和爆炸危险环境使用的电气设备是否合理，直接关系到工矿企业的安全生产。

1. 防爆电气设备选用的一般要求

1）在进行爆炸性环境的电力设计时，应尽量把电气设备，特别是正常运行时发生火花的设备，布置在危险性较小或非爆炸性环境中。火灾危险环境中的表面温度较高的设备，应远离可燃物。

2）在满足生产工艺及安全的前提下，应尽量减少防爆电气设备使用量。火灾危险环境下不宜使用电热器具，非用不可时应用非燃烧材料进行隔离。

3）防爆电气设备应有防爆合格证。

4）少用携带式电气设备。

5）可在建筑上采取措施，把爆炸性环境限制在一定范围内，如采用隔墙法等。

2. 爆炸性环境电气设备的选择

防爆电气设备的类型很多，性能各异。根据电气设备产生火花、电弧和危险温度的特点，为防止其点燃爆炸性混合物而采取的不同措施，分为下列 8 种形式：

1）隔爆型（标志 d）：是一种具有隔爆外壳的电气设备，其外壳能承受内部爆炸性气体混合物的爆炸压力并阻止内部的爆炸向外壳周围爆炸性混合物传播。适用于爆炸危险场所的任何地点。多用于强电技术，如电机、变压器和开关等。示意图如图 6-6 所示。

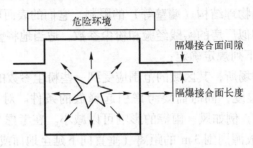

图 6-6　隔爆型原理示意图

2）增安型（标志 e）：在正常运行条件下不会产生电弧、火花，也不会产生足以点燃爆炸性混合物的高温。在结构上采取多种措施来提高安全程度，以避免在正常和过载条件下产生电弧、火花和高温。增安型没有隔爆外壳，多用于笼型电机等。

3）本质安全型（标志 ia、ib）：采用 IEC76 - 3—1980 火花试验装置，在正常工作或规定的故障状态下产生的电火花和热效应均不能点燃规定的爆炸性混合物。按使用场所和安全程度分为 ia 和 ib 两个等级。

ia 等级设备在正常工作、一个故障和两个故障时均不能点燃爆炸性气体混合物。

ib 等级设备在正常工作和一个故障时不能点燃爆炸性气体混合物。

正常工作和故障状态是用安全系数来衡量的。安全系数是电路最小引爆电流（或电压）与其电路的电流（或电压）的比值，用 k 表示。正常工作时 $k = 2.0$，一个故障时 $k = 1.5$，两个故障时 $k = 1.0$。

4）正压型（标志 p）：这类电气设备具有正压外壳，能够保持壳内的保护气体，即新鲜空气或惰性气体的压力高于周围爆炸性环境的压力，以阻止外部的爆炸性混合物进入外壳内。

正压型设备按充气结构分为通风、充气和气密三种形式。保护气体可以是空气、氮气或其他非可燃气体。

这类电气设备的外壳内不得有影响安全的通风死角。正常时，其出风口气压或充气气压不得低于 196 Pa。当压力低于 98 Pa 或压力最小处的压力低于 49 Pa 时，自动装置必须发出报警信号或切断电源。

这种设备应有联锁装置，保证运行前先通风、充气。运行前通风、充气的总量最少不得小于设备气体容积的 5 倍。示意图如图 6-7 所示。

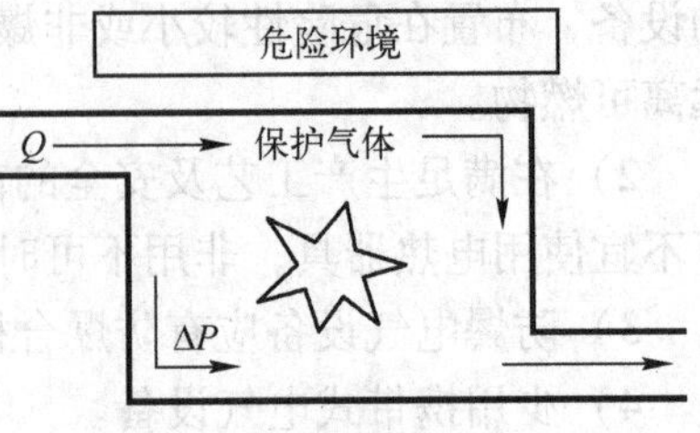

5）充油型（标志 o）：是将电气设备全部或部分部件浸在油内，使设备不能点燃油面以上的或外壳外的爆炸性混合物。如高压油开关。

图 6-7　正压型原理示意图

6）充砂型（标志 q）：在外壳内充填砂粒材料，使其在一定使用条件下壳内产生的电弧、传播的火焰、外壳壁或砂粒材料表面的过热均不能点燃周围爆炸性混合物，示意图如图 6-8 所示。

7）无火花型（标志 n）：正常运行条件下，不会点燃周围爆炸性混合物，且一般不会发生有点燃作用的故障。这类设备的正常运行即是指不应产生电弧或火花。电气设备的热表面或灼热点也不应超过相应温度组别的最高温度。

8）特殊型（标志 s）：指结构上不属于上述任何一类，而采取其他特殊防爆措施的电气设备。如填充石英砂型的设备。

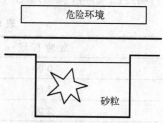

图 6-8 充砂型原理示意图

电气设备的防爆标志可在铭牌右上方，设置清晰的永久性凸纹标志"Ex"，如隔爆型标志 Ex d；小型电气设备及仪器、仪表可采用标志牌铆或焊在外壳上，也可采用凹纹标志。在铭牌上按顺序标明防爆形式、类别、级别和温度组别等，构成性能标志。

爆炸危险区域类别及危险区域等级和爆炸危险区域内爆炸性混合物的级别、温度组别以及危险物质的其他性质（引燃点、爆炸极限和闪点等）是选择防爆电气设备的基本依据。

（1）爆炸性气体环境电气设备

1）选用原则如下：

① 在有气体或蒸气爆炸性混合物区域内，按防爆电气设备的级别和温度组别，必须与爆炸性混合物的级、组相对应的原则选用。当区域内存在两种或两种以上不同级、组的爆炸性混合物时，应按危险程度较高的级别和组别选用相适应的防爆类型。

在非爆炸危险区域，一般都选用普通的电气设备，但当装有爆炸性物质的容器置于非爆炸危险区域时，在异常情况下也存在危险的可能性，因此，必须考虑意外发生危险的可能性。

② 根据爆炸性气体环境危险区域的等级，选择相应的电气设备。

③ 根据环境条件选择相应的电气设备。环境的温度、湿度、海拔高度、光照度、风沙、水质、散落物、腐蚀物和污染物等客观因素对电气设备的选择都提出了具体的要求，所选择的电气设备在上述特定条件下运行不能降低其防爆性能。比如，防爆电气设备有"户内""户外"之分，户内设备就不能用于户外。户外设备应能防日晒、雨淋和风沙。

④ 便于维修和管理。选用的设备应具有以下优点：结构简单；管理方便；便于维修；备件易存。

⑤ 注重效益。在考虑价格的同时，对电气设备的可靠性、寿命、运行费用、耗能和维修周期等必须做全面的考虑，选择最合适最经济的防爆电气设备。

2）防爆电气设备的选型：安全可靠、使用方便、经济合理是选型的基本前提。但要正确选型还必须正确理解和识别防爆性能标志的含义。防爆电气设备外壳上都铸有明显的防爆性能标志，用不同的字母标明了不同类型的级别和温度组别，提出了使用范围。这是防爆电气设备与一般电气设备的基本区别。如 d Ⅱ AT2，适用于有乙烷、丙烷、环己酮、氯乙烯、乙苯和乙醇等危险物质存在的场所。ed Ⅱ CT6 是一种复合型防爆标志,适于有硝酸乙酯物质存在的场所。

爆炸性气体环境防爆电气设备选型见表6-9。

表6-9 爆炸性气体环境防爆电气设备选型

危险区域	设备保护级别(EPL)
0 区	Ga
1 区	Ga 或 Gb
2 区	Ga、Gb 或 Gc
20 区	Da
21 区	Da 或 Db
22 区	Da、Db 或 Dc

电气设备保护级别(EPL)与电气设备防爆结构的关系见表6-10。

表6-10 电气设备保护级别(EPL)与电气设备防爆结构的关系

设备保护级别(EPL)	电气设备防爆结构	防爆形式
Ga	本质安全型	"ia"
	浇封型	"ma"
	由两种独立的防爆类型组成的设备,每一种类型达到保护等级别"Gb"的要求	
	光辐射式设备和传输系统的保护	"op is"
Gb	隔爆型	"d"
	增安型	"e"
	本质安全型	"ib"
	浇封型	"mb"
	油浸型	"o"
	正压型	"px" "py"
	充砂型	"q"
	本质安全现场总线概念(FISCO)	
	光辐射式设备和传输系统的保护	"op pr"
Gc	本质安全型	"ic"
	浇封型	"mc"
	无火花	"n" "nA"
	限制呼吸	"nR"
	限能	"nL"
	火花保护	"nC"
	正压型	"pz"
	非可燃现场总线概念(FNICO)	
	光辐射式设备和传输系统的保护	"op sh"

134

设备保护级别（EPL）	电气设备防爆结构	防 爆 形 式
Da	本质安全型	"iD"
	浇封型	"mD"
	外壳保护型	"tD"
Db	本质安全型	"iD"
	浇封型	"mD"
	外壳保护型	"tD"
	正压型	"pD"
Dc	本质安全型	"iD"
	浇封型	"mD"
	外壳保护型	"tD"
	正压型	"pD"

电气设备的温度组别、最高表面温度和引燃温度之间的关系见表6-11。

表6-11 电气设备的温度组别、最高表面温度和引燃温度之间的关系

电气设备温度组别	电气设备允许最高表面温度/℃	气体/蒸气的引燃温度/℃
T1	450	>450
T2	300	$450 \geqslant T > 300$
T3	200	$300 \geqslant T > 200$
T4	135	$200 \geqslant T > 135$
T5	100	$135 \geqslant T > 100$
T6	85	$100 \geqslant T > 85$

气体/蒸气或粉尘分级与电气设备类别的关系见表6-12。

表6-12 气体/蒸气或粉尘分级与电气设备类别的关系

气体/蒸气、粉尘分级	设备类别
ⅡA	ⅡA、ⅡB或ⅡC
ⅡB	ⅡB或ⅡC
ⅡC	ⅡC
ⅢA	ⅢA、ⅢB或ⅢC
ⅢB	ⅢB或ⅢC
ⅢC	ⅢC

防爆形式为"e""m""o""p"和"q"的电气设备应为Ⅱ类设备。

防爆形式为"d"和"i"的电气设备应为ⅡA、ⅡB或ⅡC类设备。

防爆形式"n"的电气设备应为Ⅱ类设备，如果它包括密封断路装置、非故障元件或限能设备或电路，那么，该设备应为ⅡA、ⅡB或ⅡC类设备。

3. 防爆电气设备标志示例

增安型"e"（EPL Gb）和正压外壳"px"（EPL Gb）的电气设备，最高表面温度125℃，引燃温度高于125℃的爆炸性气体环境：Ex e px II 125℃（T4）Gb 或者 Ex eb pxb II125℃（T4）。

隔爆型"d"（EPL Gb）和增安型"e"（EPL Gb）防爆形式的电气设备，用于 B 级气体引燃温度大于200℃的爆炸性气体环境：Ex de IIB T3 Gb 或者 Ex db eb IIB T3。

有ⅢC 导电性粉尘的爆炸性粉尘环境，用浇封型"ma"（EPL Da）电气设备，最高表面温度低于120℃：Ex ma ⅢC T120℃ Da 或者 Ex ma ⅢC T120℃。

有ⅢC 导电性粉尘的爆炸性粉尘环境，用外壳保护"t"（EPL Db）电气设备，最高表面温度低于225℃：Ex t ⅢC T225℃ Db IP65 或者 Ex tb ⅢC T225℃。

某工厂加工大麦谷物粉，在加工过程中存在可燃性非导电粉尘，引燃温度为270℃，根据可燃性粉尘出现的频繁程度和持续时间划为 22 区，电气设备选择为 Ex tD A22 IP54 T195℃。

对于爆炸性气体和粉尘同时存在的区域，其防爆电气设备的选择应该既要满足爆炸性气体的防爆要求，又要满足爆炸性粉尘的防爆要求，其防爆标志同时包括气体和粉尘的防爆标识。目前已有这种防爆电气产品面市。

6.3.2 爆炸性环境电气线路的设计

电气线路故障，可以引起火灾和爆炸事故。确保电气线路的设计和施工质量，是抑制火源产生、防止爆炸和火灾事故的重要措施。

1. 电气线路的敷设

电气线路一般应敷设在危险性较小的环境或远离存在易燃、易爆物释放源的地方，或沿建、构筑物的墙外敷设。

2. 导线材质

对于爆炸危险环境的配线工程，应采用铜芯绝缘导线或电缆，而不用铝质的。因为铝线机械强度差，容易折断，需要进行过渡连接而加大接线盒，同时在连接技术上也难于控制以保证连接质量。况且铝线在被 90 A 以上的电弧烧熔传爆时，其传爆间隙已接近规定的允许安全间隙，电流再大时就很不安全，铝比铜危险是显而易见的。爆炸性环境内电压为 1000 V 以下的钢管配线的技术要求见表 6-13。

表 6-13　爆炸性环境内电压为 1000 V 以下的钢管配线的技术要求

项目　　　　技术要求　　爆炸危险区域	钢管明配线路用绝缘导线的最小截面			管子连接要求
	电力	照明	控制	
1 区、20 区、21 区	铜芯 2.5 mm² 及以上	铜芯 2.5 mm² 及以上	铜芯 2.5 mm² 及以上	钢管螺纹旋合不少于 5 扣
2 区和 22 区	铜芯 1.5 mm² 及以上，或铝芯 4 mm² 及以上	铜芯 1.5 mm² 及以上，或铝芯 2.5 mm² 及以上	铜芯 1.5 mm² 及以上	钢管螺纹旋合不少于 5 扣

3. 电气线路的敷设与配线防爆

在爆炸危险环境中，当气体、蒸气比空气重时，电气线路应在高处敷设或埋入地下；架空敷设时宜用电缆桥架；电缆沟敷设时沟内应充砂，并宜设置有效的排水措施。当气体、蒸气比空气轻时，电气线路宜在较低处敷设或用电缆沟敷设；敷设电气线路的沟道、钢管或电缆，在穿过不同区域之间墙或楼板处的孔洞时，应用非燃性材料严密堵塞，以防爆炸性混合物气体或蒸气沿沟道、电缆管道流动；电缆沟通路可填砂切断。另外，为将爆炸性混合物或火焰切断，防止传播到管道的其他部分，引向电气设备接线端子的导线，其穿线钢管宜与接线箱保持 45 cm 距离。

4. 电气线路的连接

电气线路之间原则上不能直接连接。必须实行连接或封端时，应采用压接、熔焊或钎焊，确保接触良好，防止局部过热。线路与电气设备的连接，应采用适当的过渡接头，特别是铜铝相接时更应如此。

5. 导线允许载流量

绝缘电线和电缆的允许载流量不应小于熔断器熔体额定电流的 1.25 倍和断路器长延时过电流脱扣器整定电流的 1.25 倍。引向电压为 1000 V 以下笼型感应电动机支线的长期允许载流量，不应小于电动机额定电流的 1.25 倍，只有满足这种配合关系，才能避免过载，防止短路时把电线烧坏或过热时形成火源。

6.3.3 爆炸性环境电气设备的安装

隔离是将电气设备分室安装，并在隔墙上采取封堵措施，以防止爆炸性混合物进入。电动机隔墙传动时，应在轴与轴孔之间采取适当的密封措施；将工作时产生火花的开关设备装于危险环境范围以外（如墙外）；采用室外灯具通过玻璃窗给室内照明等都属于隔离措施。将普通拉线开关浸泡在绝缘油内运行，并使油面有一定高度，保持油的清洁；将普通荧光灯装入高强度玻璃管内，并用橡皮塞严密堵塞两端等都属于简单的隔离措施。后者只用作临时性或爆炸危险性不大的环境的安全措施。

户内电压为 10 kV 以上、总油量为 60 kg 以下的充油设备，可安装在两侧有隔板的间隔内；总油量为 60 ~ 600 kg 者，应安装在有防爆隔墙的间隔内；总油量为 600 kg 以上者，应安装在单独的防爆间隔内。

10 kV 及其以下的变、配电室不得设在爆炸危险环境的正上方或正下方，变电室与各级爆炸危险环境毗连，以及配电室与 1 区或 20 区爆炸危险环境毗连时，最多只能有两面相连的墙与危险环境共用；配电室与 2 区或 21 区爆炸危险环境毗连时，最多只能有三面相连的墙与危险环境共用。10 kV 及其以下的变、配电室也不宜设在火灾危险环境的正上方或正下方，若与火灾危险环境隔墙毗连，配电室允许通过走廊或套间与火灾危险环境相通，但走廊或套间应由非燃性材料制成。1000 V 以下的配电室可以通过难燃材料制成的门与 2 区爆炸危险环境和火灾危险环境相通。

变、配电室与爆炸危险环境或火灾危险环境毗连时，隔墙应用非燃性材料制成。与 1 区和 20 区环境共用的隔墙上，不应有任何管子、沟道穿过；与 2 区或 21 区环境共用的隔墙上，只允许穿过与变、配电室有关的管子和沟道，孔洞、沟道应用非燃性材料严密堵塞。

毗连变、配电室的门及窗应向外开，并通向无爆炸或火灾危险的环境。

变、配电站是工业企业的动力枢纽，电气设备较多，而且有些设备工作时还会产生火花和较高温度，其防火、防爆要求比较严格。室外变、配电站与建筑物、堆场、储罐应保持规定的防火间距，且变压器油量越大，建筑物耐火等级越低及危险物品储量越大者，所要求的间距也越大，必要时可加防火墙。露天变、配电装置不应设置在易于沉积可燃粉尘或可燃纤维的地方。

为了防止电火花或危险温度引起火灾，开关、插销、熔断器、电热器具、照明器具、电焊设备和电动机等均应根据需要，适当避开易燃物或易燃建筑构件。起重机滑触线的下方不应堆放易燃物品。

10 kV 及其以下架空线路，严禁跨越火灾和爆炸危险环境；当线路与火灾和爆炸危险环境接近时，其间水平距离一般不应小于杆柱高度的 1.5 倍；在特殊情况下，采取有效措施后允许适当减小距离。

6.3.4 爆炸性环境接地设计

当爆炸性环境电力系统接地设计时，1000 V 交流/1500 V 直流以下的电源系统的接地应符合下列规定：

1）爆炸性环境中的 TN 系统应采用 TN – S 型。即在危险场所中，中性线与保护线不应连在一起或合并成一根导线，从 TN – C 到 TN – S 型转换的任何部位，保护线应在非危险场所与等电位联结系统相连接。如果在爆炸性环境中引入 TN – C 系统，正常运行情况下，中性线存在电流，可能会产生火花引起爆炸，因此在爆炸危险区中只允许采用 TN – S 系统。

2）危险区中的 TT 型电源系统应采用剩余电流动作的保护电器。

3）爆炸性环境中的 IT 型电源系统应设置绝缘监测装置。

4）爆炸性气体环境中应设置等电位联结，所有裸露的装置外部可导电部件应接入等电位系统。

5）本质安全型设备的金属外壳可不与等电位系统联结，制造厂有特殊要求的除外。具有阴极保护的设备不应与等电位系统联结，专门为阴极保护设计的接地系统除外。

为了提高接地的可靠性，接地干线宜在爆炸危险区域不同方向，不少于两处与接地体相连。

6.4 电气防火措施

为了有效防护电气火灾，必须对电气火灾发生和蔓延的可能性、火灾的种类、火灾对人身和财产可能造成的危害、电气设备安装场所的特点及人员操作位置等进行正确分析，并根据分析结果确定相应的火灾监测和灭火系统。

6.4.1 消防供电

1）建筑物、储罐（区）、堆场的消防用电设备，其电源应符合下列要求：

① 除粮食仓库及粮食筒仓工作塔外，建筑高度大于 50.0 m 的乙、丙类厂房和丙类仓库的消防用电按一级负荷供电。

② 下列建筑物、储罐（区）和堆场的消防用电应按二级负荷供电：

● 室外消防用水量大于 30 L/s 的工厂、仓库。

● 室外消防用水量大于 35 L/s 的可燃材料堆场、可燃气体储罐（区）和甲、乙类液体储罐（区）。

● 座位数超过 1 500 个的电影院、剧院，座位数超过 3 000 个的体育馆、任一层面积超过 3 000 m² 的商店、展览建筑、省（市）级及以上的广播电视楼、电信楼和财贸金融楼，室外消防用水量超过 25 L/s 的其他公共建筑。

③ 除上述一级、二级供电负荷以外的建筑物、储罐（区）和堆场的消防用电可按三级负荷供电。

2）一级负荷供电的建筑，当采用自备发电设备作备用电源时，自备发电设备应设置自动和手动启动装置，且自动启动方式应能在 30 s 内供电。

3）消防应急照明灯具和灯光疏散指示标志的备用电源的连续供电时间不应少于 30 min。

4）消防用电设备应采用专用的供电回路，当生产、生活用电被切断时，应仍能保证消防用电，其配电设备应有明显标志。

5）消防控制室、消防水泵房、防烟与排烟风机房的消防用电设备及消防电梯等的供电，应在其配电线路的最末一级配电箱处设置自动切换装置。

6）消防用电设备的配电线路应满足火灾时连续供电的需要，其敷设应符合下列要求：

① 暗敷时，应穿管并应敷设在不燃烧体结构内且保护层厚度不应小于 30.0 mm。明敷时（包括敷设在吊顶内），应穿金属管或封闭式金属线槽，并应采取防火保护措施。

② 当采用阻燃或耐火电缆时，敷设在电缆井、电缆沟内可不采取防火保护措施。

③ 当采用矿物绝缘类不燃性电缆时，可直接明敷。

④ 宜与其他配电线路分开敷设；当敷设在同一井沟内时，宜分别布置在井沟的两侧。

6.4.2 火灾监控系统

1. 火灾监控系统的组成

火灾监控系统是以火灾为监控对象，根据防灾要求和特点而设计、构成和工作的，是一种及时发现和通报火情，并采取有效措施控制和扑灭火灾而设置在建筑物中或其他场所的自动消防设施。火灾监控系统可提高建筑物或其他场所的防灾自救能力，将火灾消灭在萌发状态，最大限度地减少火灾危害。火灾监控系统的工作原理是：被监控场所的火灾信息（如烟雾、温度、火焰光和可燃气等）由探测器监测感受并转换成电信号形式送往报警控制器，由控制器判断、处理和运算，确认火灾后，产生若干输出信号和发出火灾声光警报，一方面使所有消防联锁子系统动作，关闭建筑物空调系统、启动排烟系统、启动消防水加压泵系统、启动疏散指示系统和应急广播系统等，以利于人员疏散和灭火；另一方面使自动消防设备的灭火延时装置动作，经规定的延时后，启动自动灭火系统（如气体灭火系统等）。

2. 火灾探测方法

对火灾的探测，是以物质燃烧过程中产生的各种现象为依据，以实现早期发现火灾为前提。因此，根据物质燃烧过程中发生的能量转换和物质转换所产生的不同火灾现象与特征，产生了不同的火灾探测方法。主要的火灾探测方法有：

（1）空气离化探测法

空气离化探测法是利用放射性同位素释放的 α 射线将空气电离，使腔室（电离室）内空气具有一定的导电性；当烟雾气溶胶进入电离室内，烟粒子将吸附其中的带电离子，使离子电流产生变化。此电流变化与烟浓度有直接的关系，并可用电子探测器加以检测，从而获得与烟浓度有直接关系的电信号，用于确认火灾和报警。

（2）光电感烟探测法

光电感烟探测是根据光散射定律（轻度着色的粒子，当粒径大于光波长时将对照射光产生散射作用）工作的；它是在通气暗箱内用发光元件产生一定波长的探测光，当烟雾气溶胶进入暗箱时，其中粒径大于探测光波长的着色烟粒将产生散射光，通过置于暗箱内并与发光元件成一定夹角的光电接收元件收到的散射光强度，可以得到与烟浓度成正比的信号电流或电压，用以判断火灾和报警。

（3）热（温度）检测法

热（温度）检测法是根据物质燃烧释放热量所引起的环境温度升高或其变化率（升温速率）大小，通过相应的热敏元件（如双金属片、膜盒、热电偶、热电阻等）和相关的电子器件来探测火灾现象。

（4）火焰（光）探测法

火焰（光）探测法是根据物质燃烧所产生的火焰光辐射，其中主要是对红外光辐射或紫外光辐射，通过相应的红外光敏元件或紫外光敏元件和电子系统来探测火灾现象。

（5）可燃气体探测法

可燃气体探测法主要用于对物质燃烧产生的烟气体或易燃易爆环境泄漏的易燃气体进行探测。这类探测方法是利用各种气敏器件及其导电机理，或利用电化学元件的特性变化来探测火灾与爆炸危险性，根据使用的气敏器件不同分为热催化型原理、热导型原理、气敏型原理和三端电化学型原理四种。

根据不同的火灾探测方法和各类物质燃烧时的火灾探测要求，可以构成各种形式的火灾探测器，并可按待测的火灾参数分为感烟式、感温式、感光式（或光辐射式）火灾探测器和可燃气体探测器，以及烟温、烟光、烟温光等复合式火灾探测器。

火灾监控系统的选择和安装应适应于预期的火灾种类、工作条件和区域特点。设备和系统的安装应当由专业人员或在他们的指导下进行。安装完毕的探测、报警、灭火设备及整个系统都要做功能试验以保证正常运行，试验时可不释放灭火剂。对于电监测、电报警和电控设备应提供可靠的电源（如蓄电池供电系统），其电气线路应考虑采用防火电线电缆，以保证其在火灾和正常条件下的可靠性。在确定火灾探测器的布置、类型、灵敏度及数量时，应考虑被保护区域空间的大小及外形轮廓、气流方式、障碍物及其他特征。探测器应能在由于火灾使温度升高、烟、水蒸气、气体和辐射等条件下正常工作。

6.4.3　电气灭火

电气火灾有以下两个特点：

1）火灾发生后，电气设备和电气线路可能是带电的，如不注意，可能引起触电事故。根据现场条件，可以断电的应断电灭火；无法断电的则带电灭火。

2）电力变压器、多油断路器等电气设备充有大量的油，着火后可能发生喷油甚至爆炸事故，造成火焰蔓延，扩大火灾范围。

1. 触电危险和断电

电气设备或电气线路发生火灾，如果没有及时切断电源，扑救人员身体或所持器械可能接触带电部分而造成触电事故。使用导电的火灾剂，如水枪射出的直流水柱、泡沫灭火器射出的泡沫等射至带电部分，也可能造成触电事故。火灾发生后，电气设备可能因绝缘损坏而碰壳短路；电气线路可能因电线断落而接地短路，使正常时不带电的金属构架、地面等部位带电，也可能导致接触电压或跨步电压触电危险。因此，发现起火后，首先要设法切断电源。切断电源时应注意：

1）火灾发生后，由于受潮和烟熏，开关设备绝缘能力降低，因此，拉闸时最好用绝缘工具操作。

2）高压应先操作断路器，而不该先操作隔离开关切断电源，低压应先操作电磁启动器，而不该先操作刀开关切断电源，以免引起弧光短路。

3）切断电源的地点要选择适当，防止切断电源后影响灭火工作。

4）剪断电线时，不同相的电线应在不同的部位剪断，以免造成短路。剪断空中的电线时，剪断位置应选择在电源方向的支持物附近，以防止电线剪后断落下来，造成接地短路和触电事故。

2. 带电灭火安全要求

有时，为了争取灭火时间，防止火灾扩大，来不及断电；或因灭火、生产等需要，不能断电，则需要带电灭火。带电灭火时需注意：

1）应按现场特点选择适当的灭火器。二氧化碳灭火器、干粉灭火器的灭火剂都是不导电的，可用于带电灭火。泡沫灭火器的灭火剂（水溶液）有一定的导电性，而且对电气设备的绝缘有影响，不宜用于带电灭火。

2）用水枪灭火时宜采用喷雾水枪，这种水枪流过水柱的泄漏电流小，带电灭火比较安全。用普通直流水枪灭火时，为防止通过水柱的泄漏电流通过人体，可以将水枪喷嘴接地（即将水枪接入埋入接地体，或接向地面网络接地板，或接向粗铜线网络鞋套）；也可以让灭火人员穿戴绝缘手套、绝缘靴或穿戴均压服操作。

3）人体与带电体之间要保持必要的安全距离。用水灭火时，水枪喷嘴至带电体应保持以下距离：电压为10 kV及其以下者不应小于3 m，电压为220 kV及其以上者不应小于5 m。用二氧化碳等有不导电灭火剂的灭火器灭火时，机体、喷嘴至带电体应保持以下距离：电压为10 kV者不应小于0.4 m，电压为35 kV者不应小于0.6 m等。

4）对架空线路等空中设备进行灭火时，人体位置与带电体之间的仰角不应超过45°。

3. 充油电气设备的灭火

充油电气设备的油，其闪点多在130～140℃之间，有较大的危险性。如果只在该设备外部起火，可用二氧化碳、干粉灭火器带电灭火。如火势较大，应切断电源，并可用水灭火。如油箱破坏，喷油燃烧，火势很大时，除切断电源外，有事故储油坑的应设法将油放进储油坑，坑内和地面上的油火可用泡沫扑灭。要防止燃烧着的油流入电缆沟而顺沟蔓延，电缆沟内的油火只能用泡沫覆盖扑灭。

发电机和电动机等旋转电机起火时，为防止轴和轴承变形，可令其慢慢转动，用喷雾水灭火，并使其均匀冷却；也可用二氧化碳或蒸气灭火，但不宜用干粉、砂子或泥土灭火，以免损伤电气设备的绝缘。

案例分析

案例6－1　防爆区用非防爆电气设备，卸油时油罐爆炸

【事故经过】

15时40分左右，江西樟树市一个体加油站发生火灾，死亡6人，炸塌一座小楼。

加油站为砖混结构三层楼房，地下一层，地上二层。地下一层建筑面积108 m²，有两个

$10\,m^3$ 柴油罐、一个 $6\,m^3$ 汽油罐、一个 $3\,m^3$ 空罐及 10 余个油桶。地上一层建筑面积为 57.26 m^2，有一个 $5\,m^3$ 柴油罐、两台加油机和卧室；地上二层为两间住房，面积与地上一层相同。油罐设在密闭地下室内，室内灯管不防爆，卸油泵也是用不防爆的水泵，且采用敞口喷溅式卸油，卸油时罐室内油气浓度较大，遇电器打火，引发爆炸。

【事故原因】

本案例油罐设在室内，爆炸危险区域使用非防爆电气设备，且采用危险的操作方式，是严重的违规建设，导致事故的发生。

【预防措施】

1）加大执法检查力度，杜绝违规建设，防止类似事故的发生。

2）加油站的爆炸危险区域严禁使用非防爆电气设备。

案例 6-2 氢气遇非防爆电气设备，产生电火花发生爆炸

【事故经过】

8 月 27 日 7 时 52 分左右，操作工到盐酸储罐区开启盐酸输送泵，从 5 号储罐抽取浓度 25% 左右的盐酸输送至反应池。10 时 30 分左右，车间主任在巡查时发现氯化亚铁生产现场冒出白烟。10 时 46 分，他到操作平台查看，见北侧反应池反应剧烈，有大量白烟冒出，便安排操作工向反应池中注水，以降低反应剧烈程度。随后，车间主任离开反应池，操作工留在操作平台向反应池中注水。10 时 49 分，北侧 2 座反应池发生爆炸，将操作工炸落至操作平台西侧地面。事故发生后，车间主任立即和工人将操作工抬至厂区主干道，同时拨打了 120 电话。120 急救车将操作工送到泰兴市人民医院，28 日凌晨，操作工经抢救无效死亡。

【事故原因】

（1）直接原因

操作人员在氯化亚铁生产过程中，向反应池中加入了过量的盐酸，致反应剧烈，产生大量氢气；氢气未能及时通过吸气罩排出，致反应池内氢气积聚并和空气混合形成爆炸性混合气体，遇生产现场电气设备产生的电火花发生爆炸。

（2）间接原因

1）化工厂擅自改变生产工艺路线，新增一套装置生产氯化亚铁，既未按照《爆炸危险环境电力装置设置规范》（GB50058—2014）组织设计，未向安全生产监督管理部门申请安全审查，也未组织安全设施竣工验收，直接投入使用，导致未能及时纠正、消除生产现场存在不防爆电气设备、未设置气体自动监测装置等生产安全事故隐患。

2）化工厂制定的氯化亚铁生产操作规程缺乏可操作性，生产过程中工人无法准确控制盐酸使用量。

3）化工厂主要负责人和安全管理人员未切实履行安全管理职责，安全隐患排查治理工作不到位，未及时排查并消除氯化亚铁生产现场使用不防爆电气设备等生产安全事故隐患。

4）化工厂主要负责人法制意识淡薄，未执行安全生产监督管理部门责令暂时停产停业的决定，擅自组织生产。

案例 6-3 大学宿舍楼火灾

【事故经过】

11 月 24 日，俄罗斯卢蒙巴各族人民友谊大学发生火灾，死亡 37 人，受伤 171 人，其中

57人伤势严重。在死伤者中，大多是来自中国、越南、孟加拉和一些非洲国家的留学生。据中国驻俄罗斯大使馆发布的信息称，中国留学生死亡9人，失踪4人，伤30余人。

着火的这栋留学生宿舍楼为6号楼，为五层建筑，建筑面积约3000 m^2。登记住宿学生272人。初起火是凌晨2时30分，最先着火的部位是第2层的203号房间。居住在这个房间的3名女留学生，事发时这三名女留学生都不在屋。大火从203号房间窜出，并沿着楼道楼梯很快扩大蔓延到3~5层，过火面积约2000 m^2。约200多名正在酣睡的留学生，被烟雾呛醒，此时大火已经封门。被困在楼上的学生从各层楼上跳下来，或被摔死或被摔伤，惨不忍睹。

【事故原因】

1）经过调查确定，火灾是因为电气设备短路造成的，消防官员在事发现场发现有电暖器等大负荷电气设备残留物，最有可能此为与火灾相关的火源。莫斯科气温较低，留学生宿舍气温也较低，一些留学生利用电暖器取暖，因此，预防电气设备短路是防火的一个重点。造成电气设备短路的原因有许多，但综合许多实际的火灾案例，发现电线超负荷造成短路后，引发的火灾在住宅（包括居家、宿舍和宾馆等）电器类火灾中最为常见。

2）该宿舍只有一个楼梯，耐火等级标准偏低，起火之后，楼板和楼梯走道上铺设的可燃塑胶地毯和楼道内堆放的可燃性杂物迅速燃烧，浓烟和毒气封锁了楼梯走道。

3）报警不及时，因为起火初期没有被及时发现。大火至少发生在消防人员到达前30 min。校方没有紧急疏散。住在这里的留学生以女学生为多，且都是预科学生，彼此语言互不相通。一时逃生不及，便葬身于火海之中。

4）按照苏联的防火标准，五层以下的民用居住性建筑是可以不设置火灾自动报警装置和自动灭火装置的。有迹象表明，着火的这栋宿舍楼消防设备十分简陋，不仅没有安装现代化的火灾自动报警系统和自动喷水灭火系统，连个安全疏散标志灯也没有，且电气设备老化。

案例6-4　地铁火灾

【事故经过】

英国伦敦皇十字街地铁站因自动扶梯下面的机房内产生电火花，引燃自动扶梯的润滑油，浓烟沿着楼梯通道四处蔓延，由于行驶列车带动的气流以及圆筒状自动扶梯的通风作用，致使火越烧越烈，人们争先恐后地冲向出口，许多人被烧、压、窒息而死。这次火灾使32人丧生（包括一名消防员），100多人受伤，火灾中有58人受重伤。地下二层的两座自动扶梯和地下一层的售票厅被烧毁。

【事故原因】

1）经过调查确定，火灾是因为机房内产生的电火花引燃了自动扶梯的润滑油造成的。

2）人员密集场所，缺乏有效的应急预案，当火灾出现时，难以有效疏通通道，导致人们争先恐后地冲向同一个位置，引起大量伤亡。

【事故经过】

瑞士苏黎世地铁总站因地铁机车电线短路，导致地铁机车最后两节车厢发生火灾，司机在车站紧急刹车停下时，与迎面开来的一组地铁列车相撞起火。在这次火灾中，共有108名消防队员、15辆消防车和多种灭火器材投入灭火战斗，还有10余名医生、30多名救护人员、36辆救护车和两架直升机参加了救援工作。

【事故原因】

1）经调查核实，地铁机车最后两节车厢发生火灾的原因是地铁机车电线短路。

2）司机遇到紧急情况时，在车站紧急刹车，导致与迎面开来的一组地铁列车相撞，引发二次事故，产生二次起火。

案例6-5　电缆沟电缆爆燃

【事故经过】

丙烷脱沥青车间室外电缆沟发生了一次爆破事故。当时，泵房西侧室外地下电缆沟靠近南端处，突然"轰"的一声爆响，盖板被掀开，火随后从电缆沟里喷出。在附近参加检修的人员及车间人员立即用灭火机扑救，同时报火警。由于其他盖板仍然完好，灭火剂只能从盖板崩开的一处向里喷，因而没能立即将火扑灭。随后，又相继沿电缆沟向配电室方向发生14次爆炸，并冒出大量浓烟。整个扑救过程约8 min。为防止事故扩大，装置立即按紧急停工处理。由于配电室和室外电缆沟早用砂子隔断，配电室内没有任何损坏。

【事故原因】

电缆沟第一次爆炸的同时，丙烷泵停止了运转，第二套萃取溶剂流量回零。清理电缆沟时，发现该泵电动机电缆在泵房离电缆保护管管口约2 m处，由于长期被油水浸泡，绝缘损坏，铜线裸露，造成单相接地短路，发生爆燃。丙烷装置电缆沟内积油积水问题长期未能解决，造成了爆炸性气体的积存，构成重大隐患。

思考题

1. 危险物质的类别、级别和组别是怎样划分的？
2. 危险场所是怎样分类的？
3. 引起电气火灾和爆炸的直接原因是什么？应采取哪些方面的防范措施？
4. 电气设备的防爆形式主要有哪几种？分别适用于哪些危险区域？
5. 发现火灾后，首先要切断电源，在切断电源时应注意哪些事项？
6. 带电灭火要注意哪些问题？

第7章 静电防护

静电是十分普遍的电荷现象。人类认识静电已经有几千年的历史，但长期以来，由于静电的应用远不如动电广泛，因此，人们对静电的研究远远落后于动电。

静电是指宏观上暂时失去平衡的相对静止的正电荷和负电荷。静电并非是绝对静止的，只是其电荷存在形式是相对静止的，也就是说，电荷有时是静止的，有时是运动的，但这种运动和交流电、直流电电荷的运动不同，一般是没有固定路径，也不遵从欧姆定律。人们生产生活中，特别是生产工艺过程中产生的静电可能引起爆炸及其他危险和危害。

7.1 静电的产生

7.1.1 静电产生的原理

静电是由两种不同的物体（物质）互相摩擦，或物体与物体紧密接触后又分离而产生的。此外，由于物体受热、受压、撕裂、剥离、拉伸、撞击、电解以及物体受到其他带电体的感应等，也可能产生静电。

1. 静电产生的内因

（1）物质的逸出功不同

物质是由分子组成的，分子是由原子组成的，而原子是由原子核和其外围电子组成的。由于不同原子得失电子的能力不同，不同原子外层电子的能级不同，两种物质紧密接触时，一种物体将失去电子带正电，而另一种物体则得到电子带负电。如图 7-1 所示，两种物体接触距离小于 25×10^{-8} cm 时，在接触界面上会产生电子转移，接触面上形成双电荷层，并产生接触电位差，这是由于各种物质逸出功不同造成的。当这两种物体分离时，其中部分电荷回流，但仍然残留有符号相反的电荷，即产生静电。当两物体相互摩擦时，增加了两种物质达到 25×10^{-8} cm 以下距离的接触面积，并且不断地接触和分离，从而产生较多的静电。

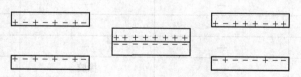

图 7-1 双电荷层和接触电位

逸出功是把电子从物质内部移到外部所要求外部做的功。两物体相接触时，逸出功较小的一方失去电子带正电，而另一方就获得电子带负电。因此，人们把各种物质按得失电子的难易，即按照起电性质的不同，把带正电的排在前面，带负电的排在后面，依次排列下去，可以排成一个长长的序列，称为静电序列或静电起电序列。两物体在静电序列中的排位越近，其相互摩擦或接触、分离后产生静电量越小，反之则越大。

两个典型的静电序列为：

1）（+）玻璃—头发—尼龙—羊毛—绸—人造丝—棉纱—纸—麻—钢铁—聚苯乙烯—硬橡胶—醋酸纤维素—合成橡胶—聚酯纤维—丙纶聚乙烯—聚氯乙烯—聚四氟乙烯（－）。

2）（+）木棉—玻璃—云母—羊毛—毛皮—铅—镉—锌—铝—铬—铁—铜—镍—银—金—铂（－）。

静电起电极性序列见表7-1。

表7-1 静电起电极性序列

金 属 (+)	纤 维 (+)	天然物质 (+)	合成树脂 (+)
—	—	石棉	—
—	—	人毛、毛皮	—
—	—	玻璃	—
—	—	云母	—
—	羊毛	—	—
—	尼龙	—	—
—	人造纤维	—	—
铅	—	—	—
—	绢	—	—
—	木棉	棉	—
—	麻	—	—
—	—	木材	—
—	—	人的皮肤	—
—	玻璃纤维	—	—
锌	乙酸酯	—	—
铝	—	—	—
—	—	纸	—
铬	—	—	—
—	—	—	硬橡胶
铁	—	—	—
铜	—	—	—
镍	—	—	—
金	—	橡胶	聚苯乙烯
—	维尼纶	—	—
铂	—	—	聚丙烯
—	聚酯	—	—
—	丙纶	—	—
—	—	—	聚乙烯
—	聚偏二氯乙烯	硝化纤维、象牙	—

金　　属	纤　　维	天 然 物 质	合 成 树 脂
—	—	玻璃纸	—
—	—	—	聚氯乙烯
—	—	—	聚四氟乙烯
（-）	（-）	（-）	（-）

注：表中列出的两种物质相互摩擦时，处在表中上面位置的物质带正电，下面位置的带负电（属于不同种类的物质相互摩擦时，也是如此），且其带电量数值与该两种物质在表中所处上、下位置的间隔距离有关，即在同样条件下，两种物质所处的上、下位置间隔越远，其摩擦带电量越大。

（2）物质的电阻率不同

由高电阻率物质制成的物体，其导电性能差，带电层中的电子移动比较困难，构成了静电荷积聚的条件。绝缘物体上吸附了带电灰尘，电荷难以通过绝缘物泄漏掉，使物体对外显示了电性。根据双电层和接触电位差的理论，可以推知两种物质紧密接触再分离时，即可能产生静电。两种物质互相摩擦后之所以能产生静电，其中就包括通过摩擦实现较大面积的紧密接触，在接触面上产生双电层的过程。导体与导体之间虽然也能产生双电层，但由于分离时所有互相接触的各点不可能同时分离，接触面两边的正、负电荷将通过尚未脱离开的那些点迅速中和，致使两导体都不带电。

在电工领域，导体是指体积电阻率在 $10^{-7}\Omega \cdot m$ 以下的物体，绝缘体是指体积电阻率在 $10^{7}\Omega \cdot m$ 以上的物体。在静电领域，根据静电积累和泄漏的特点，将材料分为静电导体、静电亚导体和静电非导体。静电导体是指体积电阻率在 $10^{6}\Omega \cdot m$ 以下或表面电阻率在 $10^{7}\Omega \cdot cm$ 以下的物体，即使上面载有电荷，也可瞬间消失，不容易积聚，不致引起静电危害；静电亚导体是指体积电阻率为 $10^{6} \sim 10^{10}\Omega \cdot m$ 或表面电阻率为 $10^{7} \sim 10^{11}\Omega \cdot cm$ 的物体，通常带电量是不大的，产生的静电积聚也不严重；静电非导体指体积电阻率在 $10^{10}\Omega \cdot m$ 以上或表面电阻率在 $10^{11}\Omega \cdot cm$ 以上的物体，它们容易积聚静电电荷，消散较慢，是防静电工作的重点对象。油品的导电率一般都较低，即电阻率偏大，大多数都高于 $10^{10}\Omega \cdot m$，如汽油、苯等电阻率在 $10^{11} \sim 10^{15}\Omega \cdot m$ 之间，是容易起静电的。

必须指出，水是静电的良导体，但当少量水夹在绝缘油品中，因为水滴与油品相对流动时要产生静电，反而会使油品静电量增加。金属是良导体，但当与大地绝缘时，就和绝缘体一样，也会带有静电。

鉴别固体表面导电性，可用表面电阻率来考核。表面电阻率在 $10^{9}\Omega \cdot cm$ 以下的物体表面，当有良好静电接地时，就不会积累静电荷。

（3）介电常数不同

介电常数也称电容率，是决定电容的一个因素。在具体配置条件下，物体的电容与电阻结合起来，决定了静电的消散规律。如果液体相对介电常数大于20，并以连续性存在及接地，一般来说，不管是输送还是储运，都不大可能积累静电。

2. 静电产生的外因

（1）紧密的接触和迅速的分离

任何物体的表面都是不平滑的，相互接触只能做到多点接触，当接触距离小于 $25 \times 10^{-8} cm$ 时，电子就有转移，即形成了双电层。如果分离的速度足够迅速，物体即可带电。

摩擦就是紧密接触和迅速分离反复进行的一种形式，从而促使了静电的产生。紧密接触、迅速分离的形式还有如撕裂、剥离、拉伸、加捻、撞击、挤压、过滤及粉碎等。

（2）附着带电

某种极性的离子或带电粉尘附着在与地绝缘的固体上，能使该物体带上静电或改变其带电状况。物体获得电荷的多少取决于物体对地电容及周围条件，如空气湿度、物体形状等。人在有带电微粒的场合活动后，由于带电微粒吸附于人体，因而人也会带电。

（3）感应起电

在工业生产中，带静电的物体能使附近不相连的导体，如金属管道、零件表面的不同部位出现带有电荷，这就是静电感应起电。静电感应是导体在静电场中特有的现象。导体在电场中，在静电场的作用下，其表面不同部位感应出不同电荷或导体上原有电荷重新分布。由于静电感应，不带电的导体可以变成带电的导体，即不带电的导体可以感应起电。

静电感应、感应起电和放电的全过程如图 7-2 所示。图 7-2a 表示中性导体；图 7-2b 表示静电感应，即表示该中性导体在外界电场作用下，其上电荷宏观移动而成为带电体，带有正电位，出现正的对地电压；图 7-2c 表示该导体与接地体之间发生火花放电；图 7-2d 表示该导体接地，其上正电荷泄入大地后，电荷宏观移动停止，该导体又变为与大地等电位；图 7-2e 表示拆去接地线后，该导体带电情况保持不变，仍与大地等电位；图 7-2f 表示撤去外电场后，该导体成为带负电荷的孤立带电体，带有负电位，出现负的对地电压，这就是感应起电；图 7-2g 表示经感应起电的导体再次与接地体之间发生火花放电，其上电荷通过火花放电被中和掉，而恢复为中性导体。

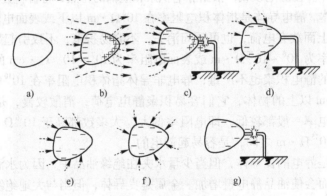

图 7-2 静电感应、静电起电和放电

应当指出，图 7-2b 中导体两端虽然带有极性相反的电荷，但导体仍然是一个等位体。这时导体处在静电平衡状态，其两端极性相反的电荷在导体内部产生的附加电场正好抵消外电场，以保持导体内电场强度为零。至于导体外部，由于导体的存在，电场的分布会受到一定影响。

实际中，由于静电感应和感应起电，可能在导体（包括人体）上产生很高的电压，导致产生危险的火花放电。这是一个容易被人们忽视的危险因素。静电感应的原理可用于静电测量和消除有害静电。

（4）电解起电

将金属浸入电解溶液中，或在金属表面形成液体薄膜，由于界面上的氧化还原反应，金属离子将向溶液扩散，即在界面形成电流。随着这一过程的进行，界面上出现双电层，形成电位差。在一定条件下，这个电位差足以阻止金属离子继续溶解，达到平衡状态。平衡状态遭到破坏时，金属离子再度扩散，又形成电流。

因此，固定的金属与流动的液体（电解液）之间将会产生电流。最常见的就是液体在管道内流动而带电的现象。

在电解起电中，强酸性材料容易带负电，强碱性材料容易带正电。

（5）压电效应起电

某些固体材料在机械力的作用下会产生电荷。压电效应起电的特点是在同一试件表面上，同时存在分布不均匀的正负电荷。压电效应产生的电荷密度较小，但在局部面积上，同时存在分布不均匀的正负电荷，仍有可能具有引起爆炸的能量。

（6）极化起电

绝缘体在静电场内，其内部和外表面能带电荷，是极化作用的结果。在绝缘的容器内盛装带电物体，容器外壁具有电性，就是这个原因。按分子结构不同，极化分为两类：一是非极性分子极化。在外电场作用下，构成分子的正、负电荷发生相对移动，排列有序，在表面上分别出现束缚电荷。外电场越强，束缚电荷也越多。二是极性分子的极化。这些极性分子由于热运动，电矩方向排列混乱，总体上不显电性。在外电场作用下，电矩有沿外电场转动的倾向，但并非全部做有序排列。外电场越强，分子排列越整齐。

（7）喷出带电

粉体、液体和气体从截面很小的开口处喷出时，这些流动物体与喷口激烈摩擦，同时流体本身分子之间又互相碰撞，会产生大量的静电。

（8）飞沫带电

喷在空间的液体，由于扩展飞散和分离，出现了许多小滴组成的新的液面，产生静电。

另外还有流涌、沉浮和冻结等多种产生静电的方式。需要指出的是，产生静电的方式不是孤立单一的，如摩擦起电的方式就包括了接触带电、热电效应起电和压电效应起电等几种形式。

7.1.2 静电放电引燃的条件

带电体上的静电荷总是要释放掉的，电荷的释放有自然逸散和各种形式的放电两个途径。静电放电是电能转换成热能的过程，能将可燃物引燃，成为引起燃烧或爆炸的火源之一。

静电放电以静电积聚为前提，被积聚的静电只有同时具备以下条件才能构成放电危害：

1）积聚起来的电荷能形成具有足以引起火花放电的静电电压。

2）有适宜的放电间隙。

3）放电达到能够点燃可燃性气体的最小能量。

4）放电必须在爆炸性混合物的爆炸浓度范围内发生。

7.1.3 静电的存在状态

（1）蒸气和气体静电

蒸气或气体在管道内高速流动或由阀门、缝隙高速喷出时也会产生危险的静电。蒸气产生静电类似液体产生静电，即其静电也是由于接触、分离和分裂等原因产生的。完全纯净的气体是不会产生静电的，但由于气体内往往含有灰尘、铁末、干冰、液滴和蒸气等固体颗粒或液体颗粒，通过这些颗粒的碰撞、摩擦和分裂等过程可产生静电。喷漆是含有大量杂质的气体高速喷出，会产生比较强的静电。蒸气和气体静电比固体和液体的静电要弱一些，但也能高达万伏以上。

（2）液体静电

液体在流动、过滤、搅拌、喷雾、喷射、飞溅、冲刷、灌注和剧烈晃动等过程中，可能产生十分危险的静电。由于电渗透、电解和电泳等物理过程，液体与固体的接触面上也会出现双电层。紧贴分界面的电荷层只有一个复杂直径的厚度，是不随液体流动的固定电荷层；与其相邻的异性电荷层为数十至数百倍分子直径的随液体流动的滑移电荷层。如果液体在管道内呈紊流状态，则滑移的电荷被搅动，不局限在某一范围，而近似地沿管道断面均匀分布。显然，液体流动时，一种极性的电荷随液体流动，形成所谓流动电流。由于流动电流的出现，管道的终端容器里将积累静电电荷。

（3）固体静电

固体静电可直接用双电层和接触电位差的理论来解释。双电层上的接触电位差是极为有限的，而固体静电电位高达数万伏以上，其原因不在于静电电量大（工艺过程中局部范围内的静电电量一般只是微库级的），而在于电容的变化。电容器上的电压 U、电量 Q 和电容 C 三者之间保持 $U = Q/C$ 的关系。固体物质大面积的接触－分离或大面积的摩擦，以及固体物质的粉碎等过程中，都可能产生强烈的静电。橡胶、塑料和纤维等行业工艺过程中的静电高达数万伏，甚至数十万伏，如不采取有效措施，很容易引起火灾。

（4）粉体静电

粉体是特殊状态下的固体，其静电的产生也符合双电层的基本原理。粉体物料的研磨、搅拌、筛分或高速运动时，由于粉体颗粒与颗粒之间及粉体颗粒与管道壁、容器壁或其他器具之间的碰撞、摩擦，以及由于破断都会产生有害的静电。塑料粉、药粉、面粉、麻粉、煤粉和金属粉等各种粉体都可能产生静电。粉体静电电压可高达数万伏。

与整块固体相比，粉体具有分散性和悬浮状态的特点。由于分散性，使得粉体表面积比同样材料、同样质量的整块固体的表面积要大很多倍。例如，把直径 100 mm 的球状材料分散成等效直径为 0.1 mm 的粉体时，表面积将增加 1000 倍以上。由于表面积的增加，使得静电更容易产生。表面积增加亦即材料与空气的接触面积增加，使得材料的稳定度降低。因此，虽然整块的聚乙烯是很稳定的，而粉体聚乙烯却可能发生强烈的爆炸。由于粉体处于悬浮状态，颗粒与大地之间总是通过空气绝缘的，而与组成粉体的材料是否是绝缘材料无关。因此，铝粉、镁粉等金属粉体也能产生和积累静电。

（5）人体静电

在从毛衣外面脱下合成纤维衣料的衣服时，或经头部脱下毛衣时，在衣服之间或衣服与人体之间，均可能发生放电。这说明人体及衣服在一定条件下是会产生静电的。人在活动过程中，人的衣服、鞋以及所携带的用具与其他材料摩擦或接触－分离时，均可能产生静电。例如，人穿混纺衣料的衣服坐在人造革面的椅子上，如人和椅子的对地绝缘都很高，则当人起立时，由于衣服与椅面之间的摩擦和接触－分离，人体静电高达 10000 V 以上。液体或粉体从人拿着的容器中倒出或流出时，带走一种极性的电荷，而人体上将留下另一种极性的

150

电荷。

人体是导体，在静电场中可能感应起电而成为带电体，也可能引起感应放电。如果空间存在带电尘埃、带电水沫或其他带电粒子，并为人体所吸附，人体也能带电。人体静电与衣服料质、操作速度、地面和鞋底电阻、相对湿度和人体对地电容等因素有关。因为人体活动范围较大，而人体静电又容易被人们忽视，所以，由人体静电引起的放电往往是酿成静电灾害的重要原因之一。

7.2 静电的特点和危害

7.2.1 静电的特点

1. 电量少而电压高

生产工艺过程中局部范围内产生的静电的电量一般都只是微库仑级的，即电量很小，但是，这样小的静电量，在一定的条件下会形成很高的静电电压。高静电电压容易产生火花，可能引起火灾或爆炸事故。

平板电容器是由两块极板中间隔以绝缘材料组成的。电容器充电时，一个极板带正电荷，另一极板带负电荷。而两种材料紧密接触和分离后，也是一边带正电荷，另一边带负电荷，与电容器具有类似的性质。依据电学知识，电容器的电容 C、电容器极板上的电量 Q 和电容器极板之间的电压 U 之间保持以下关系：

$$C = Q/U \tag{7-1}$$

式中　　C——电容，单位为 F；

　　　　Q——电量，单位为 C；

　　　　U——电压，单位为 V。

如果紧密接触的两种材料分离前后，其上电荷没有消散，即电量 Q 保持不变，则电容 C 和电压 U 保持反比关系。随着两种材料空间位置发生变化，电容 C 也发生变化，电压 U 发生相应的变化。电容越大，电压越低；电容越小，电压越高。在产生静电的实际场所，电容的变化往往是很大的，这就有可能出现极高的电压。

以两种平面接触的材料为例。这两种材料构成平板电容器的两个极板，其间电容为

$$C = \varepsilon S/d \tag{7-2}$$

式中　　ε——平板间介质的介电常数，单位为 F/m；

　　　　S——平板面积，单位为 m^2；

　　　　d——平板间距离，单位为 m。

两种材料紧密接触时，其间距离 d_1 极小，只有 25×10^{-8} cm；假定分离以后，其间距离增大至 $d_2 = 1$ cm，则前后电容之比为

$$\frac{C_1}{C_2} = \frac{d_1}{d_2} = \frac{1}{25 \times 10^{-8}} = 4 \times 10^6$$

即电容减小为原来的 400 万倍，而电压则增高为原来的 400 万倍。如果这两种材料的接触电位差为 0.01 V，分离 1 cm 后两者之间的电位差骤升至 40 kV。当然，两种材料分离时，其上正、负电荷会部分回流而中和，电压比计算的要小一些。但是，其间电压仍可能有几

千伏。

不仅平面接触产生静电有这种情况，而且通过其他方式产生静电也都有类似情况。例如，传动皮带离开转动轮时，电压并不高，但转到中间位置时，由于对地距离增大，电容减小，静电电压增高很多；液体或粉体在管道内流动时电压也不很高，但当注入储罐、料仓或容器时，也由于对地距离骤然增大，电容减小，静电电压却升高很多。橡胶行业的静电可高达数万伏，如不采取有效措施，很容易引起火灾。

当人体与大地绝缘时，由于衣服之间、衣服与人体之间、衣服与其他装备或器具、鞋与地面之间的接触 - 分离，人体可带上静电。在不同条件下，人体静电可能高达数千至 1 万多伏。

粉体静电也可能达到数千至 1 万多伏。飞机飞行时，静电电压可能高达数万至数十万伏。油料注入罐内时，罐内油的电位可高达数千至数万伏。蒸气和气体的静电比固体、粉体或液体的静电要弱一些，但也可能达到万伏以上。

静电电压虽然很高，但因其电量很小，所以能量也很小，静电能量一般不超过数焦耳。

2. 静电放电

静电放电是静电消失的主要途径之一，一般是电位较高，能量较小，处于常温常压条件下的气体击穿。电极材料可以是导体或绝缘体，电场多数是不均匀的。如图 7-3 所示，静电放电形式主要有以下三种形式：

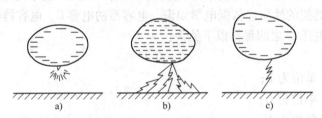

图 7-3　静电放电形式

a）电晕放电　b）刷形放电　c）火花放电

1）电晕放电。电晕放电发生在带电体尖端附近或其他曲率半径很小处附近的局部区域。在这很小的区域内，电场强度很高，使气体分子发生电离，形成电晕放电。较强的电晕放电伴有嘶嘶声和淡紫色光。如果电晕放电不继续发展，则没有引燃危险。

2）刷形放电。刷形放电是火花放电的一种。其放电通道有很多分支，而不集中在一点。放电时伴有啪啪的响声。由于绝缘体束缚电荷的能力很强，其上电荷很难移动，于是表面上容易出现刷状放电通道。刷形放电的火花能量比较分散，但对引燃能量较低的爆炸性混合物，也有引燃的危险性。由于绝缘体上的电荷不能通过一次刷形放电全部放尽，同一个绝缘体上可能发生多次刷形放电，从而有多次引燃的可能性。

3）火花放电。这里所说的火花放电是指放电通道集中的火花放电，即电极上有明显放电火集中点的放电。火花放电时有短促的爆裂声和明亮的闪光。

除上述几种放电外，对于静电，也可能发生沿绝缘固体表面进行的放电，即沿面放电（闪络）；对于空间电荷，还可能发生云状放电。和通常气体放电一样，静电放电也受电场均匀程度、电极极性和材料、电压作用时间及气体状态等因素的影响。

尖端放电也是静电放电的一般规律。平衡时，导体上的静电电荷只分布在导体的外表面，而且电荷分布与导体的几何形状有关。导体表面曲率越大的地方，电荷密度越小；导体表面曲率越小的地方，电荷密度越大。因此，在导体的尖端电荷集中，电荷密度很大，尖端附近电场很强，易发生放电。因为这种放电发生在尖端，所以这种放电叫作尖端放电。

典型静电放电的特点及其相对引燃能力见表7-2。

表7-2　典型静电放电的特点及其相对引燃能力

放电种类	发生条件	特点及引燃性
电晕放电	当电极相距较远，在物体表面的尖端或突出部位电场较强处较易发生	有时有声光，气体介质在物体尖端附近局部电离，不形成放电通道。感应电晕单次脉冲放电能量小于 20 μJ，有源电晕单次脉冲放电能量则较此大若干倍，引燃、引爆能力甚小
刷形放电	在带电位较高的静电非导体与导体间较易发生	有声光，放电通道在静电非导体表面附近形成许多分叉，在单位空间内释放的能量较小，一般每次放电能量不超过 4 mJ，引燃、引爆能力中等
火花放电	发生在相距较近的带电金属导体间	有声光，放电通道一般不形成分叉，电极上有明显放电集中点，释放能量比较集中，引燃、引爆能力很强
传播型刷形放电	仅发生在具有高速起电的场合，当静电非导体的厚度小于 8 mm，其表面电荷密度大于或等于 2.7×10^{-4} C/m² 时较易发生	放电时有声光，将静电非导体上一定范围内所带的大量电荷释放，放电能量大，引燃、引爆能力强

3. 绝缘体上消散慢

绝缘体对其上电荷的束缚力很强，如不经放电，则其上静电电荷消散很慢。静电的消散有两个途径：一是与空气中的自由电子或离子互相中和；二是通过绝缘体本身及其相连接的物体向大地泄漏，或与异性电荷中和。

4. 静电屏蔽

导体在静电场中达到平衡时，其空腔内电场强度为零（见图7-4a）。如果空腔导体的空腔内有电荷，且其外表面接地（见图7-4b），则外表面上的感应电荷泄入大地，导体外部场强为零，这两种现象都叫作静电屏蔽。在爆炸危险场所，可利用静电屏蔽原理防止静电的危害。

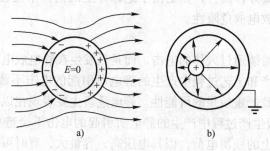

图7-4　静电屏蔽原理

7.2.2　静电的危害

工艺过程中产生的静电既可能引起爆炸和火灾，也可能给人以电击，还可能妨碍生产。

1. 爆炸和火灾

爆炸和火灾是静电最大的危害。静电能量虽然不大，但因其电压很高而容易发生放电，出现火花放电。如果所在场所有易燃物品，又有由易燃物品形成的爆炸性混合物，包括爆炸性气体和蒸气，以及爆炸性粉尘等，即可能由静电火花引起爆炸或火灾。

一些轻质油料及化学溶剂，如汽油、煤油、酒精和苯等容易挥发与空气形成爆炸性混合物。在这些液体的载运、搅拌、过滤、注入、喷出和流出等工艺过程中，容易由静电火花引起爆炸和火灾。与轻质油料相比，重油和渣油的危险性较小，但其静电的危险仍然是存在的，而且也有爆炸和火灾的事例。据统计，液体作业中静电爆炸和火灾约占全部静电爆炸和火灾总数的一半。

金属粉末、药品粉末、合成树脂和天然树脂粉末、燃料粉末、农作物粉末等都能与空气形成爆炸性混合物。在这些粉末的磨制、干燥、筛分、收集、输送、倒装及其他有摩擦、撞击、喷射、振动的工艺过程中，都比较容易由静电火花引起爆炸或火灾。

橡胶、塑料和造纸等行业经常用到的一些化学溶剂，也能形成爆炸性混合物。在其原料搅拌、制品挤压和分离、摩擦等工艺过程中，容易引起火灾，甚至引起爆炸。

氢气、乙炔等气体极易形成爆炸性混合物。易燃液体的蒸气或气体高速喷射时容易由静电火花引起爆炸。水蒸气高速喷射时也能引起所在场所里的爆炸性混合物爆炸。对于静电来说，人体相当于导体，电荷能够经人体泄入大地。但当人体与地面绝缘（如人穿胶底鞋）时，则人体成为孤立导体，与大地之间一般保持有数百皮法的电容，人体静电电压可达数千至数万伏。当人体对地电容为 350 pF 时，由人体静电导致的放电火花完全可能引燃甲醇、乙醇等与空气形成的爆炸性混合物。

就行业性质而言，以炼油、化工、橡胶、造纸、印刷和粉末加工等行业由于静电引起的爆炸和火灾事故最多。就工艺种类而言，以输送、装卸、搅拌、喷射、开卷和卷缠、涂层、研磨等工艺过程事故最多。对于发生的时间而言，气候干燥的冬季事故较多，而潮湿的夏季事故较少。

导体放电时，其上电荷全部消失。其静电场存储的能量一次集中释放，有较大的危险性。

绝缘体放电时，其上电荷不能一次放电而全部消失，其静电场所存储的能量也不能一次集中释放，危险性较小。但是，当爆炸性混合物的最小引燃能量很小时，绝缘体上的静电放电火花也能引起混合物爆炸；而且，正是由于绝缘体上的电荷不能在一次放电中全部消失，而使得绝缘体具有多次放电的危险性。

2. 静电电击

静电电击不是电流持续通过人体的电击，而是只发生在静电放电的瞬间，通过人体的电流为瞬时冲击电流，生产和工艺过程中产生的静电所引起的电击不致直接使人致命，但是，不能排除由静电电击导致严重后果的可能性。静电危害主要表现在以下三个方面：

1）直接伤害。一般生产过程中产生的静电所引起的电击不会造成致命危险，但具有静电特征的雷电或电容器上的残留电荷，因其电压高、容量大，有时可能危及人的生命。

2）二次伤害。人体遭受电击时，由于身体失去平衡，可能从高空坠落、摔伤或触碰机械造成伤害，静电电击造成的二次伤害对人身安全威胁最大。

3）精神紧张。人体受到静电电击的刺激就会造成精神紧张，以至妨碍正常工作，或因误操作而发生各种事故。

当人体电容为 90 pF 时，不同电压下静电电击的程度可参考表 7-3。由表可知，当静电电压为 3 kV 左右时，人体即有明显的电击感觉。如果带电体是绝缘体，确定发生电击的界限也是很困难的。对于带电情况很不均匀的绝缘体、包含有局部低电阻率区域的绝缘体，以及近旁有金属导体的绝缘体，也要特别注意防止电击的危险性。

表7-3 静电电击时人体的反应

电压/kV	能量/mJ	电击程度
1	0.045	没有感觉
2	0.18	手指外侧有感觉，但不疼痛
2.5	0.281	放电部位有针刺感、轻微冲击感，但不疼痛
3	0.405	有轻微和中等针刺痛感
4	0.72	手指轻微疼痛，有较强的针刺痛感
5	1.125	手掌乃至手腕前部有电击疼痛感
6	1.62	手指剧痛，手腕后都有强烈电击感
7	2.205	手指、手掌剧痛，有麻木感
8	2.88	手掌乃至手腕前部有麻木感
9	3.645	手腕剧痛，手部严重麻木
10	4.5	整个手剧痛，有电流通过感
11	5.445	手指剧烈麻木，整个手有强烈电击感
12	6.48	由于强烈电击，整个手有强烈打击感

对于静电，人体相当于导体，放电时其有关部分的电荷一次性消失，即能量集中释放，危险性较大。对于电击来说，由于生产工艺过程中积累的静电能量总是有限的，一般不会达到使人致命的界限。

3. 妨碍生产

在某些生产过程中，如不消除静电，将会妨碍生产或降低产品质量。

在纺织行业及有纤维加工的行业，特别是随着涤纶、腈纶和锦纶等合成纤维材料的应用，静电问题变得十分突出。例如，在抽丝过程中，每根丝都要从直径为百分之几毫米的小孔挤出，产生较多静电，由于静电电场力的作用，会使丝漂动、黏合和纠结等，妨碍工作；在纺纱、织布过程中，由于橡胶辊轴与丝、纱摩擦及其他原因产生的静电，可能导致乱纱、挂条、缠花和断头等，妨碍工作；在织布、印染等过程中，由于静电电场力的作用，可能吸附灰尘等，降低产品质量，甚至影响缠卷，使缠卷不紧。

在粉体加工行业，生产过程中产生的静电除带来火灾和爆炸危险外，还会降低生产效率、影响产品质量。例如，粉体筛分时，出于静电电场力的作用而吸附细微的粉末，使筛目变小，降低生产效率；在球磨过程中，由于钢球吸附一层粉末，不但会降低生产效率，而且这一层粉末脱落下来混进产品之中，还会降低产品质量；计量时，由于计量器吸附粉体还会造成测量误差；粉体装袋时，由于静电斥力的作用，粉体四散飞扬，既损失粉体，又污染环境等。

在塑料和橡胶行业，由于制品与辊轴的摩擦，制品的挤压和拉伸，会产生较多静电。除火灾和爆炸危险外，由于静电不能迅速消散会吸附大量灰尘，而为了清扫灰尘要花费很多时间；在印花或绘画的情况下，静电力使油墨移动会大大降低产品质量；塑料薄膜也会因静电而缠卷不紧等。

在印刷行业，纸张上的静电可能导致纸张不能分开，粘在传动带上，使套印不准，折收不齐；油墨受力移动会降低印刷质量等。

在感光胶片行业，由于胶片与辊轴的高速摩擦，胶片静电电压可高达数千至数万伏。如在暗室中发生放电，胶片将因感光而报废；同时，胶卷基片如吸附灰尘或纤维会降低胶片质量，还会造成涂膜不匀等。

在食品行业，食品粉尘由于静电而吸附在工艺设备的内壁上，往往一时不能清除。而在改制另一种食品时，这些残留在设备内壁上的食品粉尘可能脱落下来，混合进去，而降低制品质量。

在电子技术行业，生产过程中产生的静电还可能引起计算机、继电器和开关等设备中电子元件的误动作；还可能对无线电通信设备、磁带录音机产生干扰。

此外，在精密制造行业，由于静电吸附粉尘会降低产品质量。在医院、办公楼等其他场所，静电也有上述类似的危害。

7.3 静电防护措施

消除静电危害的方法大致分为三类：

第一类是泄漏法。采取接地、增湿、加入抗静电剂和涂导电涂层等措施，以加快消除生产工艺过程中产生的静电电荷，防止静电的积累。

第二类是中和法。采用各种静电中和器（如感应静电消除器、高压静电消除器和放射线静电消除器等），在带静电体附近使空气电离，通过气体导电使已经产生的静电得到中和而消除，避免静电的积累。

第三类是工艺控制法。在材料选择、工艺设计和设备结构等方面采取措施，控制静电的产生，使之不超过危险程度。

静电最为严重的危险是引起爆炸和火灾。因此，静电安全防护主要是对爆炸和火灾的防护。一些防护措施对于防护静电电击和消除影响生产的危害也是同样有效的。生产过程中，消除危害的静电防护措施主要有如下几种：

1. 环境危险性控制

静电引起爆炸和火灾的条件之一爆炸性混合物存在。为了防止静电的危害，可采取控制所在环境爆炸和火灾危险性的措施，防止形成危险混合物。

1）取代可燃物质。在许多生产工艺过程中使用的有机溶剂和易燃液体，容易产生爆炸和火灾危险。在不影响工艺过程正常运转、产品质量和经济合理的情况下，用不可燃介质代替易燃介质是防止静电引起爆炸和火灾的重要措施之一。采用该措施不但对于防止静电引起的爆炸和火灾是有效的，而且对于防止其他原因引起的爆炸和火灾也是有效的。

2）降低爆炸性混合物的浓度。在爆炸和火灾危险环境，采用通风装置或抽气装置及时排出爆炸性混合物，使混合物的浓度不超过爆炸下限，可防止静电引起爆炸的危险。

3）减少氧化剂含量。实质上是充填氮、二氧化碳或其他不活泼的气体，减少气体、蒸气或粉尘爆炸性混合物中氧的含量不超过8%时即不会引起燃烧。

2. 工艺控制

工艺控制是从工艺上采取适当的措施，限制和避免静电的产生和积累。工艺控制的方法应用很广，是消除静电危害的主要方法之一。

（1）控制摩擦速度或流速

降低流速和摩擦速度等工艺参数可限制静电的产生。对同一种油品，其流速越高，管径越大，则静电生成量也越大。例如，对罐车装油试验表明：平均流速为 2 m/s 时，测得油面电位为 2300 V；当平均流速为 1.7 m/s 时，油面电位为 580 V。可见控制流速是减少静电荷产生的有效措施。如规定汽车罐车浸没装油最大线速不应超过 7 m/s，铁路罐车用大鹤管装油，流速不得大于 5 m/s，目的是为了减少静电的产生。

为了限制产生危险的静电，烃类燃油在管道内流动时，流速与管径应满足关系：

$$v^2 D \leq 0.64 \tag{7-3}$$

式中　v——流速，单位为 m/s；

　　　D——管径，单位为 m。

最大流速与管径的关系见表 7-4。在某些情况下，流速超过表 7-4 所列数值也是可能的。但是，当初始装油或油料带有水分时，必须将流速限制在 1 m/s 以下，否则，将会产生危险的静电。如铁路槽车和汽车油罐车装油时鹤管未浸没前的初速、油罐进油时进油管未淹没前的初速、内浮盘未起浮前的油品流速都必须限制在 1 m/s 以下，然后才能逐渐提高流速。当管径超过 25 cm、流速超过 1 m/s 时，为了防止危险的静电，引入罐内的注油管出口浸入深度不应小于 50 cm，并不应小于管径的 2 倍。

表 7-4　最大流速与管径的关系

管径/cm	1	2.5	5	10	20	40	60
流速/(m/s)	8	5.1	3.6	2.5	1.8	1.3	1

（2）增强静电消散

在产生静电的任何工艺过程中，总是包括产生和逸散两个区域。在静电产生的区域，分离出相反极性的电荷称为带电过程。在静电逸散区域，就是电荷自带电体上泄漏消散。

正确区分静电的产生区和逸散区。在两个区域中可以采取不同的防静电危害措施，增强消除静电的效果。如在粉体物料的气流输送中，空送系统及管道是静电产生区，而接受料斗、料仓是静电逸散区。在料斗和料仓中，装设接地的导电钢栅，可有效地消除静电。而在产生区装设上述装置，反而会增加静电和静电火花的产生。

输送液体物料时，静电主要在管道中产生，而在液体的接受容器逸散。在管道末端加装一直径较大的"松弛容器"，以利用流速减慢时静电消散显著的特点，可大大消除液体在管道内流动时积累的静电。

对于粉体物料，可以在料斗前装设缓冲容器，增加在消散区的停留时间，并控制缓冲器的最大直径，以使静电得到逸散。

对设备和管道选用适当的材料，人为地使生产物体在不同材料制成的设备中流动，例如，物体与甲材料摩擦带正电，与乙材料摩擦带负电，以使得物体上的静电相互抵消，从而消除静电的危险。以上材料除满足工艺上的要求外，还应有一定的导电性。可以采用：生产设备上可镶配与生产物料相同的材料；选用材料的混合比例，使物料与设备摩擦不产生静电；选用对静电导电性较好的材料制作设备和工具，为限制火花放电和感应带电的危险，设备和工具的泄漏电阻应为 $10^7 \sim 10^9$ Ω。

适当安排物料的投入顺序。在某些搅拌工艺过程中，适当安排加料顺序，可降低静电的危险性。例如，在某液浆搅拌过程中，先加入汽油及其他溶质搅拌时，液浆表面电压小于400 V；而最后加入汽油时，液浆表面电压则高达10 kV以上。

（3）消除附加静电

在工艺过程中，产生静电的区域总是存在的，要想做到不产生静电是很困难的，甚至是不可能的。但是，对于工艺过程中产生的附加静电，往往是可以设法防止的。在储存容器内，注入液流的喷射和分裂、液体或粉体的混合和搅动、气泡通过液体，以及粉体飞扬等均可能产生附加静电。

当设备在灌装、循环或搅拌等工作过程中，禁止对烃类液体进行取样、检尺或测温等现场操作。在设备停止工作后，需静置一段时间才允许进行上述操作。所需静置时间见表7-5。

表7-5 烃类液体的检尺、测温和采样前静置时间

液体电导率/(S/m)	液体容积/m³			
	<10	10~50（不含）	50~5000（不含）	>5000
>10^{-8}	1	1	1	2
10^{-12}~10^{-8}	2	3	20	30
10^{-14}~10^{-12}	4	5	60	120
<10^{-14}	10	15	120	240

注：若容器内设有专用量槽时，则按液体容积1×10 m³取值。

油槽车的静置时间为2 min以上。金属材质制作的取样器、测温器及检尺等在操作中应接地。有条件时应采用具有防静电功能的工具。取样器、测温器及检尺等装备上所用合成材料的绳索及油尺等，应采用单位长度电阻值为1×10^5~1×10^7 Ω/m或表面电阻和体电阻率分别低于1×10^{10} Ω及1×10^8 Ω·m的静电亚导体材料。在设计和制作取样器、测温器及检尺装备时，应优先采用红外、超声等原理的装备，以减少静电危害产生的可能。在可燃的环境条件下进行灌装、检尺、测温和清洗等操作时，应避开可能发生雷暴等危害安全的恶劣天气，同样强烈的阳光照射可使低能量的静电放电造成引燃或引爆。

产生静电的附加源如液流的喷溅、容器底部积水受到注入流的搅拌、在液体或粉体内夹入空气或气泡、粉尘在料斗或料仓内冲击，以及液体或粉体的混合搅动等。只要采取相应的措施，就可以减少静电的产生。为了避免液体在容器内喷溅，应从底部注油或将油管延伸至容器底部液面以下；为了减轻从油槽车顶部注油时的冲击，从而减少注油时产生的静电，应改变注油管出口处的几何形状，降低油槽内油面的电位；为了降低罐内油面电位，过滤器不宜离管出口太近；消除杂质，油罐或管道内混有杂质时，有类似粉体起电的作用，静电发生量将增大。

为减少粉体的附加静电，首先应避免粉体飞扬，并使料斗有斜面，以减少冲击；其次应清除不同密度和不同粒径的粉体，避免粉体内部出现速度差。

（4）材质搭配控制

不同种类材料接触后分离时，其上静电电荷的数量和极性随材料不同而不同。静电序列反映的就是这种情况，即两种不同的物质摩擦时可能带有不同数量和极性的电荷。若钢铁和聚氯乙烯摩擦，钢铁则带有正电荷；若钢铁和腈纶摩擦，钢铁就会带负电荷。因此，在纺织等摩擦产生静电的场合，可以人为地使生产物料与不同材料制成的设备发生摩擦，并且与一

种材料制成的设备摩擦时，物料带正电，而与另一种材料制成的设备摩擦时，物料带负电，这样使得物料上的静电相互抵消，从而消除静电的危险。

基于以上原理，在存在摩擦而且容易产生静电的场合，生产设备宜于镶配与生产物料相同的材料。还可以考虑采用位于静电序列中段的金属材料制成生产设备，以减轻静电的危害。

选用导电性较好的材料可限制静电的产生和积累。例如，为了减少皮带上的静电，除皮带轮应采用导电材料制作外，皮带也宜采用导电性较好的材料制作，或者在皮带上涂以导电性涂料等。但应避免在皮带上涂蜡，如用金属齿轮传动代替皮带传动，则可消除产生静电的根源。

根据现场条件，为了有利于静电的泄漏，可采用导电性工具；为了减轻火花放电和感应带电的危险，在有静电危险的场所，工作人员不应穿着丝绸、人造纤维或其他高绝缘衣料制作的衣服，以免产生危险的静电；在有静电危险的场所，宜采用导电性材料，导电性材料种类有很多，如炭黑或金属粉的橡胶、塑料、涂料、抗静电剂的塑料、导电纤维的布料和纸料等。

3. 静电接地

接地是防静电最常见的方法。主要用来消除导体上的静电，防止物体上存储静电，同时也限制了带电物体的电位上升或由此产生的静电放电，以及防止静电感应的产生。

在静电危险场所，所有属于静电导体的物体必须接地。对金属物体应采用金属导体与大地进行导通性连接，对金属以外的静电导体及亚导体则应间接接地。静电导体与大地间的总泄漏电阻值在通常情况下均不应大于 1×10^6 Ω。每组专设的静电接地体的接地电阻值一般不应大于 100 Ω，在山区等土壤电阻率较高的地区，其接地电阻值也不应大于 1 000 Ω。

对于带静电的高电阻绝缘体，即使是紧密连接上直接接地的导体，其上静电也很少变化。而且，在这高电阻的绝缘体附近，引进一个接地的低电位导体，更容易带来放电的危险。对于移动和悬浮流动的粉尘体和流体类，如采取接地，移动受到阻碍反而会产生大量静电，因此不应接地。

在有火灾和爆炸危险的场所，为了避免静电火花造成事故，应采取接地措施：

1）凡用来加工、存储、运输各种易燃液体、气体和黏体易燃品的设备、贮存池、贮气罐以及产品输送设备、封闭的运输装置、排注设备、混合器、过滤器、干燥器、升华器和吸附器等都必须接地。如果袋形过滤器由纺织品或类似物制成，建议用金属丝穿缝，并予以接地。

2）厂区及车间的氧气、乙炔等管道必须连接成一个连续的整体，并予以接地。其他所有可能产生静电的管道和设备，如空气压缩机、通风装置和空气管道，特别是局部排风的空气管道，都必须连接成连续的整体，并予以接地。如果管道由非导体材料制成，应在管外或管内绕以金属丝，并将金属丝接地。非导电管道上的金属接头也必须接地。可能产生静电的管道两端和每隔 200 ~ 300 m 处均应接地。平行管道相距 10 cm 以上时，每隔 20 m 处应用连接线互相连接起来；管道之间或管道与其他金属物件交叉或接近间距小于 10 cm 时，也应互相连接起来。

3）注油漏斗、浮动罐顶、工作站台、磅秤和金属检尺等辅助设备或工具均应接地。

4）汽车油槽车行驶时，由于汽车轮胎与地面有摩擦，汽车底盘上可能产生危险的静电电压。为了导走静电电荷，油槽车应带金属链条，链条的一端和油槽车底端相连，另一端与大地接触；油槽车装卸油之前，应同贮油设备跨接并接地；其他运输设备加油时，也应将其不带电的金属部分互相连接成一个整体，并予以接地。装卸完毕应先拆除油管后再拆除跨接线和接地线。

5）可能产生和积累静电的固体和粉体作业中，压延机、上光机、各种辊轴、磨、筛和混合器等工艺设备均应接地。某些危险性较大的场所，为了使转轴可靠接地，可采用导电性润滑油或采用集电环、电刷接地。

6）采用导电性地面实质上也是一种接地措施。采用导电性地面不仅能导走设备上的静电，还有利于导走聚集在人身上的静电。导电性地面是指电阻率为 $10^8\ \Omega \cdot cm$ 以下的地面。某些特殊的生产场所，不允许采用金属地面，而必须采用橡胶等制成的地面。为了消除静电的危害，可以采用导电橡胶或其他导电性材料制成的导电性地面（板）。这些材料并非真正的导体，而是电阻率为 $10^8\ \Omega \cdot cm$ 以下的材料。

采取接地的措施，可以大大降低人体静电电压。例如，某工作现场，人在普通橡胶板上行走 12 m，人体静电电压即高达 7500 V，而当给橡胶板刷上导电涂料以后，人行走时产生的静电电压不超过 150 V。采用导电橡胶或导电涂料时，地板与接地导体的接触面积不宜小于 10 cm²。静电接地装置也应连接牢固，并有足够的机械强度，可以同其他接地共用一套接地装置。

4. 增湿

增湿就是提高易带静电的非导体附近或整个环境的湿度，使非导体表面形成一层很薄的水膜，降低表面电阻，加速静电的泄漏，限制静电电荷的积累。增湿的作用主要是使静电沿绝缘体表面加速泄漏，而不是增加通过空气的泄漏量。因此，增湿法只对表面易被水润湿的非导体才有效，如醋酸纤维素、硝酸纤维素、纸张和橡胶等。增湿对于表面不能形成水膜，即不能被水润湿的绝缘体，如纯涤纶、聚四氟乙烯和聚乙烯等，其增温对消除静电是无效的。对于表面水分蒸发很快和孤立的非导体是无效的，空气增湿以后，虽然其表面上能形成水膜，但没有静电泄漏的途径，对消除静电也是无效的；而且，在这种情况下，一旦发生放电，由于能量释放比较集中，火花还比较强烈。同样，增湿对于悬浮粉体静电是无效的；增湿对消除液体静电也是无效的。

增湿还能提高爆炸性混合物的最小引燃能量，有利于安全。至于允许增湿与否以及提高湿度的允许范围，需根据生产的具体情况确定。从消除静电危害的角度考虑，保持相对湿度在 70% 以上较为适宜。当相对湿度低于 30% 时，产生的静电是比较强烈的。因此，有静电危险的场所，相对湿度不应低于 30%。

用增湿法消除静电的效果是很显著的。例如，某粉体筛选过程中，相对湿度低于 50% 时，测得容器内静电电压为 40 kV；相对湿度为 65% ~ 80% 时，静电电压降低为 18 kV。

局部环境的相对湿度宜增加至 50% 以上。增湿可以防止静电危害的发生，但这种方法不得用在气体爆炸危险场所 0 区。

5. 使用抗静电添加剂

抗静电添加剂是一种导电性和吸湿性都较好的化学物质。在非导电体中加入这种添加剂，可以大大降低非导体的体电阻或表面电阻，从而可加速静电泄漏，消除静电危害。

抗静电添加剂的种类很多。按化合物分类，可分成阳离子或阴离子传导性化合物和电子传导性化合物两大类;按使用对象可分为树脂用、液体用、纸用和纤维用等数种;使用方法有混合、涂敷、浸渍和喷涂等几种。磺酸盐、季铵盐等可用作塑料和化纤行业的抗静电添加剂;油酸盐、环烷酸盐、铬盐和合成脂肪酸盐等物质可用作石油行业的抗静电添加剂;炭黑、金属粉等可用作橡胶行业的抗静电添加剂。橡胶在液态时加入 10% ~ 20% 的炭黑,固化后的体积电阻率即有明显降低。

抗静电添加剂是一种能减少静电危害的化学性杂质。但是生产一个产品或使用一种材料,是否能够加入和加入什么类型的化学抗静电添加剂,要看最终的使用目的和物料的工艺状态。一般只需加入千分之几、万分之几或更为微量的添加剂,即可显著消除生产过程中危险的静电。例如,某工艺过程中,药粉静电电压高达 24000 V,加入 0.3% 的石墨以后,电压降为 5400 V,而加入 0.85% 的石墨粉以后,电压降低为 500 V。

对于液体,若能将其体积电阻率降低至 $1 \times 10^8 \ \Omega \cdot m$ 以下,即可消除静电的危险。

使用抗静电添加剂是从根本上消除静电危险的办法,但应注意防止某些抗静电添加剂的毒性和腐蚀性造成的危害。这应从工艺状况、生产成本和产品使用条件等方面考虑使用抗静电添加剂的合理性。

在橡胶行业,为了提高橡胶制品的抗静电性能,可采用炭黑、金属粉等添加剂。

在石油行业,可采用油酸盐、环烷酸盐、铬盐和合成脂肪酸盐等作为抗静电添加剂,以提高石油制品的导电性,消除静电危险。例如,某种汽油加入少量以油酸和油酸盐为主的抗静电添加剂以后,即可大大降低石油制品的电阻率,消除静电的危险。这种微量的抗静电添加剂并不影响石油制品的理化性能。

应当指出,对于悬浮状粉尘和蒸气的静电,因其每一微小的颗粒(或小珠)都是互相绝缘的,所以任何抗静电添加剂都不起作用。

6. 装静电消除器

静电消除器是能产生电子和离子的装置。当带电体附近装有静电消除器时,静电消除器便电离出离子,所产生的离子中与带电物体极性相反的离子则朝带电物体移动,并和带电物体的电荷进行中和,从而达到消除静电的目的。与抗静电添加剂相比,静电消除器具有不影响产品质量、使用方便等优点,已被广泛应用于生产薄膜、纸、布和粉体等行业的生产中;在石油化工工业中可以普遍使用。根据离子产生方法,静电消除器大致可分为三种:

1)外接电源式静电消除器:利用尖端电晕放电原理,在放电针处产生大量离子,因此,又称为电晕放电式静电消除器。

2)感应静电消除器:结构简单,易于安装,是一种比较安全的静电消除器。

3)放射线式静电消除器:利用放射线对气体的电离作用,产生消除静电所需的离子。

α射线静电消除器应用较多。除α射线和β射线外,X射线亦可用来消除静电。由于γ射线电离能力很弱,穿透能力很强,所以不用于消除静电。根据工艺要求,静电消除器至带电体之间的距离可以适当增大,为了保证足够的消电效能,采用α射线者不宜超过 4 ~ 5 cm,采用β射线者不宜超过 40 ~ 60 cm。

7. 防止人体静电

预防人体带电有两个目的,一是预防静电电击或由此引起的高处坠落等二次事故,预防人体的"不快感和恐怖感"而导致工作效率降低;二是预防人体静电带电的放电,而引起可燃性物质的爆炸和火灾。防止人体带电的方法有:

1）人体接地。在特殊危险场所的操作工人，为了避免由于人体带电后对地放电所造成的伤害，一般情况下操作工人应先接触设置在安全区内的金属接地棒，以消除人体电位，然后再操作。如油罐计量人员上罐时，用手握一下盘梯下部裸露的扶手。

2）穿防静电鞋。防静电鞋的电阻值为 $1 \times 10^5 \sim 1 \times 10^8 \Omega$，目的是将人体接地，防止人体和鞋本身带电，同时也防止人体万一触及带电的低压线而发生的触电事故。穿防静电鞋，必须考虑所穿袜子为薄尼龙袜或导电性袜子，严禁在鞋底上粘贴绝缘胶片，并应做定期检查。

3）穿防静电工作服。防静电工作服不仅可降低人体电位，而且可以避免服装带高电位所引起的危害。

4）工作地面导电化。操作人员穿防静电鞋，要有效地消除人体静电的先决条件是人必须站在导电性地板上，为此，必须使工作地面导电化。最简单的方法是洒水，有些场所不能洒水，则必须采用导电地面，如导电橡胶板等。

5）危险场合严禁脱衣服。在防爆厂房且介质最小点燃能量较小的危险场所工作时不准脱衣服、梳理头发等。

案例分析

案例 7-1　碱渣罐静电爆炸

【事故经过】

3 月，炼油厂二联合车间回收工段 200 m³ 的催化汽油碱渣罐正在加温蒸煮（盘管加热）期间，突然一声爆响，罐顶喷出一股高约 10 m 的汽油柱，整个装置弥漫起碱渣和汽油的雾状物；紧接着又一声巨响，顶盖整体从罐顶边缘的焊缝处爆裂掀开，掉落在距罐 20 m 处的水泥路上，罐底边沿两处各有一条长约 20 cm 的裂缝；罐内钢质浮球，挣断连接的不锈钢钢丝绳（φ4 mm）飞出罐外，但罐内外均未燃烧。

【事故原因】

1）罐内存有 4.5 m 高的碱渣，其中混带有催化汽油，已经过 16 h 的蒸煮，罐内空间形成可燃气体。

2）该罐设有浮球液位计，但支撑滑轮已锈蚀，转动不灵，钢丝绳与滑轮接触不良，导电性差，浮球在罐内无固定轨道，随热碱渣的波动而漂晃。当时，浮球已形成独立电场，将积聚的静电荷随着漂晃引向对地放电，引燃起爆。

【预防措施】

1）罐上、下部各开脱口油加温前应将上层轻质油尽量脱净。

2）进料口在罐内的弯管接长，至距离罐底 0.5 m 处，以防从上部注入而产生静电。

3）拆除浮球。

4）罐下部加装金属套温度计，以控制加热温度。

案例 7-2　静电放电引起火灾

【事故经过】

11 月底，一炼油厂装油台在给一台东风 140 型汽车槽车装 0 号柴油时，槽车突然发生爆炸着火。爆炸气浪将槽车顶部看油位的司机掀落到地上，脸部和双手烧伤；6 m³ 的储油罐爆炸变形，并有 7 处破裂而报废。由于全体人员扑救及时，控制住火势，装车设备和汽车没

1) ……处理设定不当时，……因为……处理损坏及……下物。

2) ……反应釜等设备关闭时，必须经过重点监控品、仓、指定人员负责。

【事故原因】

经事后调查，一致认为出事前没有任何火源，唯一的解释就是静电放电引起的爆炸着火。经查证该车之前两天装过汽油，卸完后，槽内空间的挥发汽油与空气混合。据国外资料记载，这种汽油车装柴油，发生事故中静电火灾占60%。这次事故中，静电主要是由人身带电造成的。在装油口看油位的司机，上穿羽绒服，里面穿的是毛衣，下着化纤裤和尼龙裤，已被烧焦粘在一起。这种服装起电性能强，曾造成不少事故。

案例7-3　加油站静电起火

【事故经过】

1月12日，广饶县一加油站，加油员没戴手套，直接用手握住喷枪手柄，把喷枪口接近大货车油箱的加油口，开始加油时，突然从油箱加油口处冒出火苗。幸亏她用身边的灭火器将油火及时扑灭，否则后果不堪设想。

【事故原因】

1) 测量加油枪喷嘴最前端的接地电阻为1080 Ω，远远大于规范要求的4.0 Ω；而加油机的接地电阻是1.9 Ω。因加油管与水泥隔离台接触部分摩擦破损，导致加油枪和加油管内软金属网等电位联结不良，造成防静电接地电阻严重超标。

2) 加油员服装和鞋子也都不防静电。假如加油前，她衣服摩擦产生的静电压为4~5 kV，人体的静电容量平均为150~200 pF，可知人体所携带放电能量为1.2 mJ，是汽油着火能量的6倍（汽油的着火能量是0.2 mJ），足以成为引燃汽油的火源。

3) 大货车远距离运行，也积聚了大量静电荷。

案例7-4　静电引起的离心机爆炸起火

【事故经过】

11月6日晚上，该车间共有当班工人6人，其中工人A和工人B负责进行物料离心操作。正常情况下1个反应釜需要进行3~4次离心操作，12时30分，第一次离心操作结束，操作工A关闭了氮气保护阀门，用水淋洗后甩干，出料渣到车间固定放置点。之后工人B开始在同一离心机上洗、铺滤布，准备开始第二次离心操作，工人A上二楼操作平台查看反应釜温度，上去不到2分钟，时间大约为7日零时30分左右，位于一楼的离心机发生了爆炸，操作工工人B当场死亡，爆炸引起的火焰引燃了从反应釜底阀放出的大量含甲苯的溶液，火势迅速蔓延至整个车间。

火灾发生后，车间其他人员及时进行了疏散。车间员工立即拨打119报警，同时向主管领导报告，公司人员立即组织企业义务消防队成员进行先期的抢救工作，消防人员进场后经过奋力扑救，至4时左右火势得到控制，至16时40分左右，火被扑灭，整个车间大部分设备、管线烧毁，造成1人当场死亡，事故导致直接经济损失约70万元。

【事故原因】

(1) 直接原因

造成此次事故的直接原因为离心机操作工人B安全意识不强，在未按操作规程的要求对离心机进行充氮保护的情况下，打开下料阀门开启离心机，此时由于含哌嗪的甲苯溶液进入高速旋转的离心机，产生静电火花引爆了甲苯混合气体，致使离心机发生爆炸。

(2) 间接原因

1）安全责任制落实不到位，安全制度虽齐全，但安全监管和教育培训不到位。

2）违反危化品管理有关规定，在车间里超量存放危化品，是导致事故扩大的原因。

3）离心设备安全防护设施存在缺陷。

【预防措施】

1）举一反三，深刻吸取事故教训，进一步健全各项规章制度、安全操作规程，落实安全生产责任制。

2）加强职工的安全教育培训，提高职工的安全生产意识，落实各项安全措施，杜绝违章作业现象，防止类似事故的发生。

3）对离心设备进行排查，落实安全防护措施，消除人为操作失误可能造成的安全事故。

4）加强现场的管理，严格遵守危险化学品管理的有关规定，杜绝在生产车间违规超量存放危险化学品。

思考题

1. 产生静电的基本过程是什么？固体间摩擦起电过程是怎样的？

2. 静电有哪些特点？哪些可认为是静电导体？

3. 静电危害可分为哪些类型？造成危险的原因是什么？

4. 消除静电的危害主要从哪些方面着手？

5. 为什么说静电接地法主要用来消除绝缘的导体上的静电？

6. 增湿法消除静电的机理是什么？为什么对有些绝缘材料起作用，而对某些绝缘材料不起作用？

7. 使用抗静电添加剂消除静电的机理是什么？

第8章　雷电防护

雷电是一种自然现象，雷击是一种自然灾害。

当建筑物和电气设备等遭受雷击时，雷电的放电电压可达数百万伏至数千万伏，放电电流可达几十至几百千安，远远大于发、供电系统的正常值，其破坏性极大。雷电可造成人畜伤亡、建筑物破坏、电气线路停电及电气设备损坏，甚至引起火灾和爆炸等严重事故。雷电灾害已被联合国有关部门列为最严重的十种自然灾害之一。因此，研究雷电产生规律，进而采取有效防护措施，对于防止雷电造成的损害，防止建筑物的火灾和爆炸事故具有重要意义。

8.1　雷电基础

雷电和静电有许多相似之处：都是相对于观察者静止的电荷聚积的结果；都有放电现象；主要危害都是引起火灾和爆炸等。但雷电与静电产生和聚积的方式不同、存在的空间不同、放电能量相差甚远，因而防护措施也有很多不同。

8.1.1　雷电的产生

雷云是构成雷电的基本条件。雷云的形成一般必须具备三个基本条件：

1）空气中应有足够的水蒸气。

2）有使潮湿的空气能够上升并开始凝结为水珠的气象条件或地形条件。

3）气流能够强烈、持久地上升。

云是由地面蒸发的水蒸气形成的。水蒸气上升过程中，遇到上部冷空气凝成小水滴，进而聚集形成云；此外，水平移动的冷气团或热气团，在其前锋交界面上也会形成积云。云中水滴受强气流吹袭时，分裂成较小的水滴和较大的水滴，分别带负电和正电。较小的水滴被气流带走，形成带负电的雷云。较大的水滴留在后方形成带正电的雷云。也有人根据冰晶组成的云带正电荷而水滴组成的云带负电荷的发现，认为水滴结冰过程中发生电荷的转移，冰晶带正电，水带负电，遇强烈气流把水带走后，形成带相反电荷的雷云。由此可见，水蒸气和强烈气流是形成雷云的必要条件。

随着电荷的积累，雷云的电位逐渐升高。当带不同电荷的雷云互相接近到一定程度，或雷云与大地凸出物接近到一定程度时，发生激烈的放电，出现强烈的闪光。由于放电时温度高达20000℃，空气受热急剧膨胀，发生爆炸的轰鸣声，产生闪电和雷鸣。

8.1.2　雷电的活动规律

1. 雷电活动的一般规律

1）气候。湿热地区比气候寒冷而干燥的地区的雷击活动多。

2）地理纬度。雷电活动与地理纬度有关，赤道一带最高，由赤道分别向北、向南递减。

3）地域。雷电活动是山区多于平原，陆地多于湖泊、海洋。

4）时间。强烈的雷电活动多发于七、八月份。

2. 雷电活动的选择性

1）从地质条件看，土壤电阻率越小，越利于电荷的积累。

① 相对于大片土壤电阻率较大的地域，土壤电阻率较小的局部地域易遭受雷击。

② 土壤电阻率突然变化的地域最容易遭受雷击。如岩石与土壤、山坡与稻田的交界处。

③ 岩石或土壤电阻率较大的山坡，雷击点多发生在山脚，山腰次之。

④ 土山或土壤电阻率较小的山坡，雷击点多发生在山顶，山腰次之。

⑤ 地下埋有导电矿藏（金属矿、盐矿等）的地区，易受雷击。

⑥ 地下水位高、小河沟、矿泉水和地下水出口处容易遭受雷击。

2）从地形上看，有利于雷云的形成与相遇处易遭雷击。

① 山的东坡、南坡多于山的北坡和西北坡，这是因为海洋潮湿空气从东南进入大陆后，经曝晒及遇高山被抬升而出现雷雨。

② 山中的局部平地受雷击的机会大于峡谷，这是因为峡谷窄，不易曝晒和对流，缺乏形成雷击的条件。

③ 湖旁、海边遭受雷击的机会较小，但海滨如有山岳，则靠海的一侧山坡遭受雷击的机会较多。

④ 雷击的地带与风向一致，风口或顺风的河谷容易遭受雷击。

3）从地物看，有利于雷云与大地建立良好的放电通道处易遭雷击。

① 空旷地域中间的孤立建筑物、建筑群中的高耸建筑物容易遭受雷击。

② 排放导电废气的管道口容易遭受雷击。

③ 顶层为金属结构、底下埋有大量金属管道、室内安装有大型金属设备的场所容易遭受雷击。

④ 建筑群中个别潮湿的建筑物（如冷库等）容易遭受雷击。

⑤ 尖屋顶及高耸建筑物、构筑物（如水塔、烟囱、天线和消防梯等）容易遭受雷击。

因此，在实际防雷工作中，要根据雷击活动的具体情况和雷击的可能性进行综合研究并对周围环境作全面分析后，再制定切实可行的应对方案。

3. 建筑物易受雷击的部位

1）屋角与檐角雷击率最高。

2）屋顶的坡度越大，屋脊的雷击率也越大，当坡度大于 40° 时，屋檐一般不易遭受雷击。

3）当屋面坡度小于 27°、长度小于 30 m 时，雷击点多发生在山墙，而屋脊和屋檐一般不易遭受雷击。

在具体应用时，可对易遭受雷击的部位进行重点保护。

8.1.3 雷电的危害

雷电具有电流很大、电压很高和冲击性很强等特点，有多方面的破坏作用，破坏力很大。雷电可造成设备和设施的损坏，可造成大规模停电及人员生命财产的损失。就其破坏性质来看，雷电的破坏作用可分为电性质、热性质和机械性质三方面的破坏作用。

1. 电性质的破坏作用

雷电产生的数十万乃至数百万伏冲击电压（或外部过电压），可能毁坏发电机、电力变压器、断路器、绝缘子和仪表等电气设备的绝缘，造成大规模停电；绝缘损坏可能引起短路，导致火灾或爆炸事故；二次放电（反击）的火花也可能引起火灾或爆炸；绝缘的损坏可能导致高压窜入低压，并由此造成严重的触电事故；雷云直接对人体放电以及对人体的二次放电都可能使人致命；巨大的雷电流流入地下，会在雷击点及其连接的金属部分产生极高的对地电压，可能直接导致接触电压或跨步电压的触电事故等（见图8-1）。

图8-1　跨步电压示意图

2. 热性质的破坏作用

热性质的破坏作用表现在直击雷放电的高温电弧能直接引燃邻近的可燃物，从而造成火灾。巨大的雷电流通过导体，在极短的时间内转换出大量的热能，造成易燃品的燃烧或造成金属熔化、飞溅而引起火灾或爆炸。如果雷击在易燃物上，则更容易引起火灾。输电线、接地线及其他导体可能因发热而烧断，造成停电及其他故障。

3. 机械性质的破坏作用

机械性质的破坏作用表现为被击物遭到破坏，甚至爆裂成碎片。这是由于巨大的雷电通过被击物时，在被击物缝隙中的气体剧烈膨胀，缝隙中的水分也急剧蒸发为大量气体，致使被击物破坏和爆炸。此外，同性电荷之间的静电斥力、同方向电流或电流转弯处的电磁作用力也有很强的破坏力，雷电时的气浪也有一定的破坏作用。

8.1.4 雷电的发生频次

从地面和卫星的观测来看，全球每秒有30~100次闪电发生（云闪和地闪总和），而全球一天闪电可达900万次，显然，地球大气中的电活动是非常活跃的。

在活跃的雷暴系统上，从较低的地球轨道卫星向下俯视，每秒钟或更短时间就会看到类似一系列随机爆炸的闪光泡，较亮的闪电光会照亮母云。来自伽利略号木星探测飞船上的录像也显示了类似闪电导致的云层发光现象，但是没有地球上那么频繁。

在地球上，大多数的闪电发生在陆地上空，这是因为雷暴电荷产生和分离过程需要的初始条件是潮湿的热空气，而太阳辐射导致的陆地变热是产生热空气的最主要原因。通常，局地大气越热越潮湿，雷暴和闪电就越多。此外，空气温度随高度而降低也有助于暖湿空气的有效抬升。热带非洲以及印度尼西亚的部分地区，年雷暴日超过200天。美国俄勒冈和华盛顿海岸几乎没有闪电，因为太平洋使得这些区域的空气冷却，抑制了上升气流的运动。

8.1.5 雷电的种类

1. 按闪电位置分类

按照闪电位置，闪电可分为两类：云地闪和云内闪。云地闪（地闪）是云内电荷和地面之间的放电；云内闪（云闪）是闪电通道不到达地面的放电。

完全发生在单个云（或单体）中的云内闪电被认为是云闪中最常见的，同时也是所有闪电中最常见的；发生在云和云之间的云闪被称为云际闪电；云和周围空气间的放电称为云空闪电。

因为空中飞行器，如飞机、小型飞机及运载火箭在高空飞行时，更易受到云闪的影响，所以在雷电防护中，更偏重对云闪的防护；大多数人、建筑物和动物都暴露于地面，因此，在雷电防护中，防护措施的设置更应该针对地闪。

在一些文献中，用来描述云闪或地闪的术语——闪电、闪电放电和雷电，往往可以互用。

2. 按放电形状分类

按放电形状分类，雷电可分为线状（枝状）雷、片状雷和球状雷。

（1）线状（枝状）雷

线状（枝状）雷是最常见的闪电，多数是云对地的放电，其形状类似线状或树枝状。线状（枝状）雷的电流强度特别大，平均可达几万安培，少数情况下可达20万A，可以毁坏和摇动大树。当它接触到建筑物的时候，常常造成"雷击"而引起火灾。

（2）片状雷

片状雷也是一种比较常见的闪电，多数是云中放电，其形状像是在云面上的一片闪光，经常在降雨趋于停止时出现。片状雷可能是云后面看不见的火花放电的回光，或者是云内闪电被云滴遮挡而造成的漫射光，也可能是出现在云上部的一种丛集的或闪烁状的独立放电现象。

（3）球状雷

球状雷（球雷，俗称滚雷）是雷电放电时形成的火球，是发红光、橙光和白光等多种多样色彩的一种特殊雷电现象，近圆球形状的闪电，大多数球雷直径在10~100 cm左右，极端情况下直径可达数米；存在时间为数秒钟到数分钟；出现的概率约为雷电放电次数的2%；其运动速度为1~2 m/s或更高一些；球雷是一团处在特殊状态下的带电气体。有人认为，球雷是包有异物的水滴在极高的电场强度作用下形成的。

球雷的危害较大，可以随气流起伏在近地空中自在滚动或逆风而行。在雷雨季节，球雷能从门、窗和烟囱等通道侵入室内，造成人员伤亡、火灾和爆炸事故。关于球状雷的产生机理，各国研究者进行了大量的研究，提出了几十个球状雷产生模型，能够解释球状雷的部分性质，但都不够完善。

球雷的体积较小，可以穿过大网格避雷网，因而采用避雷针、避雷线无法实现有效屏蔽，依靠防雷装置来防止球雷是很困难的，但可以做到局部防范，如：

1）雷雨天气关闭门窗。

2）雷雨天气地面不进行人工作业。

3）每年春秋两季均应对接地极进行测量，接地电阻超过规定数值，均应采取措施解决。

4）每年春秋两季均应对避雷设备进行检查。检查连接部分有无松动，接地线有无断线，一旦发现故障立即处理。

3. 按预防雷电危害角度分类

按预防雷电危害角度分类，雷电可分为直击雷、感应雷和雷电侵入波。

（1）直击雷

雷云和地面目标之间的放电称为直击雷。如果雷云较低，周围又没有带导电性电荷的雷云，就在地面凸出物上感应出导电性电荷，此时大气中有电荷的积云对地电压可高达几亿伏。积云同地面凸出物之间的电场强度达到空气的击穿强度时，产生的放电现象称为直击雷。直击雷的放电过程如图8-2所示。雷云接近地面时，在地面感应出异性电荷，两者组成一个巨大的电容器。雷云中电荷分布的不均匀和地面的高低不平，造成电场强度的不均匀。当电场强度达到25～30 kV/cm时，即发生雷云向大地发展的跳跃式先导放电，延续时间为0.005～0.01 s，平均速度为100～1000 km/s，每次跳跃前进约50 m，并停顿30～50 μs。当先导放电达到大地时，即发生大地向雷云发展的极明亮的主放电。其放电时间仅50～100 μs，放电速度为光速的1/5～1/3，即为60000～100000 km/s。主放电向上发展，到云端即告结束。主放电结束后继续有微弱的余光，余光延续时间为0.03～0.15 s。

约50%的直击雷有重复放电的性质，平均每次雷击有三四个冲击，最多能出现几十个冲击。第一个冲击的先导放电是跳跃式先导放电，第二个以后的先导放电是箭形先导放电，由于是循原通道再次放电，其放电过程能够迅速完成，放电时间仅为10 ms。一次雷击的全部放电时间一般不超过500 ms。

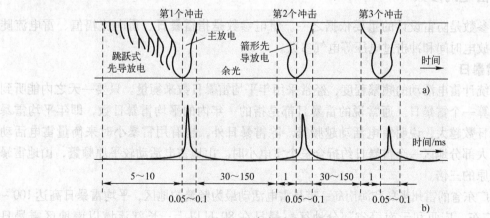

图8-2 直击雷放电过程

a）光学照片 b）电流波

（2）感应雷

感应雷又称为雷电感应或感应过电压，分为静电感应和电磁感应两种。

静电感应是由于雷云接近地面，在架空线路或其他导电凸出物顶部感应出大量异性电荷引起的，如图8-3所示。在雷云与其他部位放电后，架空线路或导电凸出物顶部的感应电荷失去束缚，以高电压冲击波的形式，沿线路或导电凸出物极快地传播。研究表明，放电流柱会产生强烈的静电感应。在先导放电阶段，由于流柱发展较慢，流柱中的电荷对邻近的架空线路或导电凸出物产生强烈的静电感应。主放电发生时，由于主放电速度比跳跃式先导放电的高得多（100倍左右），放电通道中的正、负电荷迅速中和，架空线路或导电凸出物上的感应电荷将转换成强烈的高电压冲击波。

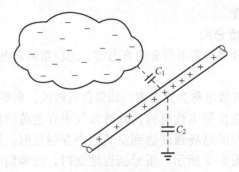

图8-3　静电感应过电压

电磁感应是由于雷击后，巨大的雷电流在周围空间产生迅速变化的强磁场引起的。这种迅速变化的磁场能在邻近的导体上感应出很高的电压。如果是开口环状导体，则开口处可能由此引起火花放电；如果是闭合导体环路，则环路内将产生很大的冲击电流。

（3）雷电侵入波

由雷击（直击雷击、感应雷击）在架空线路或空中金属管道上产生的冲击电压沿线路或管道的两个方向迅速传播的雷电波称为雷电侵入波。其传播速度为300 m/μs（在电缆中为150 m/μs）。

8.1.6　雷电的参数

雷电参数是防雷设计的重要依据之一。雷电参数是指雷暴日、雷电流幅值、雷电流陡度、雷电放电时间和冲击过电压等电气参数。

1. 雷暴日

为了统计雷电活动的频繁程度，经常采用年平均雷暴日数来衡量。只要一天之内能听到雷声的就算一个雷暴日。通常说的雷暴日都是指的一年内的平均雷暴日数，即年平均雷暴日。雷暴日数越大，说明雷电活动越频繁。除雷暴日外，也有用雷暴小时来衡量雷电活动的。我国大部分地区一个雷暴日约折合三个雷电小时。山地雷电活动较平原频繁，山地雷暴日约为平原的三倍。

我国广东省的雷州半岛和海南岛一带是雷电活动最为频繁的地区，平均雷暴日高达100～133日；广东、广西和云南等省部分地区雷暴日在80日以上；长江流域以南地区雷暴日为40～80日；长江以北大部分地区雷暴日为20～40日；西北地区雷暴日多在20日以下；西藏地区因印度洋暖流沿雅鲁藏布江上溯，很多地方雷暴日高达50～80日。就几个大城市来说，广州、昆明、南宁为70～80日；重庆、长沙、贵阳、福州约为50日；北京、上海、武汉、南京、成都、呼和浩特约为 40 日；天津、沈阳、郑州、太原、济南约为 30 日等。

我国把年平均雷暴日不超过 15 日的地区叫少雷区，超过 40 日的叫多雷。做防雷设计时，应考虑到当地雷暴日的条件。

我国各地雷雨季节相差也很大：南方约从二月开始，长江流域一般从三月开始，华北和东北迟至四月开始，西北更延迟至五月开始。防雷准备工作均应在雷雨季节前做好。

2. 雷电流幅值

雷电流幅值即放电时雷电流的最大值，可达数十至数百千安（先导放电电流不超过 400 A，余光电流为 100 ~ 1000 A）。做防雷设计时，可按 100 kA 考虑。

3. 雷电流陡度

雷电流陡度即雷电流随时间上升的速度。雷电流有很高的陡度，最大可达 50 kA/μs，平均陡度约为 30 kA/μs。雷电放电时间极短，全部放电时间一般不超过 500 ms，设计则取波头为 2.6 μs，波头形状取电流直线上升的斜角波。

雷电流陡度越大，其对电气设备造成的危害也越大。因此，在防雷要求较高的场合，波头形状宜取为半余弦波，如图 8-4 所示。

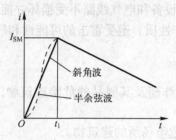

图 8-4　雷电流波形图

4. 雷电冲击过电压

雷击时的冲击过电压很高，直击雷冲击过电压可用下式表达：

$$U_Z = i_L R_C + L \frac{\mathrm{d}i_L}{\mathrm{d}t} \tag{8-1}$$

式中　U_Z——直击雷冲击过电压，单位为 kV；

　　　i_L——雷电流，单位为 kA；

　　　R_C——防雷装置的冲击接地电阻，单位为 Ω；

　$\mathrm{d}i_L/\mathrm{d}t$——雷电流陡度，单位为 kA/μs；

　　　L——雷电流通路的电感，如通路长度 l 以 m 为单位，则 $L = 1.31$ μH。

直击雷冲击过电压由两部分组成，前一部分取决于雷流的大小和雷电流通道的电阻；后一部分取决于雷电流通道的电感。直击雷冲击过电压可高达数千千伏。雷电感应过电压取决于被感应导体的空间位置及其与带电积云之间的几何关系，雷电感应过电压可达数百千伏。

8.1.7　易受雷击的建筑物和构筑物

凡容易使电场分布不均匀的，或导电性能较好，容易感应出电荷的，或雷云容易接近的建筑物和构筑物均容易遭受雷击。因此，以下建筑物和构筑物容易遭受雷击：

1）旷野孤立的，或高于 20 m 的建筑物和构筑物。

2）建筑物群中高于 25 m 的建筑物和构筑物。

3）河边、湖边、土山顶部的建筑物和构筑物。

4）地下水露头处、特别潮湿处、地下有导电矿藏处或土壤电阻率较小处的建筑物和构筑物。

5）金属屋面、砖木结构的建筑物。

6）山谷风口处的建筑物和构筑物。

对于上列易遭受雷击的建筑物和构筑物，应特别注意采取防雷措施。

8.1.8 建筑物防雷分类

建筑物（包括构筑物）防雷的目的在于防止或极大地减小因雷击建筑物而造成的损失，概括为以下 4 点：

1）保护建筑物内部的人身安全。

2）保护建筑物自身遭到破坏。

3）保护建筑物内部存放的危险品不会因雷击而燃烧和爆炸。

4）保护建筑物内部的重要设备和电气线路不受损坏并能正常工作。

按照建筑物的重要性、生产性质、遭受雷击的可能性和后果的严重性，可把建筑物分为 3 类：

1. 第一类防雷建筑物

1）凡制造、使用或存储火炸药及其制品的危险建筑物，因电火花而引起爆炸、爆轰，会造成巨大破坏和人身伤亡者。

2）具有 0 区或 20 区爆炸危险场所的建筑物。

3）具有 1 区或 21 区爆炸危险场所的建筑物，因电火花而引起爆炸，会造成巨大破坏和人身伤亡者。

2. 第二类防雷建筑物

这类建筑物中，虽然使用和存储爆炸危险物质，但电火花不易引起爆炸，或不致造成巨大破坏和人身伤亡，应划为第二类防雷建筑物：

1）国家级重点文物保护的建筑物。

2）国家级的会堂、办公建筑物、大型展览和博览建筑物、大型火车站和飞机场、国宾馆、国家级档案馆、大型城市的重要给水泵房等特别重要的建筑物。

注：飞机场不含停放飞机的露天场所和跑道。

3）国家级计算中心、国际通信枢纽等对国民经济有重要意义的建筑物。

4）国家特级和甲级大型体育馆。

5）制造、使用或存储火炸药及其制品的危险建筑物，且电火花不易引起爆炸或不致造成巨大破坏和人身伤亡者。

6）具有 1 区或 21 区爆炸危险场所的建筑物，且电火花不易引起爆炸或不致造成巨大破坏和人身伤亡者。

7）具有 2 区或 22 区爆炸危险场所的建筑物。

8）有爆炸危险的露天钢质封闭气罐。

9）预计雷击次数大于 0.05 次/a 的部、省级办公建筑物和其他重要或人员密集的公共建筑物以及火灾危险场所。

10）预计雷击次数大于 0.25 次/a 的住宅、办公楼等一般性民用建筑物或一般性工业建筑物。

3. 第三类防雷建筑物

除第一、第二类外，凡需要防雷的建筑物均为第三类防雷建筑物：

1）省级重点文物保护的建筑物及省级档案馆。

2）预计雷击次数大于或等于 0.01 次/a，且小于或等于 0.05 次/a 的部、省级办公建筑物和其他重要或人员密集的公共建筑物，以及火灾危险场所。

3）预计雷击次数大于或等于 0.05 次/a，且小于或等于 0.25 次/a 的住宅、办公楼等一般性民用建筑物或一般性工业建筑物。

4）在平均雷暴日大于 15d/a 的地区，高度在 15 m 及以上的烟囱、水塔等孤立的高耸建筑物；在平均雷暴日小于或等于 15 d/a 的地区，高度在 20 m 及以上的烟囱、水塔等孤立的高耸建筑物。

8.2 防雷措施

8.2.1 防雷装置

一套完整的防雷装置包括接闪器或避雷器、引下线和接地装置。

1. 接闪器

接闪器是避雷针、避雷线、避雷网、避雷带以及作接闪的金属屋面和金属构件等直接接受雷击的金属构件。接闪器都是利用其高出被保护物的突出地位，把雷电引向自身，通过引下线和接地装置，把雷电流泄入大地，以保护人身或建筑物免受雷击。

避雷针、避雷线、避雷网和避雷带都是常用的防雷装置。避雷针主要用来防直击雷击，保护露天变配设备、建筑物和构筑物；避雷线主要用来保护电力线路防止直击雷击；避雷网和避雷带主要用来保护建筑物防止直击雷击，同时也起屏蔽作用，有防止感应雷击的作用；避雷器主要用来保护电力设备防雷电侵入波的危害。

（1）接闪器的保护范围

接闪器的保护范围可根据模拟实验及运行经验确定。由于雷电放电途径受很多因素的影响，要想保证被保护物绝对不遭到雷击是很不容易的。一般只要求保护范围内被击中的概率在 0.1% 以下即可。接闪器的保护范围一般可使用滚球法确定，滚球法计算原则是用半径 h_r 的球体滚过接闪器时，如果不触及需要防雷的保护物或空间，则该保护物或空间就处在接闪器的保护范围以内。滚球半径和接闪网网格尺寸见表 8-1。

表 8-1　滚球半径和接闪网网格尺寸

建筑物防雷类别	滚球半径 h_r/m	接闪网网格尺寸/m×m
第一类防雷建筑物	30	≤5×5 或 ≤6×4
第二类防雷建筑物	45	≤10×10 或 ≤12×8
第三类防雷建筑物	60	≤20×20 或 ≤24×16

（2）接闪器材料

接闪器所用材料应能满足机械强度和耐腐蚀的要求，还应有足够的热稳定性，以能承受雷电流的热破坏作用。避雷针一般用镀铸圆钢或钢管制成；避雷网和避雷带用镀铸圆钢或扁钢制成。接闪器最小尺寸见表8-2。接闪器装设在烟囱上方时，由于烟气有腐蚀作用，应适当加大尺寸。避雷线一般采用截面积不小于 35 mm² 的镀铸钢绞线。用金属屋面作接闪器时，金属板之间的搭接长度不得小于 100 mm。金属板下方无易燃物品时，其厚度不应小于 0.5 mm；金属板下方有易燃物品时，为了防止雷击穿孔，所用铁板、铜板、铝板厚度分别不得小于 4 mm、5 mm 和 7 mm。所有金属板不得有绝缘层。接闪器焊接处应涂防腐漆，其截面锈蚀30%以上时应予更换。

表8-2 接闪线（带）、接闪杆和引下线的材料、结构与最小截面

材　　料	结　　构	最小截面/mm²	备注[10]
铜，镀锡铜[1]	单根扁铜	50	厚度 2 mm
	单根圆铜[4]	50	直径 8 mm
	铜绞线	50	每股线直径 1.7 mm
	单根圆铜[5][6]	176	直径 15 mm
铝	单根扁铝	70	厚度 3 mm
	单根圆铝	50	直径 8 mm
	铝绞线	50	每股线直径 1.7 mm
铝合金	单根扁形导体	50	厚度 2.5 mm
	单根圆形导体[5]	50	直径 8 mm
	绞线	50	每股线直径 1.7 mm
	单根圆形导体	176	直径 15 mm
	外表面镀铜的单根圆形导体	50	直径 8 mm，径向镀铜厚度至少 70 μm，铜纯度 99.9%
热浸镀锌钢[2]	单根扁钢	50	厚度 2.5mm
	单根圆钢[7]	50	直径 8 mm
	绞线	50	每股线直径 1.7 mm
	单根圆钢[5][6]	176	直径 15 mm
不锈钢[3]	单根扁钢[8]	50[9]	厚度 2 mm
	单根圆钢[8]	50[9]	直径 8 mm
	绞线	70	每股线直径 1.7 mm
	单根圆钢[5][6]	176	直径 15 mm
外表面镀铜的钢	单根圆钢（直径 8 mm）	50	镀铜厚度至少 70 μm，铜纯度 99.9%
	单根扁钢（厚 2.5 mm）		

① 热浸或电镀锡的锡层最小厚度为 1 μm。
② 镀锌层宜光滑连贯、无焊剂斑点，镀锌层圆钢单位面积质量至少为 22.7 g/m²、扁钢至少为 32.4 g/m²。
③ 不锈钢中，铬的含量等于或大于16%，镍的含量等于或大于8%，碳的含量等于或小于0.08%。
④ 在机械强度没有重要要求之处，50 mm²（直径 8 mm）可减为 28 mm²（直径 6 mm）。并应减小固定支架间的间距。
⑤ 仅应用于接闪杆。当应用于机械应力没达到临界值之处，可采用直径 10 mm、最长 1 m 的接闪杆，并增加固定。
⑥ 仅应用于入地之处。
⑦ 避免在单位能量 10 MJ/Ω 下熔化的最小截面是铜为 16 mm²、铝为 25 mm²、钢为 50 mm²、不锈钢为 50 mm²。
⑧ 对埋于混凝土中以及与可燃材料直接接触的不锈钢，其最小尺寸宜增大至直径 10 mm 的 78 mm²（单根圆钢）和最小厚度 3 mm 的 75 mm²（单根扁钢）。
⑨ 当温升和机械受力是重点考虑之处，50 mm² 加大至 75mm²。
⑩ 截面积允许误差为 -3%。

1）避雷针。避雷针用来保护工业与民用高层建筑以及发电厂、变电所的屋外配电装置、油品燃料储罐等。在雷电先导电路向地面延伸过程中，由于受到避雷针畸变电场的影响，会逐渐转向并击中避雷针，从而避免了雷电导向被保护设备，击毁被保护设备和建筑物的可能性。避雷针实际上是引雷针，将雷电引向自己，从而保护其他设备免遭雷击。在避雷针的一定高度下面区域中的物体基本不致遭受雷击，是安全区域，称为避雷针的保护范围。

2）避雷线。避雷线也叫架空地线，是沿线路架设在杆塔顶端并具有良好接地的金属导线。避雷线是输电线路的主要防雷保护措施。避雷线一般采用面积不小于 35 mm² 的镀锌钢绞线。

3）避雷带、避雷网。避雷带和避雷网是在建筑物上沿屋角、屋脊、檐角和屋檐等易遭受雷击部位敷设的金属网格，主要用于保护高大的建筑物。避雷带和避雷网可以采用镀锌圆钢或扁钢。

接闪器使整个地面电场发生畸变，但其顶端附近电场局部的不均匀程度范围很小，对于从雷云向地面发展的先导放电没有影响。因此，作为接闪器的避雷针端部尖不尖、分不分叉对于其保护效能没有影响。接闪器涂漆可以防止锈蚀，对其保护作用也没有影响。

2. 避雷器

避雷器并联在被保护设备或设施上，正常时处在不通的状态。出现雷击过电压时，击穿放电，切断过电压，发挥保护作用。过电压终止后，避雷器迅速恢复不通状态，恢复正常工作。避雷器主要用来保护电力设备和电力线路，也用作防止高电压侵入室内的安全措施。避雷器有保护间隙、管型避雷器和阀型避雷器之分，应用最多的是阀型避雷器。

（1）截波和残压及其危害

用避雷器保护变压器时，由于雷电冲击波具有高频特性，连接线感抗增加，不可忽略不计；同时，变压器容抗变小，并起主要作用，其等效电路如图 8-5 所示。当冲击波传来，a点电压上升到避雷器放电电压 U_0 时，避雷器击穿放电，电容 C 上很快充电到 U_0；如果避雷器及其接地电阻都很小，电容 C 直接经电感 L 放电，形成串联振荡，b 点电压急剧变为 $-U_0$。这相当于在变压器上突然加上了 $2U_0$ 的冲击波，这个冲击波就叫作截波。截波会损害变压器的绝缘。为了防止产生截波可以在避雷器支路上串联一个电阻，这个电阻的接入会造成过高的残压，残压是雷电流在避雷器支路上产生的电压降。过高的残压也会损坏变压器的绝缘。这就是说，在避雷器支路中不串进电阻，会产生截波损坏变压器的绝缘，串进电阻之后，又会产生过高的残压。

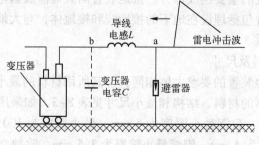

图 8-5 冲击等效电路

（2）避雷器结构

阀型避雷器主要由瓷套、火花间隙和非线性电阻组成。瓷套是绝缘的，起支撑和密封作用。火花间隙是由多个间隙串联而成的。每个火花间隙由两个黄铜电极和一个云母垫圈组成。云母垫圈的厚度为 0.5～1 mm。由于电极间距离很小，其间电场比较均匀，间隙伏－秒特性较平，保护性能较好。非线性电阻又称电阻阀片。电阻阀片是直径为 55～100 mm 的饼形元件，由金刚砂（SiC）颗粒烧结而成。非线性电阻的电阻值不是一个常数，而是随电流的变化而变化的：电流大时阻值很小，电流小时阻值很大。

压敏阀型避雷器是一种新型的阀型避雷器，这种避雷器没有火花间隙，只有压敏电阻阀片。压敏电阻阀片是由氧化锌、氧化铋等金属氧化物烧结制成的多晶半导体陶瓷元件，具有极好的非线性伏安特性，其非线性系数 $\alpha = 0.05$，已接近理想的阀体。在工频电压的作用下，电阻阀片呈现极大的电阻，使工频电流极小，以致无须火花间隙即可恢复正常状态。压敏电阻的通流能力很强，因此，压敏避雷器体积很小。压敏避雷器适用于高、低压电气设备的防雷保护。

3. 引下线

引下线是防雷装置的中间部分，将雷电流传导给接地装置，使雷电流可以进入大地。

引下线应满足机械强度、耐腐蚀和热稳定的要求。引下线常采用圆钢或扁钢制成，其尺寸和防腐蚀要求与避雷网和避雷带相同。如用钢绞线作引下线，其截面不应小于 25 mm²。用有色金属导线作引下线时，应采用截面积不小于 16 mm² 的铜导线。引下线应取最短的途径，要尽量避免弯曲。建筑物和构筑物的金属结构可用作引下线，但连接必须可靠。

在易受机械损伤的地方，引下线地面以上 2 m 至地面以下 0.2 m 的一段宜加竹管、硬塑料管、角钢或钢管保护。采用角钢或钢管保护时，应与引下线连接起来，以减小通过雷电流的电抗。引下线截面锈蚀 30% 以上者应予以更换。

如果建筑物或构筑物屋顶设有多支互相连接的避雷针、避雷线、避雷网或避雷带，其引下线不得少于两根。

采用多根引下线和多处接地时，为了便于检查各引下线和测量各接地电阻，宜在引下线距地面高约 1.8 m 处设置断接卡。注意不得采用铝线作防雷引下线。

采用多条引下线时，第一类和第二类防雷建筑物至少应有两条引下线，其间距离分别不得大于 12 m 和 18 m；第三类防雷建筑物周长超过 25 m 或高度超过 40 m 时，也应有两条引下线，其间距离不得大于 25 m。

4. 接地装置

接地装置是防雷装置的重要组成部分。接地装置向大地泄放雷电流，限制防雷装置对地电压不致过高。接地装置包括埋设在地下的接地线和接地体，与大地之间保持良好连接，使雷电流很快在大地中流散。

（1）接地装置的材料及尺寸

接地装置与一般接地装置的要求大体相同，但其所用材料的最小尺寸应稍大于其他接地装置的最小尺寸。接地体的材料、结构和最小尺寸见表 8-3。如采用圆钢最小直径为 10 mm（一般接地装置是 8 mm），扁钢最小厚度为 4 mm，最小截面为 100 mm²（一般接地装置为 48 mm²），角钢最小厚度为 4 mm，钢管最小壁厚为 3.5 mm。除独立避雷针外，在接地电阻满足要求的前提下，防雷接地装置可以与其他接地装置共用。当雷电流经引下线到达接地装置时，由于引下线本身和接地装置都有干扰，因而会产生较高的电压降，可达几万伏甚至几十万伏，这时如有人接触，就会受接触电压危害，必须引起注意。为了防止跨步电压伤人，防直击雷的接地装置距建筑物和构筑物出入口和人行道的距离应不小于 3 m。当小于 3 m时，应采取接地体局部深埋或隔以沥青绝缘层，或者敷设地下均压条等安全措施。

表 8-3　接地体的材料、结构和最小尺寸

| 材料 | 结构 | 最小尺寸 | | | 备注 |
		垂直接地体直径/mm	水平接地体/mm²	接地板/mm	
铜、镀锡铜	铜绞线	—	50	—	每股直径 1.7 mm
	单根圆铜	15	50	—	
	单根扁铜	—	50	—	厚度 2mm
	铜管	20	—	—	壁厚 2 mm
	整块铜板	—	—	500×500	厚度 2mm
	网格铜板	—	—	600×600	各网格边截面 25 mm×2 mm，网格网边总长度不少于 4.8 m
热镀锌钢	圆钢	14	78	—	—
	钢管	20	—	—	壁厚 2 mm
	扁钢	—	90	—	厚度 3 mm
	钢板	—	—	500×500	厚度 3 mm
	网格钢板	—	—	600×600	各网格边截面 30 mm×3 mm，网格网边总长度不少于 4.8 m
	型钢	见注3	—	—	
裸钢	钢绞线	—	70	—	每股直径 1.7 mm
	圆钢	—	78	—	
	扁钢	—	75	—	厚度 3 mm
外表面镀铜的钢	圆钢	14	50	—	镀铜厚度至少 250 μm，铜纯度 99.9%
	扁钢	—	90（厚 3 mm）	—	
不锈钢	圆形导体	15	78	—	
	扁形导体	—	100	—	厚度 2mm

注：1. 热镀锌层应光滑连贯、无焊剂斑点，镀锌层圆钢单位面积质量至少为 22.7 g/m²、扁钢至少为 32.4 g/m²。
　　2. 热镀锌之前螺纹应先加工好。
　　3. 不同截面的型钢，其截面不小于 290 mm²，最小厚度 3 mm，可采用 50 mm×50 mm×3 mm 角钢。
　　4. 当完全埋在混凝土中时才可采用裸钢。
　　5. 外表面镀铜的钢，铜应与钢结合良好。
　　6. 不锈钢中，铬的含量等于或大于 16%，镍的含量等于或大于 5%，钼的含量等于或大于 2%，碳的含量等于或小于 0.08%。
　　7. 截面积允许误差为 -3%。

（2）接地电阻值

防雷装置的接地电阻，一般系指冲击接地电阻。防感应雷装置的工频接地电阻不应大于 10 Ω。防雷电侵入波的接地电阻，视其类别和防雷级别，冲击接地电阻不应大于 5～30 Ω，其中，阀型避雷器的接地电阻不应大于 5～10 Ω。同一个接地装置的冲击接地电阻，一般不等于该装置的工频接地电阻。这是因为巨大的雷电流自接地体流入土壤时，接地体附近会形成很强的电场，而将土壤击穿并产生火花。这相当于增加了接地体截面，增加了泄漏面积，减小了接地电阻；在强电场的作用下，土壤电阻率也有所降低，这样也减小了接地电阻。另一方面，由于雷电流陡度很大，具有高频特性，使接地体本身的电抗增大，如接地体较长，其电抗就更大，泄放电流会受到更大的影响，接地电阻有可能增大。一般情况下，前一方面的影响较大，后一方面的影响较小，即冲击接地电阻一般都小于工频接地电阻。土壤电阻率越高，雷电流越大，接地体越短，冲击接地电阻也减小越多。

（3）跨步电压的抑制

为了防止跨步电压伤人，防直击雷接地装置距建筑物和构筑物出入口和人行横道的距离不应小于3 m。当小于3 m时，应采取下列措施之一：水平接地体局部深埋1 m以上；水平接地体局部包以绝缘物；铺设宽度超出接地体2 m，厚50～80 cm的沥青路面；埋设帽檐式或其他形式的均压条。

8.2.2 预防雷电危害的防护措施

雷电类型不同，表现出的特点也不同。建筑物和构筑物、电力设备等不同保护对象的防雷措施，应根据雷电类别（直击雷、感应雷和雷电侵入波）采取相应的防护措施。

1. 直击雷的防护措施

易遭受雷击的建筑物和构筑物、有爆炸或火灾危险的露天设备（如露天油罐、露天贮气罐等）、高压架空电力线路、发电厂和变电站等应采取防直击雷措施。

直击雷的防护原理：如果有一个抬高的、良好接地的导体位于需要防护的建筑物、树木、输电线以及地面的其他相关物体上，那么闪电就会优先选择击中被抬高的导体，从而达到分流（使雷电流从被保护物体转移到地面）的效果。

最常见的抬高的保护性导体有传输线缆上的架空地线（见图8-6）和建筑物上的避雷针。在这两种情况下，接地的架空线缆和避雷针的可能接闪点，都通过引下线的垂直导线与埋地的接地电极相连接，将雷电流相对安全地泄放到大地中。接地电极可以是一个接地体或多点接地，一根埋地的水平导线或其他埋地的导电物体。

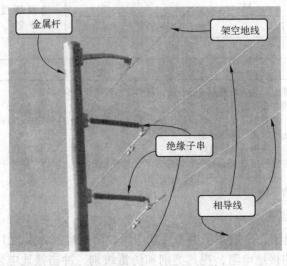

图8-6 传输线上的架空地线

具有优先接闪点的雷电保护系统可将闪电引向自身，而且之后并不受到任何损害。如果没有这样的系统，雷电流很有可能将击中被保护的物体。

装设避雷针、避雷线、避雷网和避雷带是防护直击雷的主要措施。避雷针分独立避雷针和附设避雷针。独立避雷针是离开建筑物单独装设的。一般情况下，其接地装置应当单设，接地电阻一般不超过10 Ω。严禁在装有避雷针、避雷线的构筑物上架设通信线、广播线或低压线。利用照明灯塔作独立避雷针的支柱时，为了防止将雷电冲击电压引进室内，照明电源线必须采用铅皮电缆或穿入铁管，并将铅皮电缆或铁管直接埋入地中10 m以上（水平距离），埋深0.5~0.8 m，才能引进室内。独立避雷针不应设在人经常通行的地方。

附设避雷针是装设在建筑物和构筑物顶部的避雷针。附设避雷针及建筑物和构筑物顶部的各种接种器（包括金属屋面）应互相连接起来，并与建筑物和构筑物的金属结构连接成一个整体。其接地装置可以与其他接地装置共用，并沿建筑物或构筑物四周敷设，其接地电阻在第一类工业建筑物不得超过1 Ω，第二类工业建筑物不得超过2 Ω。如利用自然接地体，为了可靠起见，还应装设人工接地体，且人工接地体的流散电阻不宜超过5 Ω。露天装设的有爆炸危险的金属封闭气罐和工艺装置，当其壁厚不小于4 mm时，一般不装设接闪器，但必须接地，接地点不应少于两处，其间距离不应大于20 m，冲击接地电阻不应大于30 Ω。

接闪器在接受雷击时，雷电流通过接闪器、引下线和接地装置会产生很高电位。如防雷装置与建筑物内外设备之间的绝缘距离不够时，两者之间会发生放电现象。这种二次放电现象称为"反击"。它可引起电气设备绝缘破坏、金属管道烧穿，甚至引起人身伤亡和爆炸事故。为防止反击的发生，应使防雷装置与建筑物金属导体间的绝缘介质闪络电压大于反击电压。

当雷击电流经地面雷击点或接地装置流入周围土壤时，在它周围形成电压降落。如有人站在接地体附近，就会受到雷电流所造成的跨步电压的危害。

2. 感应雷的防护措施

感应雷也能产生很高的冲击电压，应采取以下措施：

1）防静电感应雷的危害。建筑物内的所有较大的金属物和构件，以及突出屋面的金属物体，均应接地。金属屋面周边每隔18~24 m应使用引下线接地一次。现场浇的或由预制的构件组成的钢筋混凝土屋面，其钢筋宜绑扎或焊接成电气闭合回路，同样应每隔18~24 m用引下线接地一次。

2）防止电磁感应雷的危害。平行敷设的长金属物，如管道、电缆外皮等，其净距小于100 mm时，应每隔20~30 m用金属线跨接；交叉净距小于100 mm时，交叉处也应使用金属线跨接。此外，当管道连接处不能保持良好的金属接触时，也应在连接处使用金属线跨接。

3）防感应雷击的接地装置的接地电阻不应大于10 Ω，一般应与电气设备接地共用接地装置。室内接地线与防感应雷击的接地装置的连接，不应少于两处。

3. 雷电侵入波的防护措施

雷电侵入波造成的雷害事故很多，特别是在电气系统中。在低压系统，这种事故占总雷害事故的75%以上。雷击低压线路时，雷电侵入波将沿低压线传入用户，进入户内。特别是采用木杆或术横担的低压线路，由于其对地冲击绝缘水平很高，会使很高的电压进入户内，酿成大面积雷害事故。防止雷电侵入波的防护装置有阀型避雷器、管型避雷器和保护间隙，主要用于保护电力设备，也用于防止高电压侵入室内的安全措施。

（1）阀型避雷器

阀型避雷器是保护发电、变电设备的最主要的基本元件，避雷器保护原理如图8-7所示。避雷器装设在被保护物的引入端，其上端接在线路上，下端接地。正常时，避雷器的间隙处于绝缘状态，不影响系统的运行。当遭雷击，有高压冲击波沿线路袭来时，避雷器间隙被击穿而接地，从而强行切断冲击波。这时，能够进入被保护物的电压仅为雷电流流过避雷器及其引线和接地装置产生的所谓"残压"。雷电流通过以后，避雷器间隙又恢复绝缘状态，以便系统正常运行。防雷电侵入波的接地电阻一般不得大于 5 ~ 30 Ω，其中，阀型避雷器的接地电阻不得大于 5 ~ 10 Ω。

（2）管型避雷器

管型避雷器的结构原理如图8-8所示。管型避雷器主要由灭弧管和内、外间隙组成。灭弧管用胶木或塑料制成，在高电压冲击下，内外间隙击穿，雷电波泄入大地。随之而来的工频电流也产生强烈的电弧，并燃烧灭弧管内壁，产生大量气体从管口喷出，能很快吹灭电弧，以保持正常工作。管理避雷器实质上是一个具有熄弧能力的保护间隙，而不必靠断路器动作来灭弧，保证了供电的连续性。

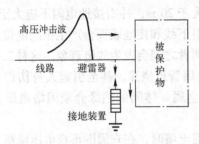

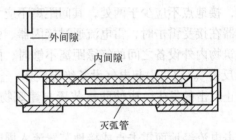

图8-7 避雷器保护原理　　　　图8-8 管型避雷器的结构原理

（3）保护间隙

保护间隙是一种简单的过电压保护元件，并联接在被保护的设备处，当雷电波袭来时，间隙先行击穿，把雷电引入大地，从而还避免了被保护设备因受到高幅值的过电压而击穿。保护间隙的结构原理如图8-9所示。保护间隙主要由镀锌圆钢制成的主间隙和辅助间隙组成。主间隙做成角形，水平安装，以便其间产生电弧时，因空气受热上升，被推移到间隙的上方，拉长而熄灭。因为主间隙暴露在空气中，比较容易短接，所以加上辅助间隙，以防止意外短路。

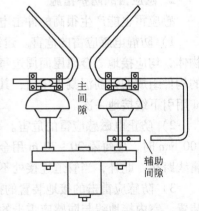

图8-9 保护间隙的结构原理

雷电侵入波的防止措施有以下几项：

1）低压线路全线最好采用电缆直埋敷设，并在进户端将电缆外皮与接地装置相接。

2）架空金属管道进入建筑物外，应与防感应雷击的接地装置相连，距离建筑物 100 m 以内的一段管道，每隔 25 m 左右接地一次，其冲击接地电阻不应大于 20 Ω；埋地或在地间敷设的金属管道，在进入建筑物处也应与防感应雷击的接地装置相连。

电力设备防雷电侵入波措施有：

1）柱上油开关及隔离开关，应采用阀型避雷器、管型避雷器或保护间隙之一作为保护装置；对于经常闭路运行的开关，可只在电源侧安装避雷器；对于经常开路运行的开关，则应在两侧都安装避雷器。

2）配电变压器应在高压侧装设阀型避雷器或保护间隙进行保护。对于多雷区的配电变压器，除在高压侧装设阀型避雷器或保护间隙以外，还应在低压侧装设低压阀型避雷器或者雷击保险器。对于中性点不接地的配电变压器，其低压中性点也应经雷击保险器接地。

3）电力电容器应装设阀型避雷器或保护间隙进行保护。

4. 电离防雷装置

电离防雷是一种新技术，是由顶部的电离装置、地下的地电流收集装置及连接线组成。

电离防雷装置不是通过控制雷击点来防止雷击事故的，而是利用雷云的感应作用，或采用放射性元素在电离装置附近形成强电场，使空气电离，产生向雷云移动的离子流，使雷云所带电荷得以缓慢中和与泄漏，从而使空间电场不超过空气的击穿强度，消除落雷条件，抑制雷击发生。

电离防雷装置的高度不应低于被保护物高度，并应保持在 30 m 以上。感应式电离装置可以制成不同的形状（如圆盘形、圆锥形），但都必须有多个放电尖端。其有针部分半径越大，则消雷效果越好，但该半径与电离防雷装置高度的比值不宜超过 0.15。地下的地电流收集装置应采用水平延伸式，以利于收集地电流。雷云电量一般不超过数库仑，电离防雷装置工作时，连接线只通过毫安级的小电流，所以导线只需满足机械强度的要求即可。

8.2.3 人体防雷措施

雷电活动时，由于带电积云直接对人体放电、雷电流入地产生对地电压，以及二次放电等都可能对人造成致命的电击。因此，应注意必要的人身防雷安全要求。

1）防旷野。雷电活动时，非工作需要，应尽量少在户外或旷野逗留；在户外或野外时最好穿塑料等不浸水的雨衣；如有条件，可进入有宽大金属构架或有防雷设施的建筑物、汽车或船只内；如依靠建筑物屏蔽的街道或高大树木屏蔽的街道躲避时，要注意离开墙壁和树干距离 8 m 以外。

2）防尖端。雷电活动时，应尽量离开小山、小丘或隆起的小道，应尽量离开海滨、湖滨、河边和池旁，应尽量离开铁丝网、金属晒衣绳以及旗杆、烟囱、高塔、孤独的树木附近，还应尽量离开没有防雷保护的小建筑物或其他设施。

3）防侵入波。雷电活动时，在户内应注意雷电侵入波的危险，应离开照明线、动力线、电话线、广播线、收音机电源线、收音机和电视机天线，以及与其相连的各种设备，以防止这些线路或设备对人体的二次放电。调查显示，户内 70% 以上的人体二次放电事故发生在相距 1 m 以内的场合，相距 1.5 m 以上的尚未发现死亡事故。由此可见，在发生雷暴时，人体最好离开可能传来雷电侵入波的线路和设备 1.5 m 以上。应当注意，雷电活动时，仅仅断开开关防止雷击是不起作用的。

4）防球雷。雷雨天气，还应注意关闭门窗，以防止球雷进入户内造成危害。

5）防反击。防雷装置在接受雷击时，雷电流通过会产生很高电位，可引起人身伤亡事故。为防止反击发生，应使防雷装置与建筑物金属导体间的绝缘介质网络电压大于反击电压，并划出一定的危险区，人员不得接近。

6）防跨步电压。当雷电流经地面雷击点的接地体流入周围土壤时，会在它周围形成很高的电位，如有人站在接地体附近，就会受到雷电流所造成的跨步电压的危害。为了防止跨步电压伤人，防直击雷接地装置距建筑物、构筑物出入口和人行道的距离不应少3 m。当小于3 m时，应采取接地体局部深埋、隔以沥青绝缘层或敷设地下均压条等安全措施。

7）防接触电压。当雷电流经引下线接地装置时，由于引下线本身和接地装置都有阻抗，因而会产生较高的电压降，人如果接触，就会受接触电压危害，应引起注意。

8.2.4 设备设施的防雷措施

1. 化工设备的防雷

1）当罐顶钢板厚度大于4 mm，且装有呼吸阀时，可不装设防雷装置。但油罐罐体应作良好的接地，接地点不少于两处，间距不大于30 m，其接地装置的冲击接地电阻不大于30 Ω。

2）当罐顶钢板厚度为4 mm时，虽装有呼吸阀，也应在罐顶装设避雷针，且避雷针与呼吸阀的水平距离不应小于3 m，保护范围高出呼吸阀不应小于2 m。

3）浮顶油罐（包括内浮顶油罐）可不设防雷装置，但浮顶与罐体应有可靠的电气连接。

4）非金属易燃液体的储罐应采用独立的避雷针，以防止直接雷击，同时还应有感应雷措施。避雷针冲击接地电阻不应大于30 Ω。

5）覆土厚度大于0.5 m的地下油罐，可不考虑防雷措施，但呼吸阀、量油孔和采气孔应作良好接地。接地点不少于两处，冲击接地电阻不大于10 Ω。

6）易燃液体的敞开储罐应设独立避雷针，其冲击接地电阻不大于5 Ω。

7）户外架空管道的防雷应采取以下措施：

① 户外输送易燃或可燃气体的管道，可在管道的始端、终端、分支处、转角处以及直线部分每隔100 m处接地，每处接地电阻不大于30 Ω。

② 当上述管道与爆炸危险厂房平行敷设而间距小于10 m时，在接近厂房的一段，其两端及每隔30～40 m应接地，接地电阻不大于20 Ω。

③ 当上述管道连接点（弯头、阀门和法兰盘等），不能保持良好的电气接触时，应用金属线跨接。

④ 接地引下线可利用金属支架，或者活动金属支架，在管道与支持物之间必须增设跨接线；若为非金属支架，必须另做引下线。

⑤ 接地装置可利用电气设备保护接地的装置。

2. 水塔的防雷

利用水塔顶上周围铁栅栏作为接闪器，或装设环形避雷带保护水塔边缘，并在塔顶中心装一支1.5 m高的避雷针。冲击接地电阻不大于30 Ω，引下线一般不少于两根，间距不大于30 m。若水塔周长和高度均不超过40 m，可只设一根引下线。为此，可利用铁爬梯作引下线。

3. 烟囱的防雷

砖砌烟囱和钢筋混凝土烟囱，用装设在烟囱上的避雷针或环形避雷带进行保护，多根避雷针应用避雷带连接成闭合环。冲击接地电阻不大于20～30 Ω。

当烟囱直径为 1.2 m 以下，高度低于 35 m 时采用一根 2.2 m 高的避雷针；当烟囱直径小于 1.7 m，高度低于 50 m 时用两根 2.2 m 高的避雷针；当烟囱直径大于 1.7 m，高度高于 60 m 时用环形避雷带保护。烟囱顶口装设的环形避雷带和烟囱抱箍，应与引下线连接；高 100 m 以上的烟囱，在离地面 30 m 处及以上每隔 12 m 应加装一个均压环，并与地下线连接。

烟囱高度不超过 40 m 时，只设一根引下线，40 m 以上应设两根引下线。可利用铁扶梯作引下线，钢筋混凝土烟囱应用两根以上主钢筋作引下线，在烟囱顶部和底部与铁扶梯相连。

4. 微波站、电视台的防雷

（1）天线塔防雷

防直击雷的避雷针可固定在天线塔上，塔的金属结构也可作为接闪器和引下线。塔的接地电阻一般小于 5 Ω，可利用塔基基坑的四角埋设垂直接地体，水平接地体应围绕塔基做成闭合环形并与垂直接地体相连。

塔上的所有金属件（如航空障碍信号灯具、天线的支杆或框架、反射器的安装框架等）都必须和铁塔的金属结构用螺栓连接或焊接。波导管或同轴传输线的金属护套和供敷设电缆用的金属管道，应在塔的上下两端及每隔 12 m 处与塔身金属结构相连，在机房内应与接地网相连。塔上的照明电源线应采用金属护套电缆，或将导线穿入金属管。电缆金属护套或金属管道至少应在上下两端与塔身相连，并应水平埋入地中，埋地长度应在 10 m 以上才允许引入机房（或引至配电装置和配电变压器）。

（2）机房防雷

机房一般位于天线塔避雷针的保护范围内。如不在其保护范围内，则说明房顶四周应敷设闭合形避雷带，钢筋混凝土屋面板和柱子的钢筋可用作引下线。在机房地下应围绕机房敷设闭合环形水平接地体。在机房内沿墙壁敷设环形接地母线（用钢带 120 mm×0.45 mm）。

机房内各种电缆的金属护套、设备外壳和不带电的金属部分、各种金属管道等，均应以最短的距离与环形接地母线相连。室内的环形接地母线与室外的闭合接地带和房顶的环形避雷带之间，至少应用四个对称布置的连接线互相连接，相邻连接线间的距离不宜超过 18 m。在多雷区，室内高 1.7 m 处沿着墙一周应敷设均压环，并与引下线连接。机房的接地网与塔体的接地网之间，至少应有两根水平接地体连接，连接地电阻不大于 1 Ω。

引向机房内的电力线和通信线，应有金属护套或金属屏蔽层，或敷设在金属管内，并要求埋地敷设。由机房引出的金属管、线也应埋地，在机房外埋地长度均不应小于 10 m。

5. 卫星地面站的防雷

卫星地面站天线的防雷，可用独立避雷针或在天线反射体抛物面骨架顶端，及副面调整器顶端预留的安装避雷针处，分别安装避雷针。引下线可利用钢筋混凝土构件的钢筋，防雷接地、电子设备接地和保护接地可共用接地装置。接地体围绕建筑物四周敷成闭合环形，接地电阻不大于 1 Ω。机房防雷与微波站防雷相同。

6. 广播发射台的防雷

中波无线电广播的天线对地是绝缘的，一般在塔基多装设球形或针板形间隙，接地装置采用放射形低电阻水平接地体，接地电阻不大 0.5 Ω。

发射机房采用避雷针或避雷器防止直击雷。接地装设采用水平接地体围绕建筑物敷设成闭合环形，接地电阻小于 10 Ω。发射机房内高频、低频工作接地母线用 120 mm × 0.35 mm 的纯铜带，机架用 40 mm × 4 mm 的扁钢接到环形接地体上。

短波广播发射台在天线塔上装设避雷针，并将塔体接地，接地电阻不大于 10 Ω，机房防雷同中波机房。

案例 8-1　气象综合楼业务系统遭雷击

【事故经过】

据网络中心值班员讲述，"在 6 月 4 日凌晨 1:30 左右，当时雷暴很强烈，突然停电，机房配电柜内多台断路器跳开，后经恢复逐步正常"；据气象台观测站值班人员讲述，"当时随着雷电的发生，值班室的照明灯忽暗忽亮，电压极其不稳"，经调查：网络中心一台光口交换机损坏，机房磁盘阵列机损坏，线路交换接口损坏一台：科研所卫星通信机房 EOS 卫星接收机遭雷击，两台计算机损坏。

【事故原因】

黑龙江省气象综合楼是省级气象业务的集中地，其内部有大量的电子网络通信设备，综合楼位于哈尔滨市香坊区，于 2000 年建成，其周围环境较开阔，无高大建筑物，所处地理位置及周围环境是雷击概率较高的地区，有雷击史。经查阅有关资料，综合楼所处位置土壤电阻率为 50 Ω·m，年平均雷暴日为 32.4 d/a，为多雷区。该楼 1～15 层为业务用楼，屋面以上为 15 m 高塔楼，综合楼在建成后，建筑主体及内部的信息系统已按照《建筑物防雷设计规范》（GB50057—94）二类防雷建筑物标准，完成了防雷工程的建设，并经过了国家有关部门的检验和认可。科研所 EOS 卫星接收机位于与综合楼相邻的另一栋楼天面上，天馈线架空敷设，没有屏蔽措施，距离 EOS 卫星接收机 30 m 远处，有一座 80 m 高的通信铁塔。

据现场人员介绍，在雷击发生时，原有的防雷装置发生动作，起到了非常大的保护作用，所保护下的设备大部分完好没有遭损，而遭雷击的设备多为新增或变动设备。

【雷击原因】

1) 由于业务需要，网络中心增加了一台光口交换机，其电源分支线路未配备相应级别的电涌保护器（SPD）防护，机箱等没有做等电位处理。从值班员的讲述可以看出，雷击发生后，雷电流经过电源线路入侵，造成供电线路电压异常，由于新增交换机电源线路未加装 SPD 进行防护，雷电过电压超出交换机的耐压能力，因此造成这台光口交换机的损坏。

2) 网络中心机房增加的多台设备使用同一插排，并从地插座上用插排连接，超出原有防雷设计的安全防护范围，致使磁盘阵列机及交换通信接口的损坏。

3) 科研所 EOS 卫星接收机所用的 UPS 电源，没有通过该机房配电柜 SPD 的保护，是从机房配电柜入线端另外跳过电源 SPD 并接三条相线穿 PVC 管引至，表明 EOS 卫星接收机的供电系统只是加装了一级 SPD 防护（即大楼总配处安装的 SPD），没有后续的电源 SPD 防护。由于残压过高，导致 EOS 机损坏。另外此条电源线没有进行屏蔽，接收机柜及 UPS 机箱也没有做等电位处理，该设备天线架设的位置距原 80 m 通信铁塔距离较近。当通信铁塔遭受直接雷击时，由于电磁感应的作用，在通信铁塔周围会产生强大的电磁脉冲，天线全程架空敷设引入机房，未做屏蔽处理，雷电流将会沿天馈线进入室内，也会造成接收设备的损坏。

案例 8-2　混凝土油罐遭雷击而爆炸

【事故经过】

夏季的傍晚，天气突变，雷雨交加。炼油厂原油罐区上空一道闪电，随即一 100 m³ 混凝土原油罐因雷击爆炸着火。大火于两个半小时后扑灭。烧掉大庆原油 734 t，油罐报废，消防管线损坏，造成直接经济损失 29.32 万元。

【事故原因】

火灾前，该油罐正在以每小时 200 m³ 的流量输油，相当于流量每小时为 230 m³ 的空气从呼吸器进入罐区。因此，罐内空间有爆炸混合气体存在。当油罐上空有带电雷云先导作用时，在呼吸器、检尺孔和钢筋混凝土预制盖板的金属上产生异性电荷。在雷云放电后，这些感应静电要迅速放电，从而引起罐内混合气体的爆炸，继而发生油罐大火。

案例 8-3　断路器雷击爆炸

【事故经过】

7 月 21 日，由于系统运行方式改变，深圳供电局观兰变电站原运行中的 110 kV 观塘线 1211 转为热备用状态。7 月 22 日 14 时 25 分，当时强雷暴雨，雷击引起 110 kV 观塘线 1211 断路器 U 相爆炸，整个 U 相瓷套管粉碎性炸裂。灭弧室动触头的主触头靠 V 相侧被电弧灼伤，静触头有 6 指端部显见电弧灼伤痕迹，整个动、静触头组件外表面均呈电弧熏过颜色。静触头部分与引线一同摔向地面，引线与 12111 刀开关构架之间对地短路，造成观兰变电站 110 kV 1M 母线 U 相接地短路。

8 月 3 日，由于系统运行方式的需要，110 kV 观兰变电站旁路 1031 断路器代观塘线 1211 断路器运行，当日在热备用。同样原因，11 时 45 分，入侵雷电波造成热备用状态下的 110 kV 旁路 1031 断路器 W 相爆炸。W 相灭弧瓷套爆炸成碎块。灭弧室内静触头有 6 指端部被电弧灼伤痕迹，动触头的主触头有轻微电弧灼伤现象，但整个动、静触头组件外表面与新件无异。

【事故原因】

这两起断路器爆炸事故均发生于雷雨天气，可以断定事故的直接原因为雷击线路。但是，观塘线 1211 全线装设有架空避雷线保护，为何线路落雷仍使站内断路器爆炸？众所周知，进线段或全线装设有架空避雷线后，即使在进线段或其他部分线段落雷，雷电波沿线路入侵变电站，其陡度已衰减到变电一次设备绝缘强度的承受值或以下，对设备的绝缘已构不成威胁。当线路断路器或隔离断路器处在热备用状态运行且线路又充电时，沿线路入侵变电站的雷电波到断路器开口点后将被反射，其反射后的幅值将为入侵幅值的 2 倍，此时，断口线路侧的绝缘将被击穿。另外，若进线段遭受雷击发生绕击或反击时，即使断路器在正常运行状态，断路器或站内设备仍有可能被雷击而损坏。因此发生了这两例断路器爆炸事故。

案例 8-4　大型油罐雷击事故

8 月，石化企业输油站 G-16 号 15 万 m³ 外浮顶钢制储油罐遭雷击，导致浮船与关闭的密封间局部爆燃起火，起火部位的一、二次密封严重损坏。分析认为：起火原因是雷电引起储油罐与罐壁浮盘之间发生闪络，引燃一二次密封之间的油气，导致储油罐浮盘密封处火灾。

油库 G-47 号 10 万 m³ 外浮顶钢制储油罐遭雷击起火，火焰高达 4 m 以上。一次密封油气隔膜、二次密封油气隔膜完全烧尽，一次密封机械结构完全暴露，几处一次密封的金属密封板脱离罐壁鼓突；储油罐有几处着火点，二次密封压板爆开，上部橡胶密封刮板有灼烧痕迹和翘曲变形，顶部有高温灼烧痕迹和变形，支撑机构金属架有高温灼烧痕迹和小弯曲变形。分析认为：事故原因是储油罐遭遇感应雷击或直击雷时，储油罐一次密封或二次密封上的金属物与罐壁发生放电闪络，电火花引爆密封空间内的油气，高温和冲击波破坏了一次密封油气隔膜后引燃了原油，导致了雷击火灾事故的发生。

7月，石化企业输油站G-3号10万 m^3 外浮顶钢制储油罐一、二次密封间遭雷击爆炸着火，爆炸和起火瞬间，火苗蹿出罐顶4m，共有7处着火点。一、二次密封和局部泡沫堰板爆开，二次密封板局部支离破碎，浮船泡沫堰板以内共有7个呼吸阀，其中4个呼吸阀被爆开断裂，密封胶皮完全燃尽，罐区火情监控系统同时遭雷击损坏无显示。分析认为：事故是由一、二次密封不严造成油气泄漏遭雷击发生的爆燃事故。

案例8-5　游客山顶躲雨遭雷击

【事故经过】

下午1时23分，北仑区公安110指挥中心接警，在北仑区九峰山景区"九峰之巅"山顶发生游客爬山躲雨时遭雷击事件，当地政府第一时间启动紧急预案，公安、消防迅速组织力量进行救助。事故造成1死16伤。

【事故原因】

事情发生在下午1点多，当时一记强雷击中山顶的亭子，塌方的坠石击中正在躲雨的游客。一名游客当场死亡，其余乘客有不同程度受伤。

案例8-6　化工厂氮氢气压缩机放空管遭雷击着火

【事故经过】

8月26日9时，正值雷雨天气，厂内设备运行正常。忽然一声雷鸣过后，厂内巡视检查工人发现厂区内8号氮氢气压缩机放空管着火。在通知厂领导的同时，立即向厂消防救援队报警。厂消防救援队在最短的时间内赶到着火现场，在消防救援队和闻讯赶来的厂干部及职工的共同努力下，扑灭了着火，没有酿成重大火灾，避免了更大的损失。

【事故原因】

1）氮氢气压缩机各级放空用截止阀，在长期的使用过程中磨损严重，没能及时发现进行维修和更换，造成个别放空截止阀内漏严重，使氮氢气通过放空管进入大气遭遇雷击而发生着火事故。

2）氮氢气压缩机各级油水分离器在排放油水时，所排出的油水都进入到集油器内，而集油器放空管连接到放空总管上。操作工人在进行排放油水的过程中，没能按照操作规程进行操作，使氮氢气进入集油器后随放空管进入大气。在排放过程中遭遇雷击而发生着火事故。

3）由于放空管没有单独的避雷设施而遭受雷击也是此次着火事故的重要原因。由于该厂采取的避雷措施是在压缩机厂房上安装避雷带，而放空管的高度超过了避雷带，其他的避雷针又不能覆盖放空管，因此引发此次着火事故。

【预防措施】

1）对氮氢气压缩机各级放空用截止阀进行定期检验，磨损严重的应及时进行维修或者更换新的截止阀，避免因阀门内漏使氮氢气进入大气造成事故。

2）加强巡回检查，确保油水分离器的排放操作按规定进行，严格规定其排放操作时间。

3）按标准正确设置避雷装置。事故发生后，厂内技术人员按防雷的基本措施对全厂内的避雷装置进行了全面细致的检查。对防雷的薄弱环节进行了改造，增设了高性能的避雷器，并进行了合理布置，确保同类事故不再发生。

思考题

1. 雷电是如何产生的？
2. 按照雷电的危害方式，可分为哪些类型？各有什么特点？
3. 建筑物和构筑物按防雷电的要求是怎样分类的？
4. 防雷装置应包括哪几个组成部分？
5. 避雷器大体可分为哪几种类型？保护原理又是怎样的？
6. 防直击雷的范围是什么？防护直击雷的主要措施是什么？
7. 什么叫雷电感应？防止雷电感应的主要措施是什么？
8. 什么叫雷电侵入波？对建筑物和构筑物防雷电侵入波的要求是什么？

参考文献

[1] 陈兵. 电力安全技术[M]. 北京：中国电力出版社，2006.

[2] 陈晓平. 电气安全[M]. 北京：机械工业出版社，2004.

[3] 戴绍基. 电气安全四十讲[M]. 北京：机械工业出版社，2009.

[4] 许小菊等. 电工技能经验大讲堂：电工数据即查即用[M]. 北京：中国电力出版社，2015.

[5] 华安波瑞达，张淑华. 电气安全知识普及百问百答[M]. 北京：中国环境出版社，2010.

[6] 瞿彩萍. 电气安全事故分析及其防范[M]. 北京：机械工业出版社，2007.

[7] 李悦，杨海宽. 电气安全工程[M]. 北京：化学工业出版社，2004.

[8] 梁慧敏，张青，白春华. 电气安全工程[M]. 北京：北京理工大学出版社，2010.

[9] 刘鸿国. 电气火灾预防检测技术[M]. 北京：中国电力出版社，2006.

[10] 陆荣华. 电气安全手册[M]. 北京：中国电力出版社，2005.

[11] 钮英建. 电气安全工程[M]. 北京：中国劳动社会保障出版社，2009.

[12] 孙熙，蒋永清. 电气安全工程[M]. 北京：机械工业出版社，2011.

[13] 温卫中. 电气安全工程[M]. 太原：山西科学技术出版社 2006.

[14] 夏兴华. 电气安全工程[M]. 北京：人民邮电出版社，2012.

[15] 杨有启，钮英建. 电气安全工程[M]. 北京：首都经济贸易大学出版社，2000.

[16] 杨岳. 电气安全[M]. 北京：机械工业出版社，2003.

[17] 张宝铭，林文狄. 静电防护技术手册[M]. 北京：电子工业出版社，2000.

[18] 张斌，陆春荣. 机械电气安全技术[M]. 北京：化学工业出版社，2009.

[19] 张庆河. 电气与静电安全[M]. 北京：中国石化出版社，2005.

[20] 赵莲清，刘向军. 电气安全[M]. 北京：中国劳动社会保障出版社，2007.

[21] Martin A U. 防雷技术与科学[M]. 银燕，杨仲江，郭凤霞，等译. 北京：气象出版社，2011.